江苏省高等学校重点教材(编号：2021-2-135)

建筑力学

主　编　张苏俊　张文娟
副主编　房忠洁　高悦文
　　　　呼梦洁　张雪雯
参　编　杜姚姚
主　审　王思源

南京大学出版社

图书在版编目(CIP)数据

建筑力学 / 张苏俊，张文娟主编. — 南京 ：南京大学出版社，2022.8

ISBN 978-7-305-25786-5

Ⅰ. ①建… Ⅱ. ①张… ②张… Ⅲ. ①建筑科学—力学 Ⅳ. ①TU3

中国版本图书馆 CIP 数据核字(2022)第 089116 号

出版发行 南京大学出版社
社　　址 南京市汉口路 22 号　　邮　　编 210093
出 版 人 金鑫荣

书　　名 建筑力学
主　　编 张苏俊　张文娟
责任编辑 朱彦霖　　编辑热线 025-83597482

照　　排 南京开卷文化传媒有限公司
印　　刷 南京新洲印刷有限公司
开　　本 787×1092　1/16　印张 13　字数 345 千
版　　次 2022 年 8 月第 1 版　2022 年 8 月第 1 次印刷
ISBN 978-7-305-25786-5

定　　价 42.00 元
网　　址：http://www.njupco.com
官方微博：http://weibo.com/njupco
微信服务号：njuyuexue
销售咨询热线：(025)83594756

前　言

“建筑力学”课程是土建类专业的平台课程，本书主要适用于高职土建大类相关专业学生学习使用，既可作为中、高职工科类院校及成人教育的教材，也可作为土建类工程技术人员学习的参考书。本书主要特色如下：

1. 简单易懂，生活工程气息浓厚

本教材体系完整，内容紧密对接土建类企业相关岗位能力要求。教材中收集了大量与生活和工程相关的力学案例，通过这些案例读者可感受到力学既平凡朴素又博大精深的奥妙，感受到力学不仅是理论的计算工具，同时也为工程实践提供重要的支撑作用。本着以“实用、够用”为前提，遵循“生活化、工程化、趣味化、简单化”和“重概念、轻计算”的原则，加大力学概念的定性分析，略化推导过程，简化定量计算。

2. 逻辑合理，理论实践互为支撑

教材中主要力学概念知识点的讲解由生活或工程案例引入——理论概念的解释——工程实践中的案例应用三步形成，既符合认知的逻辑关系，也使学生便于理解，同时也体现了力学对工程实践的支撑，达到理论与实践互为支撑的效果。

3. 立德树人，课程思政目标明确

教材内容中融入了中华优秀传统文化、大国工匠精神、科技创新促发展等思政元素，引导学生自觉刻苦学习，充分认识到“力学是工程的基础，没有力学就没有完美的建筑”，激发学生学好专业知识为中国特色社会主义事业贡献力量的动力。本教材拟定的思政目标主线是“神工妙力、四两拨千斤；奇妙构思、创新促发展”，体现力学的精妙、开拓创新和创意思维，支撑工程建设和社会发展。

4. 辅助教学，教学数字资源丰富

教材采用基于二维码的互动式学习平台，读者可以通过微信扫一扫教材中的二维码，

查看立体化教材的数字资源。将力学概念、工程案例、新政策、新规范、新工艺置于二维码中，可以通过电子资源的及时更新实现教材内容的及时更新。数字化资源配套齐全，涵盖理论的动画演示、试验的操作演示、施工现场的视频等。教材图文并茂，教材可读性强，通过扫描二维码，可以看到丰富的数字化资源，使案例可视化。立体化数字资源的建设得到了南京大学出版社的大力支持，编辑朱彦霖在本书的数字化出版和立体化建设过程中给予了宝贵意见和技术支持。

本书共分13章，在编写过程中编者根据多年的教学实践经验，遵循“不以计算为唯一目的；简单、趣味、易懂，够用为度；贴近生活和工程”的编写原则，旨在培养学生用力学知识解决工程实践问题的能力，为后续专业课程提供基础保障。教材内容难易适中、循序渐进，形式活泼新颖，体现“生活化、工程化、趣味化、简单化”的特色，符合中、高职学生的学习特点。

《建筑力学》属于校企共同合作完成教材，编写过程中得到江苏扬建集团有限公司大力支持，同时也为本书编写提供了丰富的工程案例素材。全书由扬州工业职业技术学院张苏俊、张文娟主编。其中绪论由扬州工业职业技术学院张苏俊、张雪雯编写；第1、2、3章由扬州工业职业技术学院高悦文编写；第4、5、6章由扬州工业职业技术学院呼梦洁编写；第7、9章由扬州工业职业技术学院房忠洁编写；第8、10、11、12、13章由扬州工业职业技术学院张文娟编写。书中实验方案由扬州工业职业技术学院杜姚姚编写。本书最终由张苏俊统稿，江苏省扬州技师学院王思源审定。

本书在编写过程中参阅了大量资料，吸收、引用了部分优秀力学教材的内容。编者在此谨向这些参考文献的作者们深表谢意！

限于编者水平和编写时间仓促，书中难免存在错误和缺点，恳请同行专家和读者批评指正。

编　者

2022年5月

目　录

绪　论 …… 1
0.1　力学的起源和发展 …… 1
0.1.1　力学的起源 …… 1
0.1.2　力学理论的形成 …… 3
0.2　力的基本概念 …… 3
0.2.1　力的效应 …… 4
0.2.2　力的三要素 …… 4
0.2.3　力的表示方法 …… 5
0.2.4　力系和平衡 …… 5
0.2.5　荷载 …… 5
0.3　建筑力学的研究对象 …… 6
0.3.1　构件与结构 …… 6
0.3.2　构件与结构的承载力 …… 6
0.3.3　结构的分类 …… 7
0.3.4　建筑力学的研究对象 …… 8
0.4　建筑力学的研究任务 …… 9
拓展提高 …… 10
第1章　静力学基础 …… 11
1.1　静力学公理 …… 11
1.2　力矩与力偶 …… 16
1.2.1　力矩与合力矩定理 …… 16
1.2.2　力偶与力偶矩 …… 18
1.3　约束与约束反力 …… 21
1.3.1　约束与约束反力的概念 …… 21
1.3.2　工程中常见的约束与约束反力 …… 22
1.4　受力分析与受力图 …… 27
1.4.1　物体的受力分析 …… 27
1.4.2　画受力图的步骤及注意事项 …… 27
拓展提高 …… 30

第 2 章　平面汇交力系 …… 32
2.1　平面汇交力系的简化与平衡——几何法 …… 32
2.1.1　平面汇交力系合成的几何法 …… 32
2.1.2　平面汇交力系平衡的几何条件 …… 33
2.2　平面汇交力系的简化与平衡——解析法 …… 34
2.2.1　力的分解与合成 …… 34
2.2.2　平面汇交力系合成的解析法 …… 35
2.2.3　平面汇交力系平衡的解析条件 …… 36
拓展提高 …… 38
第 3 章　平面任意力系 …… 40
3.1　平面任意力系的简化 …… 40
3.1.1　力的平移定理 …… 40
3.1.2　平面任意力系向作用面内一点的简化 …… 42
3.2　平面任意力系的平衡 …… 42
3.2.1　平面任意力系的平衡条件 …… 42
3.2.2　平面任意力系的平衡方程 …… 43
拓展提高 …… 45
第 4 章　轴向拉伸与压缩 …… 47
4.1　概述 …… 48
4.1.1　构件与杆件 …… 48
4.1.2　变形体及其基本假设 …… 48
4.1.3　杆件变形的基本形式 …… 49
4.1.4　杆件的承载能力 …… 50
4.1.5　分析杆件承载能力的目的 …… 50
4.1.6　内力与截面法 …… 50
4.2　轴向拉(压)杆的内力及内力图 …… 52
4.2.1　轴向拉(压)杆的工程实例及受力变形特点 …… 52
4.2.2　轴向拉(压)杆的内力——轴力的计算 …… 52
4.2.3　轴向拉(压)杆的内力图——轴力图 …… 53
4.3　轴向拉(压)杆的应力与强度计算 …… 55
4.3.1　应力的概念 …… 55
4.3.2　轴向拉伸与压缩时杆横截面上的正应力计算 …… 56
4.3.3　直杆受轴向拉伸或压缩时斜截面上的应力 …… 58
4.4　轴向拉伸与压缩时的变形——胡克定律 …… 59
4.4.1　纵向变形 …… 59
4.4.2　胡克定律 …… 60
4.4.3　横向变形 …… 60
4.4.4　泊松比 …… 60

4.5 材料在拉伸与压缩时的力学性能 …… 61
4.5.1 材料在拉伸时的力学性能 …… 61
4.5.2 材料在压缩时的力学性能 …… 66
4.6 强度条件 …… 67
4.6.1 许用应力 …… 67
4.6.2 拉(压)杆的强度条件 …… 68
4.7 应力集中的概念 …… 70
拓展提高 …… 71
第 5 章 剪切与挤压 …… 73
5.1 剪切的实用计算 …… 74
5.2 挤压的实用计算 …… 75
拓展提高 …… 77
第 6 章 扭 转 …… 79
6.1 圆轴扭转时的内力 …… 80
6.1.1 扭转的工程实例及受力变形特点 …… 80
6.1.2 扭转轴内力——扭矩的计算 …… 81
6.1.3 扭转轴的内力图 …… 82
6.2 圆轴扭转时的应力 …… 83
6.2.1 实心圆轴扭转时的应力 …… 83
6.2.2 空心圆轴扭转时的应力 …… 84
6.2.3 圆轴扭转时的强度条件及应用 …… 86
6.2.4 切应力互等定理 …… 86
6.2.5 剪切胡克定律 …… 87
拓展提高 …… 88
第 7 章 梁的弯曲 …… 90
7.1 梁的基本概念 …… 91
7.2 梁的内力 …… 92
7.2.1 剪力和弯矩 …… 92
7.2.2 梁的内力图 …… 95
7.3 梁的应力 …… 99
7.3.1 梁纯弯曲时横截面上的正应力 …… 99
7.3.2 梁弯曲时横截面上的切应力 …… 102
7.4 梁的变形 …… 103
7.4.1 梁的弯曲变形 …… 103
7.4.2 挠曲线近似微分方程 …… 104
7.4.3 积分法求梁的变形 …… 104
7.4.4 叠加法求梁的变形 …… 105
7.5 梁的强度和刚度条件 …… 106

7.5.1 梁的强度条件 …… 106
7.5.2 梁的刚度条件 …… 109
7.6 提高梁承载能力的措施 …… 110
拓展提高 …… 112
第8章 组合变形 …… 114
8.1 组合变形和叠加原理 …… 115
8.2 拉伸或压缩与弯曲的组合 …… 118
8.3 斜弯曲 …… 119
8.3.1 梁在斜弯曲情况下的应力 …… 119
8.3.2 梁在斜弯曲情况下的强度条件 …… 120
8.3.3 梁在斜弯曲情况下的变形 …… 121
拓展提高 …… 124
第9章 压杆稳定 …… 125
9.1 压杆稳定的概念 …… 126
9.2 临界压力欧拉公式 …… 128
9.2.1 细长压杆临界力计算公式 …… 128
9.2.2 欧拉公式的适用范围 …… 129
9.2.3 中长杆的临界力计算——经验公式、临界应力总图 …… 130
9.3 压杆的稳定计算 …… 133
9.4 提高压杆的稳定的措施 …… 133
拓展提高 …… 135
第10章 平面体系的几何组成分析 …… 136
10.1 几何组成分析的概念 …… 137
10.1.1 什么是几何组成分析 …… 137
10.1.2 刚片、自由度与约束 …… 138
10.2 几何不变体系的基本组成规则 …… 140
10.2.1 三刚片规则 …… 140
10.2.2 两刚片规则 …… 141
10.2.3 二元体规则 …… 141
10.2.4 瞬变体系 …… 142
10.3 应用几何不变体系的基本组成规则分析示例 …… 143
10.4 静定结构与超静定结构 …… 144
拓展提高 …… 144
第11章 静定结构的内力分析 …… 146
11.1 多跨静定梁 …… 148
11.1.1 什么是多跨静定梁 …… 148
11.1.2 多跨静定梁的内力 …… 149
11.2 平面静定刚架 …… 150

11.2.1　什么是平面静定刚架 …… 150
11.2.2　平面静定刚架的内力 …… 151
11.3　平面静定桁架 …… 153
11.3.1　什么是平面静定桁架 …… 153
11.3.2　平面静定桁架的内力 …… 155
11.4　三铰拱 …… 159
11.4.1　什么是三铰拱 …… 159
11.4.2　三铰拱的内力 …… 160
拓展提高 …… 162
第12章　超静定结构内力分析 …… 163
12.1　超静定结构概述 …… 164
12.1.1　超静定结构的性质 …… 164
12.1.2　超静定次数的确定 …… 165
12.2　超静定结构内力 …… 166
12.2.1　超静定结构内力分析 …… 166
12.2.2　计算超静定结构的方法 …… 166
12.2.3　超静定结构的特性 …… 166
拓展提高 …… 168
第13章　结构力学求解器应用 …… 169
13.1　软件简介 …… 169
13.2　求解 …… 170
13.2.1　求解摸索 …… 170
13.2.2　求解步骤 …… 170
附录Ⅰ　截面的几何性质 …… 175
Ⅰ-1　截面的静矩和形心位置 …… 175
Ⅰ-2　惯性矩、惯性积和极惯性矩 …… 176
Ⅰ-3　惯性矩、惯性积的平行移轴和转轴公式 …… 177
Ⅰ-4　形心主轴和形心主惯性矩 …… 178
附录Ⅱ　常用型钢规格表 …… 180
参考文献 …… 198

扫码查看

课后答案

绪　论

力娃：师父，我们都知道力的存在，以及力在生活和工程中各方面的应用，但是我们不清楚力学的一些理论知识和为什么力学能够支撑建筑工程的应用和发展。学习《建筑力学》这门课程，是否能够帮助我们掌握一些基本的力学知识和理解力学对建筑工程的支撑作用呢？

力翁：当然可以咯！《建筑力学》包含理论力学、材料力学、结构力学三大部分，学好力学概念是基础；构件的内力计算、强度和刚度验算、压杆的稳定和结构的几何组成是重点。建筑工程中有很多地方都要用到力学知识，扎实的力学理论基础，能为工程实践提供支撑和保障。

学习目标

◆ 知识目标

★ 1. 掌握力的效应、力的三要素、力的平衡、荷载的概念；

★ 2. 知晓建筑力学的研究对象和基本任务。

◆ 能力目标

▲ 1. 能够正确表示力；

▲ 2. 能够正确判断结构的类型。

◆ 素质目标(思政)

● 1. 具有爱国家、爱社会的情怀；

● 2. 具有踏实的学习精神；

● 3. 具有精益求精的大国工匠精神。

0.1　力学的起源和发展

0.1.1　力学的起源

力学知识最早起源于人们在对力的认识和利用的过程中，不断对自然现象的观察和在生产劳动实践中的经验，总结形成的一些规律和定理。

力是力学知识的最基本元素，力可以分为自然力和非自然力两类。自然力是指自然界存在的一些现象，如空气运动产生的风力(图 0-1)，地壳运动产生的地震力(图 0-2)，这些自然力对人们的劳动和生活都会产生巨大的影响。非自然力是指人们通过一些人为的方式，如人体肌肉收缩产生的力(图 0-3)，化学反应产生的力(图 0-4)，核裂变产生的力(图 0-5)和电磁力(图 0-6)等，这些人为控制产生的力可以帮助人类产生巨大的生产力。当然，力如果使用不当也能毁灭人类。

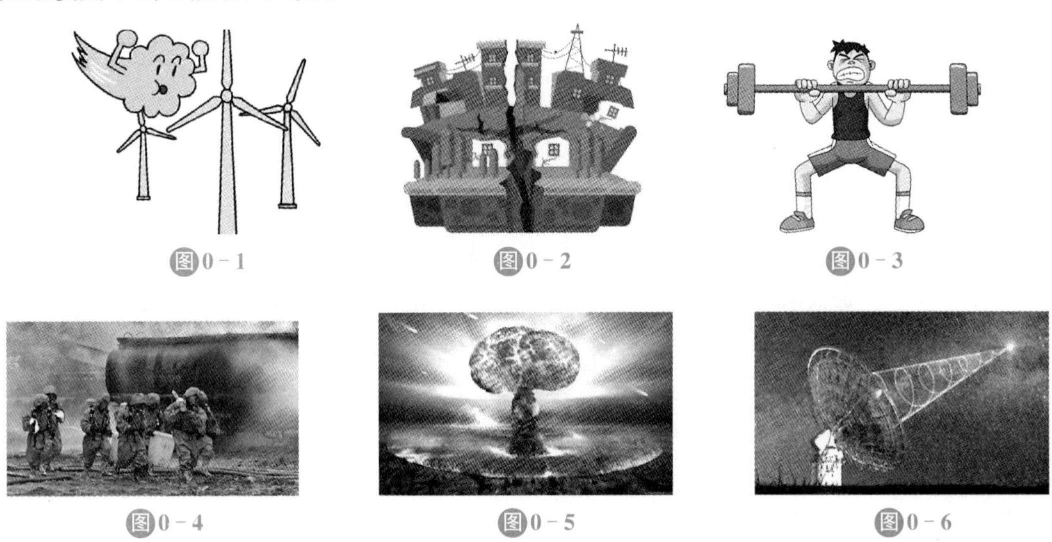

图 0-1　图 0-2　图 0-3

图 0-4　图 0-5　图 0-6

古代人从对日、月的运行和其他自然规律的观察，了解了一些简单的运动规律，如力可以使物体产生移动和转动，从而发明了可以用于狩猎和战争的弓箭(图 0-7)，可以用于运输工具的车轮(图 0-8)等。人们在建筑、灌溉等劳动中也学会了使用杠杆(图 0-9)、斜面、汲水器(图 0-10)等器具，并逐渐积累起对物体平衡受力情况的认识。

图 0-7　图 0-8

图 0-9　图 0-10

0.1.2 力学理论的形成

对力和运动之间的关系,人们在欧洲文艺复兴时期以后才逐渐有了正确的认识。16世纪到17世纪间,力学开始发展为一门独立的、系统的学科。伽利略通过对抛体和落体的研究,在实验研究和理论分析的基础上,最早阐明自由落体运动的规律,提出加速度的概念,提出惯性定律并用以解释地面上的物体和天体的运动。17世纪末牛顿继承和发展前人的研究成果(特别是开普勒的行星运动三定律),提出力学运动的三条基本定律,使经典力学形成系统的理论。根据牛顿三定律和万有引力定律成功地解释了地球上的落体运动规律和行星的运动轨道。伽利略、牛顿奠定了动力学的基础。此后两个世纪中在很多科学家的研究与推广下,终于成为一门具有完善理论的经典力学。

达朗贝尔提出的达朗贝尔原理,和拉格朗日建立的分析力学将力学的研究对象由单个的自由质点,转向受约束的质点和受约束的质点系。其后,欧拉又进一步把牛顿运动定律用于刚体和理想流体的运动方程,这被看作是连续介质力学的开端。运动定律和物性定律这两者的结合,促使弹性固体力学基本理论和粘性流体力学基本理论孪生于世,在这方面作出贡献的是纳维、柯西、泊松、斯托克斯等人。弹性力学和流体力学基本方程的建立,使得力学逐渐脱离物理学而成为独立学科。从牛顿到汉密尔顿的理论体系组成了物理学中的经典力学。

在弹性和流体基本方程建立后,所给出的方程一时难于求解,工程技术中许多应用力学问题还须依靠经验或半经验的方法解决。这使得19世纪后半叶,在材料力学、结构力学同弹性力学之间,水力学和水动力学之间一直存在着风格上的显著差别。

20世纪初,随着新的数学理论和方法的出现,力学研究又蓬勃发展起来,创立了许多新的理论,同时也解决了工程技术中大量的关键性问题,如航空工程中的声障问题和航天工程中的热障问题等。这时的先导者是普朗特和卡门,他们在力学研究工作中善于从复杂的现象中洞察事物本质,又能寻找合适的解决问题的数学途径,逐渐形成一套特有的方法。从20世纪60年代起,计算机的应用日益广泛,力学无论在理论还是应用上都有了新的进展。

文档

理论力学史上的明星

从历史上看,中国古代力学有两个发展高峰期:一个在战国时期,在力学的应用方面可以和古希腊相媲美,在理论方面则稍逊色;后一个在宋代,取得了中世纪欧洲望尘莫及的成就。但是,总的说来,在中国古代并没有出现一部专门的力学著作,力学知识散见于各种书籍之中。总的特点是:经验多于理论,器具制造多于数理总结。

0.2 力的基本概念

微课

建筑力学基本概念

力是物体间的相互作用,这种作用使物体的运动状态或形状发生改变。例如:用手拿起书架上的书,书就从静止开始运动;用手捏橡皮泥,橡皮泥就会产生变形。

0.2.1　力的效应

力对物体的作用效果称为力的效应。可以分为两类：

(1) 力使物体运动状态发生改变的效应称为**运动效应**或**外效应**(图 0-11)

图0-11　运动效应(外效应)

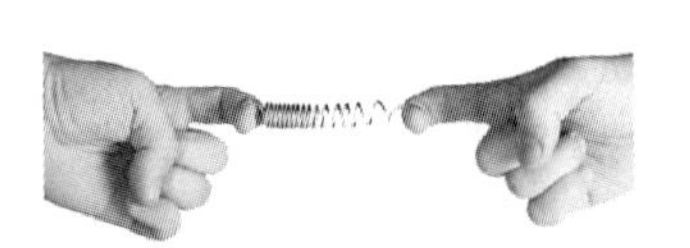

图0-12　变形效应(内效应)

力的运动效应又分为移动效应和转动效应。例如，在乒乓球运动中，如果球拍作用于乒乓球上的力通过球心(推球)，则球只向前运动而不会绕球心转动，即球拍对球只有移动效应；如果球在力的作用下发生变形，则属于变形效应或内效应。如果球拍作用于乒乓球上的力不通过球心(拉弧圈球)，则球在向前运动的同时还绕球心转动，即球拍对球除了有移动效应，还有转动效应。

(2) 力使物体的形状发生改变的效应称为**变形效应**或**内效应**(图 0-12)

力的变形效应(内效应)，是指物体在力的作用下大小、形状发生了改变。如钢筋由直变弯；落锤锻压工件时，工件就会产生变形；手拉/压弹簧时，弹簧会发生变形等。

0.2.2　力的三要素

力对物体的作用效果取决于力的大小、方向与作用点，此性质称为力的三要素。可用一个有向线段来描述其方向与大小。用该有向线段的起点或终点描述其作用点，线段所在的直线称为力的作用线。力的三要素会影响到的力的作用效果。力对物体的效应取决于力的三个要素：大小、方向和作用点。

因此，力应以矢量表示，在本书中用黑斜体 ***F*** 表示力矢量。国际单位制中力的单位是牛顿，用 N 表示。目前工程上还采用公制单位，力的单位则是公斤力和吨力(=1 000 公斤力)，习惯上简写为公斤(kg)和吨(t)。牛顿和公斤力的换算关系是：

$$1(\text{kg})=9.807(\text{N})$$

另外，力的作用点是指物体承受力作用的部位。实际上，两个物体之间相互作用时，其接触的部位总是占有一定的面积，力总是按照各种不同的方式分布于物体接触面的各点上。当接触面面积很小时，则可以将微小面积抽象为一个点，这个点称为力的作用点，该作用力称为集中力；反之，如果接触面积较大而不能忽略其面积时，则力在整个接触面上分布作用，此时的作用力称为分布力。

当力分布在一定的体积内时，称为体分布力，例如物体自身的重力；当力分布在一定面积上时，称为面分布力，如风对物体的作用；当力沿狭长面积或体积分布时，称为线分布力。分布力的大小用力的分布集度表示。体分布力集度的单位为 N/m^3 或 kN/m^3；面分布力集度的单位为 N/m^2 或 kN/m^2；线分布力集度的单位为 N/m 或 kN/m。

0.2.3　力的表示方法

力既有大小又有方向，所以力是矢量。对于集中力，我们可以用带有箭头的直线段表示(图 0－13)。该线段的长度按一定比例尺绘出，表示力的大小；线段的箭头指向表示力的方向；线段的始点 A 或终点 B 表示力的作用点；矢量所沿的直线称为力的作用线。规定用黑斜体字母 $\boldsymbol{F}$ 表示力，而用普通斜体字母 F 只表示力的大小。

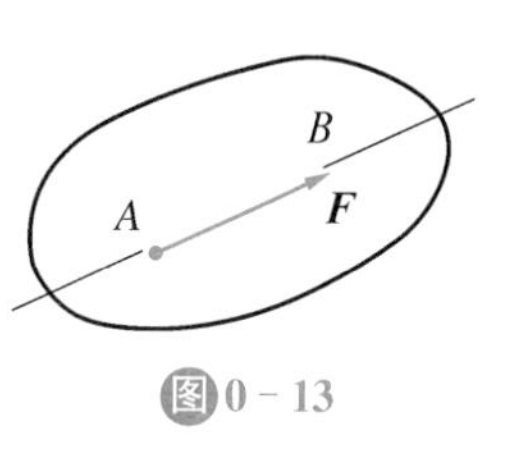

图 0－13

0.2.4　力系和平衡

同时作用于同一物体上的一群力，称为力系。根据力系中各力作用线的分布情况可将力系分为：各力作用线位于同一平面内，称为平面力系；作用线不在同一平面内，称为空间力系；作用线汇交于一点，称为汇交力系；作用线相互平行，称为平行力系；作用线既不汇交于一点又不平行的，称为任意力系；全部由力偶组成的力系称为力偶系。如果某两个力系分别作用于同一物体，其效应相同，则这两个力系称为等效力系。

平衡是指物体相对于惯性参考系处于静止或匀速直线运动的状态。如果一个力系作用于物体而使物体处于平衡状态，则该力系称为平衡力系。

0.2.5　荷载

荷载是主动作用于物体上的外力。在实际工程中，构件或结构受到的荷载是多种多样的，如建筑物的楼板传给梁的重量、钢板对轧辊的作用力等。这些重量和作用力统称为加载在构件上的荷载。

根据荷载的作用以及计算的需要，可以对荷载进行分类：

(1) 荷载按其作用在结构上的时间久暂，可分为恒载和活载

恒载是长期作用在构件或结构上的不变荷载，如结构的自重和土压力。

活载是指在施工和建成后使用期间可能作用在结构上的可变荷载，它们的作用位置和范围可能是固定的(如风荷载、雪荷载、会议室的人群重量等)，也可能是移动的(如吊车荷载、桥梁上行驶的车辆等)。

如图 0－14 所示的一间教室，结构自重是恒载，教室内可能活动的人和桌椅等就是楼面活载，在《建筑结构荷载规范》(GB 50009—2012)中，可查询不同类别的楼面活载，教室楼面均布活载为 2.5 kN/m^2。

图 0－14

GB 50009—2012

建筑结构荷载规范

(2) 荷载按其作用在结构上的分布情况可分为**分布荷载(分布力)**和**集中荷载(集中力)**

分布荷载是连续分布在结构上的荷载。当分布荷载在结构上均匀分布时,称为均布荷载;当沿杆件轴线均匀分布时,则称为线均布荷载,常用单位为“N/m”或“kN/m”。

当作用于结构上的分布荷载面积远小于结构的尺寸时,可认为此荷载是作用在结构的一点上,称为集中荷载。如火车车轮对钢轨的压力,屋架传给砖墙或柱子的压力等,都可认为是集中荷载,常用单位为“N”或“kN”。

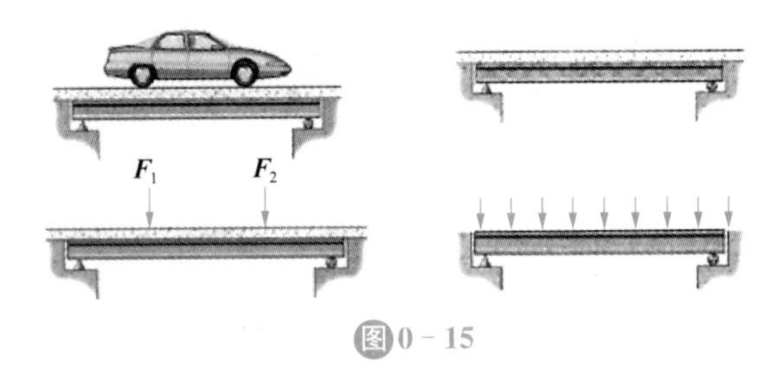

图0-15

如图0-15所示,汽车通过轮胎作用在桥面上的力是集中荷载,桥面板作用在钢梁的力是分布荷载。

(3) 荷载按其作用在结构上的性质可分为**静力荷载**和**动力荷载**

静力荷载是指从零开始逐渐缓慢地、连续均匀地增加到终值后保持不变的荷载。

动力荷载是指大小、位置、方向都随时间迅速变化的荷载。在动力荷载下,构件或结构产生显著的加速度,故必须考虑惯性力即动力的影响,如动力机械产生的振动荷载、风荷载、地震作用产生的随机荷载等。

微课

建筑力学的研究对象

0.3 建筑力学的研究对象

0.3.1 构件与结构

建筑、机械和桥梁等工程在建造过程中会广泛地应用各种工程结构和机械设备。构成结构的部件和机械的零件,统称为构件,如建筑物中的梁、板、柱等。由若干构件按照各种合理方式组成,用来承担和传递荷载并起骨架作用的部分,称为结构。最简单的结构可以是一根梁或一根柱。在正常使用状态下,一切构件或工程结构都要受到相邻构件或其他物体对它的作用,即荷载的作用。

0.3.2 构件与结构的承载力

在荷载作用下,构件及工程结构的几何形状和尺寸要发生一定程度的改变,这种改变统称为变形。当荷载达到某一数值时,构件或结构就可能发生破坏,如吊索被拉断、钢梁断裂等。如果构件或结构的变形过大，会影响其正常工作，如机床主轴变形过大时，将影响机床的加工精度；楼板梁变形过大时，下面的抹灰层就会开裂、脱落等。此外，对于受压的细长直杆，两端的压力增大到某一数值后，杆会突然变弯，不能保持原状，这种现象称为失稳。静定桁架中的受压杆件如果发生失稳，则桁架可变成几何可变体系而失去承载力。

在工程中，为了保证每一构件和结构始终能够正常地工作而不致失效，在使用过程中要求构件和结构的材料不发生破坏，即具有足够的强度用以抵抗破坏；要求构件和结构的变形在工程允许的范围内，即具有足够的刚度用以抵抗变形；要求构件和结构能够维持其原有的平衡形式，即具有足够的稳定性用以抵抗失稳。强度、刚度与稳定性统称为构件或结构的承载力。

0.3.3 结构的分类

工程中结构的类型是多种多样的，可按不同的观点进行分类。

1. 按几何特征分类

(1) 杆系结构

由杆件组成的结构称为杆系结构。杆件的几何特征是它的长度 l 远大于其横截面的宽度 b 和高度 h[图 0－16(a)]。横截面和轴线是杆件的两个主要几何因素，前者指的是垂直于杆件长度方向的截面，后者则为所有横截面形心的连线(图 0－16)。如果杆件的轴线为直线，则称为直杆[图 0－16(a)]；若为曲线，则称为曲杆[图 0－16(b)]。

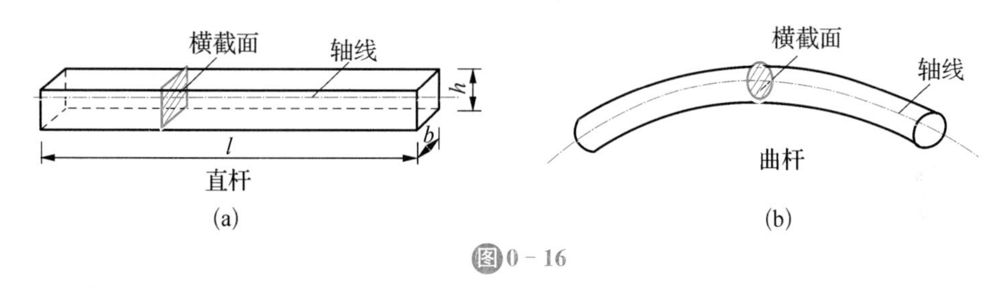

图0－16

如图 0－17 所示的结构，其组成的梁和柱均为杆件，由梁和柱形成的结构称为框架结构，是杆系结构。

图0－17

(2) 板壳结构

由薄板或薄壳组成的结构称为板壳结构。薄板和薄壳的几何特征是它们的长度和宽度远大于其厚度 t[图 0 - 18(a)]。当构件为平面状时称为薄板[图 0 - 18(a)],当构件为曲面状时称为薄壳[图 0 - 18(b)]。板壳结构也称为薄壁结构。如图 0 - 18(c)所示的悉尼歌剧院就是薄壁结构。

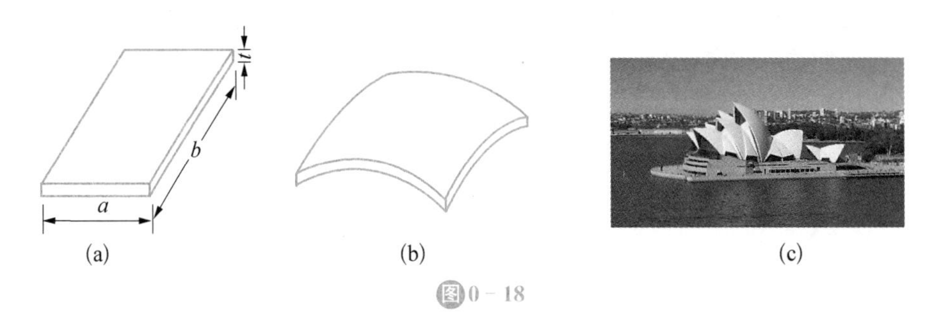

图 0 - 18

(3) 实体结构

如果结构的长、宽、高三个尺度为同一量级,则称为实体结构。如图 0 - 19(a)所示,工程上如挡土墙[图 0 - 19(b)]、水坝[图 0 - 19(c)]和块形基础等都是实体结构。

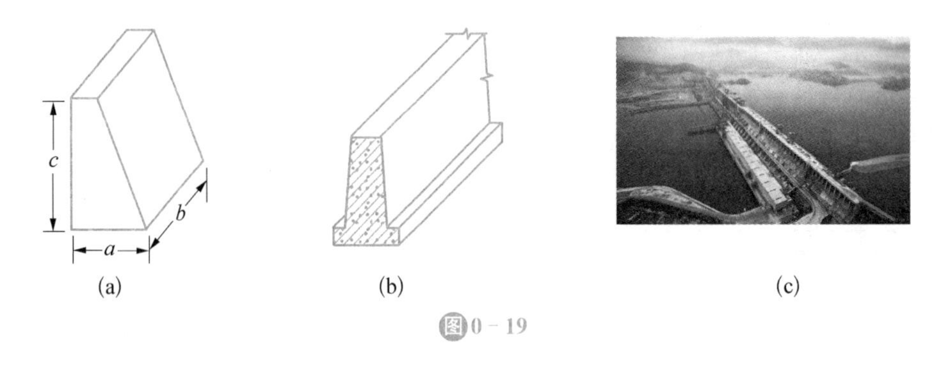

图 0 - 19

2. 按空间特征分类

(1) 平面结构

凡组成结构的所有构件的轴线及外力都在同一平面内,这种结构称为平面结构。

(2) 空间结构

凡组成结构的所有构件的轴线及外力不在同一平面内,这种结构称为空间结构。

实际上,一般结构都是空间结构。但在计算时,有许多空间结构根据其实际受力特点,可简化为若干平面结构来处理。而有些空间结构则不能简化为平面结构,必须按空间结构来分析。

0.3.4 建筑力学的研究对象

在各类建筑工程中,杆件结构是应用最为广泛的结构形式。杆件结构又可分为平面杆系结构和空间杆系结构两类。建筑力学的主要研究对象是杆件与杆系结构。本书主要研究平面杆系结构,常见的平面杆系结构形式有以下几种:

(1) 梁

梁是一种受弯杆件，其轴线通常为直线。梁可以是单跨的和多跨的(图 0－20)。

图0－20　　图0－21

(2) 桁架

桁架是由若干根直杆在两端用铰连接而成的结构(图 0－21)。当荷载只作用在节点时，各杆只产生轴力。

(3) 刚架

刚架是由直杆组成并具有刚结点的结构(图 0－22)。

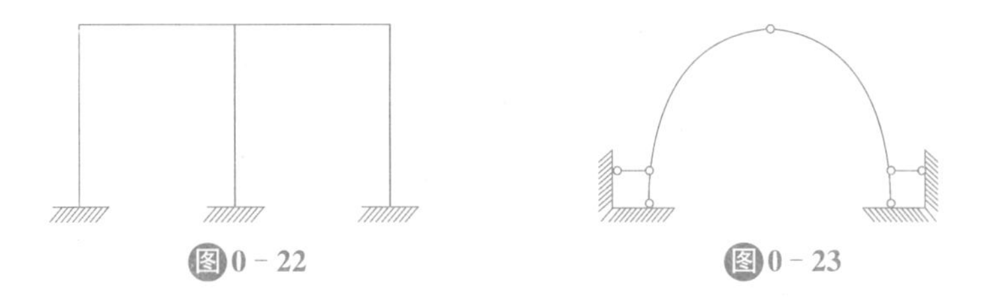

图0－22　　图0－23

(4) 拱

拱的轴线是曲线，且在竖向荷载作用下会产生水平反力(图 0－23)。水平反力大大改变了拱的受力性能。

(5) 组合结构

组合结构是两种或以上不同的结构组合在一起的结构，如由桁架和梁或桁架和刚架组合在一起的结构(图 0－24)。

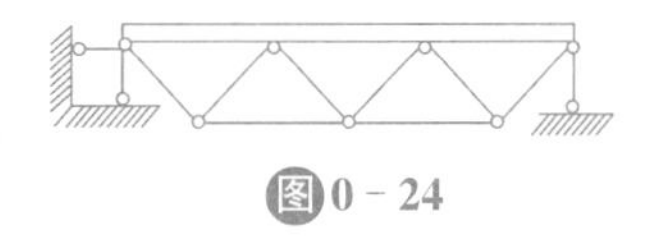

图0－24

微课

建筑力学的研究任务

0.4　建筑力学的研究任务

在已知力学模型的基础上，主要讨论分析杆件和杆系结构的受力情况，建立系统外力之间以及内力和外力之间的关系，讨论结构与构件在荷载作用下的强度、刚度及稳定性的计算方法。其中建立结构的力学模型是实际工作中至关重要也是十分困难的部分，学习时需要多观察、多思考已知的力学模型是如何抽象简化的。只有不断地体会、揣摩，并不断总结才能提高建立力学模型的能力，以适应千变万化的实际问题。

因此，建筑力学的研究任务，主要归纳为如下几个方面：

(1) 研究物体以及物体系统的受力、各种力系的简化和平衡规律；

(2) 研究结构的组成规律和合理形式;

(3) 研究构件(主要是杆件)和结构(主要是杆系结构)的内力和变形与外力及其他外部因素(如支座位移、温度改变等)之间的关系,并对构件及结构的强度和刚度进行验算;

(4) 研究材料的力学性质和构件在外力作用下发生破坏的规律;

(5) 讨论轴向受压杆件的稳定性问题。

建筑力学课程学习的内容,是土木建筑类专业的基础,通过课程的学习,探索与掌握物体的平衡规律以及构件在受力后的内力、应力、变形的计算方法和规律,使结构和构件在经济合理的前提下,最大限度地保证具有足够的强度、刚度和稳定性。一方面,建筑力学与之前所修课程如高等数学、大学物理等有极其密切的联系;另一方面,建筑力学又为进一步学习如建筑结构、建筑施工等后续专业课程提供必要的基础理论和计算方法。因此,建筑力学在各门专业课程的学习中起着承上启下的作用。

拓展提高

一、填空题

1. 建筑力学的研究对象是________。

2. 在任何外力作用下,大小和形状保持不变的物体称________。

3. 力是物体之间相互的________。这种作用会使物体产生两种力学效果分别是________和________。

4. 力的三要素是________、________、________。

二、单选题

1. 静力学把物体看为刚体,是因为 (　　)

A. 物体受力不变形　　B. 物体的硬度很高

C. 抽象的力学模型　　D. 物体的变形很小

2. 荷载按作用范围可分为 (　　)

A. 恒载和活载　　B. 分布荷载和集中荷载

C. 外力和内力　　D. 以上都不是

3. (　　)是恒载。 (　　)

A. 自重　　B. 风荷载　　C. 雪荷载　　D. 爆炸力

4. 关于建筑力学研究内容,下面说法最准确的是 (　　)

A. 只研究物体受力的变形

B. 只研究物体的受力

C. 只研究物体的受力与变形的关系

D. 研究物体的受力、变形和力与变形的关系

三、判断题

1. 对于作用在刚体上的力,力的三要素是大小、方向和作用线。 (　　)

2. 力既有大小又有方向,是矢量。 (　　)

3. 刚体是真实存在的物体。 (　　)

第 1 章 静力学基础

力娃：师父，在前一章节我了解到了力学的起源、力学的发展史，以及力学在生活和工程等方面的应用。通过预习，我们知道在这一章将具体学习静力学的一些基本概念等知识。这些我们在以前的学习过程中都有了一些模模糊糊的了解，但还没能理解和掌握。

力翁：建筑工程中有很多地方要用到力学的知识，只有掌握扎实的力学理论基础，才能为工程实践提供支撑和保障。想要学好建筑力学，静力学是最基础的，它可以为后面的材料力学、结构力学部分做准备。下面列出的三大目标，需要好好对照学习！

学习目标

◆ 知识目标

★ 1. 掌握静力学公理法则；

★ 2. 掌握约束的概念；

★ 3. 掌握力偶的概念。

◆ 能力目标

▲ 1. 能认识各种约束、不同支座形式，能根据不同约束绘制约束反力；

▲ 2. 能利用力矩、力偶的原理解决生活和工程中的问题。

◆ 素质目标(思政)

● 1. 具有严谨的分析能力；

● 2. 具有辩证的思维能力；

● 3. 具有踏实的学习精神。

微课

建筑力学基本公理

1.1 静力学公理

公理是人们在生活和生产实践中长期积累的经验总结，又经过实践反复检验，被确认是符合客观实际的最普遍、最一般的规律。

在学习公理之前，我们先来了解一下刚体与变形体的概念。刚体是受力作用而不变形的物体。实际上，任何物体受力作用都发生或大或小的变形，但在一些力学问题中，物体变形这一因素与所研究的问题无关或对所研究的问题影响甚微，这时，就可以不考虑物体的变形，将物体视为刚体，从而使所研究的问题得到简化。在微小变形情况下，变形因素对求解平衡问题和求解内力问题的影响甚微。因此，研究平衡问题和采用截面法求解内力问题时，可将物体视为刚体，即研究此问题时，应用刚体模型。

而在另一些力学问题中，物体变形这一因素是不可忽略的主要因素，如不予考虑就得不到问题的正确解答。这时，将物体视为理想变形固体。例如，在研究结构或构件的平衡问题时，可以把它们视为刚体；而在研究结构或构件的强度、刚度和稳定性时，虽然结构或构件的变形非常微小，但必须把它们看作变形固体。

公理一　作用力与反作用力公理

两个物体间相互作用的一对力，总是大小相等、方向相反、作用线相同，并分别而且同时作用于这两个物体上。

这个公理概括了自然界任何两个物体间相互作用的关系。有作用力，必定有反作用力；反过来，没有反作用力，也就没有作用力。两者总是同时存在，又同时消失。因此，力总是成对地出现在两个相互作用的物体上。如图 1-1 所示的小孩拍桌子时，手给桌面一个作用力，桌面同时也给手一个反作用力。

图1-1

公理二　力的平行四边形法则

作用于物体同一点的两个力，可以合成为一个合力，合力也作用于该点，合力的大小和方向由以两个分力为邻边的平行四边形的对角线表示。如图 1-2(a)所示。或者说，合力矢等于这两个分力矢的矢量和，其矢量表达式为

$$\boldsymbol{F}=\boldsymbol{F}_1+\boldsymbol{F}_2 \tag{1-1}$$

力的平行四边形也可演变成为力三角形，由它能更简便地确定合力的大小和方向，如图 1-2(b)、1-2(c)所示，而合理作用点仍在汇交点 A。

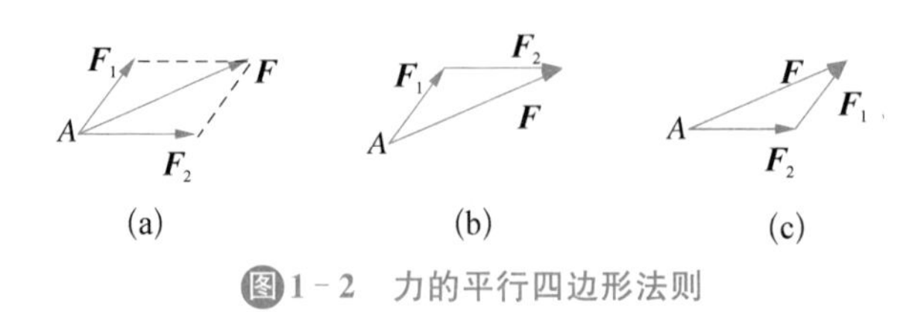

图1-2　力的平行四边形法则

知识加油站

古代打仗时是没有热武器的，基本是靠刀枪剑戟，所以弓箭的威力大小也决定着军队的战斗力，俗话说“明枪易躲，暗箭难防”，有个威力大的弓箭，可以省去很多麻烦，毕竟这是个远程伤害。

中国的弓箭是用多种材料合成的，结合许多弓箭的优点。中国古代的弓箭制作时间很长，因为它所需的材料比较多，材料越好，弓箭的威力也就越大。在古代，要把牛角、牛筋、鱼胶在太阳下晒一年半，才能制作出一把完美的弓箭。因为古代的战争不断，所以弓箭的需求量也相当大，因此工匠们都会准备好大量的原材料，批量生产弓箭以保证军队的供应量。

古代有一种弓箭特别有名，那就是项羽专用的弓箭，这个弓箭也被称为“霸王弓”。霸王弓的威力可是相当得大，弓的重量达到了一百多斤，拿起来都比较费劲，更不用说用它来杀敌了。霸王弓弓身的材料是玄铁，弓弦传说是蛟龙的背筋。这把弓跟随项羽南征北战，项羽用它打了不少的胜仗。

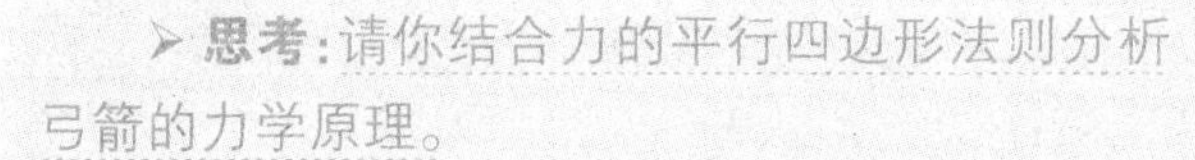

➤ **思考**：请你结合力的平行四边形法则分析弓箭的力学原理。

公理三 二力平衡公理

作用于刚体上的两个力平衡的充分与必要条件是这两个力大小相等、方向相反、作用线相同。

如图1-3所示，一个刚体在两个力作用下保持平衡的必要充分条件是：此二力等值、反向、共线。

$$\boldsymbol{F}_1 = -\boldsymbol{F}_2 \tag{1-2}$$

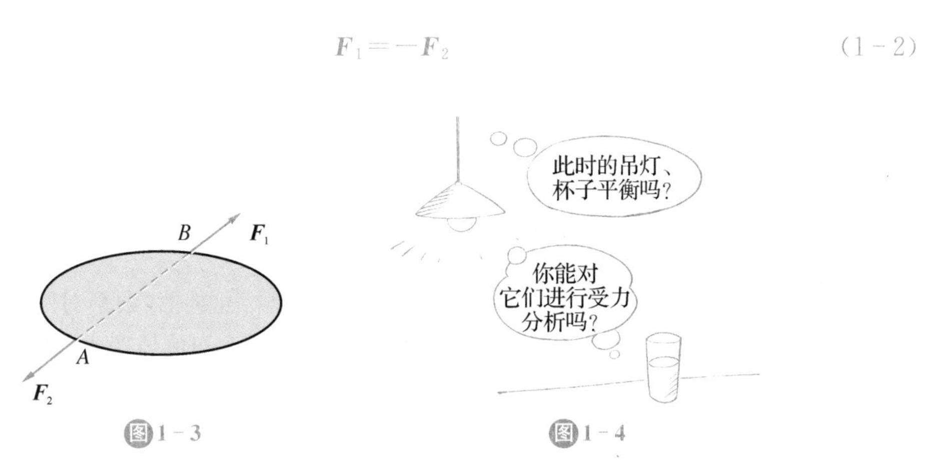

图1-3　　图1-4

如图1-4所示，在生活中有很多物体在两个力的作用下保持平衡，比如吊灯，在自身重力和绳子拉力的作用下保持平衡，比如桌子上的杯子，在自身重力和桌面的支撑力作用下保持平衡。吊灯受到的重力和拉力，杯子受到的重力和支撑力都满足大小相等、方向相反、作用在同一条直线上。

对于**刚体**而言，这个条件既是必要的，又是充分的；但对于**变形体**，它只是平衡的必要条件，而不是充分条件。例如，如图 1－5 所示的软绳，受两个等值、反向共线的拉力作用可以平衡，而受两个等值、反向、共线的压力作用就不能平衡了。

图 1－5

工程上，把只受两个力作用而处于平衡状态的物体，称为二力构件（又称二力杆）。

受力特点：根据二力平衡公理可知，作用在二力杆上的两个力，它们必通过两个力作用点的连线（与杆件的形状无关），且等值，反向。

图 1－6 均属于二力杆，绘制其受力图时，力的指向假定，即可以假定为拉力，也可以假定为压力。

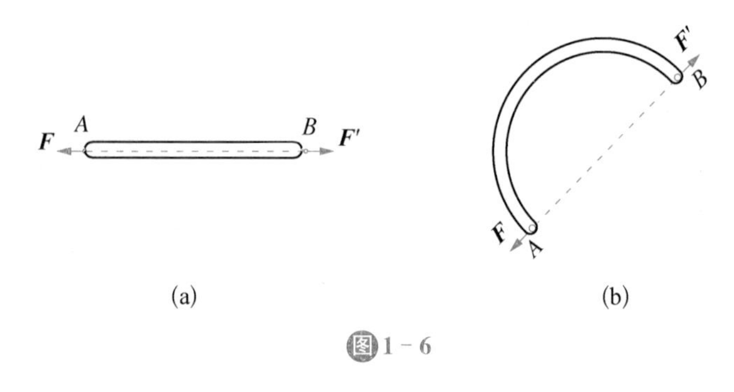

图 1－6

公理四　加减平衡力系公理

在作用于刚体上的已知力系上，加上或减去任意平衡力系，不会改变原力系对刚体的作用效应。

如图 1－7 所示的天平，当天平两边同时减去一块重物，或者同时加上一块重物，仍然保持原有的状态。这个现象就反映了加减平衡力系公理。

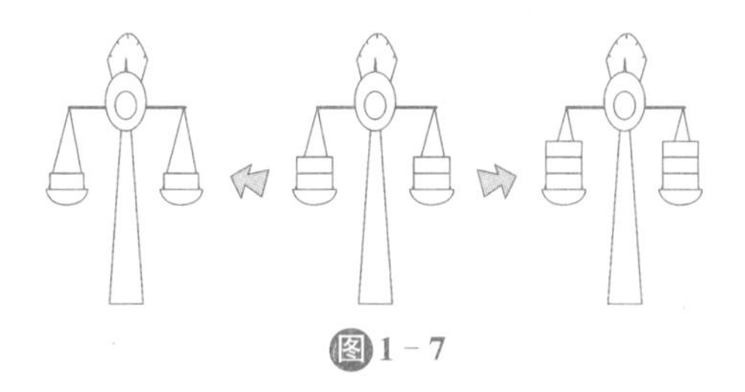

图 1－7

这是因为在平衡力系中，诸力对刚体的作用效应都相互抵消，力系对刚体的效应等于零。所以对刚体来说，在其上施加或者撤除平衡力系，都不会对刚体产生任何影响。

根据这个原理，可以进行力系的等效变换，即在刚体上任意施加或者撤除平衡力系，即有如下推论。

推论 1：力的可传性原理

作用于刚体上某点的力，可沿其作用线任意移动作用点而不改变该力对刚体的作用效应。

利用加减平衡力系公理，很容易证明力的可传性原理。如图 1-8 所示，设力 F 作用于刚体上的 A 点。现在其作用线上的任意点 B 加上一对平衡力系 $\boldsymbol{F}$、$\boldsymbol{F}''$，令 $F''=F'=F$，根据加减平衡力系公理可知，这样做不会改变原作用力 $\boldsymbol{F}$ 对刚体的作用效应；再根据二力平衡条件可知，$\boldsymbol{F}$、$\boldsymbol{F}'$ 亦可以构成平衡力系，所以可以撤去。因此，剩下的力 $\boldsymbol{F}''$ 与原力 $\boldsymbol{F}$ 等效。力 $\boldsymbol{F}''$ 就是由力 $\boldsymbol{F}$ 沿其作用线从 A 点移至 B 点的结果。如图 1-9 所示，力的可传性反映了生活中一个人拉箱子和推箱子的效果是一样的。

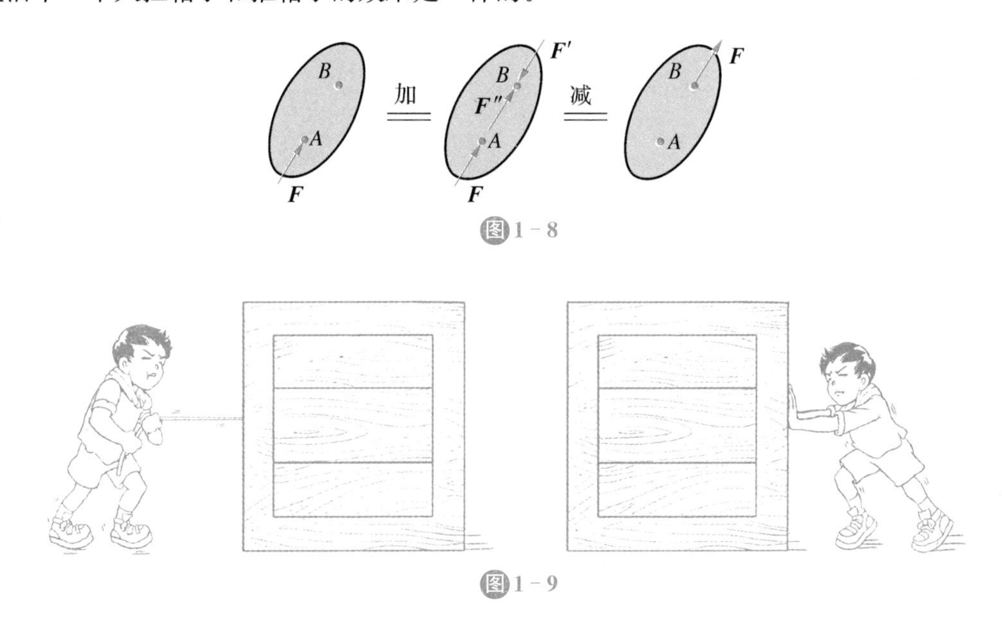

图 1-8

图 1-9

同样必须指出，力的可传性原理也只适用于刚体而不适用于变形体。

推论 2：三力平衡汇交定理

作用于刚体上平衡的三个力，如果其中两个力的作用线交于一点，则第三个力必与前面两个力共面，且作用线通过此交点，构成平面汇交力系。

这是刚体上作用三个不平行力平衡的必要条件，定理证明过程如下。

如图 1-10 所示，设在刚体上的 A_1、A_2、A_3 三点，分别作用不平行的三个相互平衡的力 $\boldsymbol{F}_1$、$\boldsymbol{F}_2$、$\boldsymbol{F}_3$ 根据力的可传性原理，先将力 $\boldsymbol{F}_1$、$\boldsymbol{F}_2$ 移到其汇交点 A，然后根据力的平行四边形法则，得合力 $\boldsymbol{F}$。则力 $\boldsymbol{F}_3$ 与 $\boldsymbol{F}$ 也应平衡。由二力平衡公理知，$\boldsymbol{F}_3$ 与 $\boldsymbol{F}$ 必共线。因此，力 $\boldsymbol{F}_3$ 的作用线必通过 A 点并与力 $\boldsymbol{F}_1$、$\boldsymbol{F}_2$ 共面。

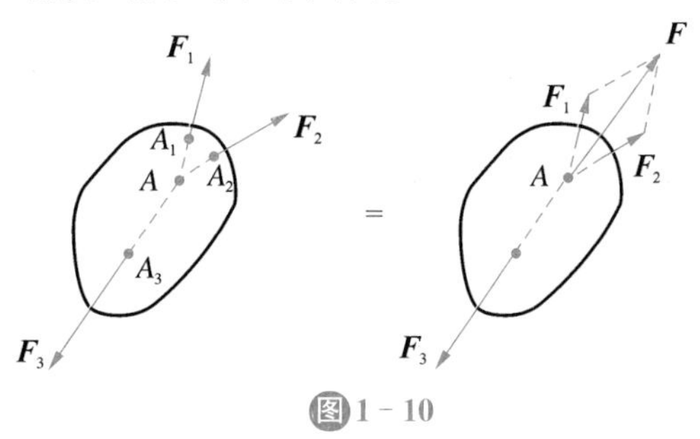

图 1-10

说明：

(1) 如果同一平面内三个力汇交一点，物体不一定平衡；

(2) 如果同一个平面内三个力作用下物体平衡，这三个力不一定汇交于一点；

(3) 如果同一个平面内三个不平行的力作用下物体平衡，则三个力必然汇交于一点。已知其中两个力 $\boldsymbol{F}_1$ 和 $\boldsymbol{F}_2$，那么第 3 个力 $\boldsymbol{F}_3$ 必然通过已知两个力的交点，同时力 $\boldsymbol{F}_3$ 经过自身的作用点，由此可确定未知力 $\boldsymbol{F}_3$ 的方向，应当沿着 $\boldsymbol{F}_3$ 的作用点和 $\boldsymbol{F}_1$ 与 $\boldsymbol{F}_2$ 的交点连线方向。

微课

力矩与力偶

1.2 力矩与力偶

1.2.1 力矩与合力矩定理

➢ **思考：** 开门转动门把手时，生活经验告诉我们，能否转动如图 1-11 所示的门把手，取决于哪些因素呢？

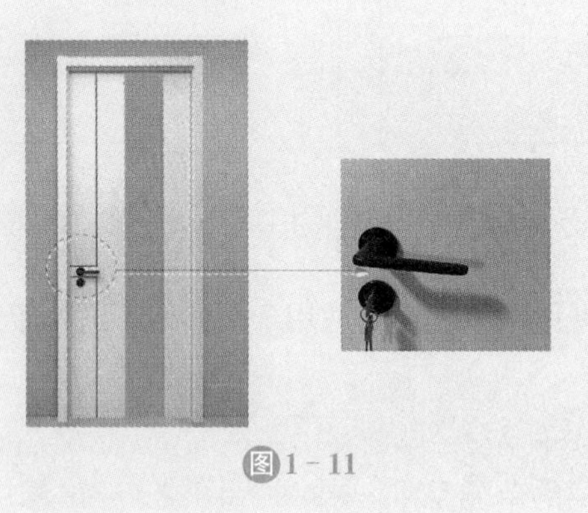

图 1-11

1. 力矩

物体在力的作用下将产生运动效应。运动可以分解为移动和转动。由经验可知，力使物体移动的效应取决于力的大小和方向。力使物体转动的效应与哪些因素有关呢？

图 1-12

力翁：古希腊物理学家阿基米德(图 1-12)说过："给我一个支点，我就能撬起整个地球"，你知道其中蕴含着怎样的力学原理吗？

力娃：以前物理上讲是杠杆原理呢，应该是与支点的选择位置和力臂的长度有关吧？

如图1－13，用扳手拧紧螺母时，作用于扳手上的力 $\boldsymbol{F}$ 使扳手绕 O 点转动，其转动效应不仅与力的大小和方向有关，而且与 O 点到力作用线的距离 d 有关。因此，将乘积 $\boldsymbol{F}d$ 冠以适当的正负号，称为力 $\boldsymbol{F}$ 对 O 点之矩，简称力矩。它是力 $\boldsymbol{F}$ 使物体绕 O 点转动效应的度量，用 $\boldsymbol{M}_0(\boldsymbol{F})$（或在不产生误解的情况下简写成 $\boldsymbol{M}_0$ 表示）即：

$$\boldsymbol{M}_0(\boldsymbol{F})=\boldsymbol{F}d=\pm Fd \tag{1-3}$$

O 点称为矩心，d 称为力臂。式中的正负号用来区别力 $\boldsymbol{F}$ 使物体绕 O 点转动的方向，并规定：力 $\boldsymbol{F}$ 使物体绕 O 点逆时针转动时为正，反之为负。

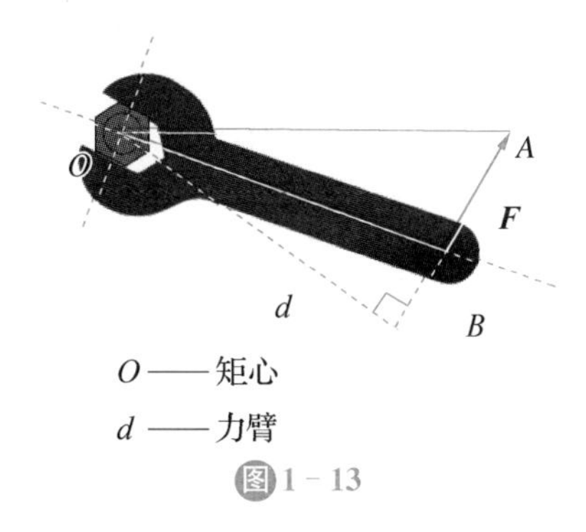

图1－13

综上所述，得出如下力矩性质：

(1) 力 $\boldsymbol{F}$ 对点 O 的矩，不仅决定于力的大小，同时与矩心的位置有关。矩心的位置不同，力矩随之而异。

(2) 力 $\boldsymbol{F}$ 对任一点的矩，不因为 $\boldsymbol{F}$ 的作用点沿其作用线移动而改变，因为力和力臂的大小均未改变。

(3) 力的大小等于零或力的作用线通过矩心，即式(1－3)中的 $F=0$ 或者 $d=0$，则力矩等于零。

(4) 相互平衡的两个力对同一点的矩的代数和等于零。

在国际单位制中，力矩的单位是牛·米(N·m)或千牛·米(kN·m)。

➤ **思考：**推门大比拼中(图1－14)，什么状态下，小孩会赢得大人呢？

图1－14

动画

推门动画

2. 合力矩定理

汇交于一点的两个力对平面内某点力矩的代数和等于其合力对该点的矩。如果作用在平面内某点有几个汇交力，可以多次应用上述结论而得到平面汇交力系的合力矩定理、即：平面汇交力系的合力对平面内任一点之矩，等于力系中各分力对同一点之矩的代数和。即

$$\boldsymbol{M}_o(\boldsymbol{F}_R)=\boldsymbol{M}_o(\boldsymbol{F}_1)+\boldsymbol{M}_o(\boldsymbol{F}_2)+\cdots+\boldsymbol{M}_o(\boldsymbol{F}_n) \quad (1-4)$$

合力矩定理还适用于有合力的其他力系。

【例 1－1】 已知 $P_1=P_2=P_3=2$ kN，$a=4$ m，试计算力系的合力对 A 点的矩[图 1－15(a)]。

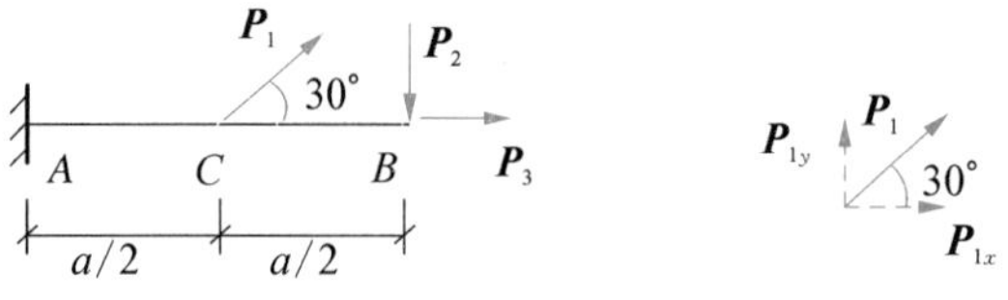

(a)　　(b)

图1－15

【解】 (1) 可将 $\boldsymbol{P}_1$ 分解成如图 1－15(b)所示；

(2) 求出各个分力对点 A 的力矩：

$$\boldsymbol{M}_A(\boldsymbol{P}_3)=0 \text{ kN}\cdot\text{m}$$

$$\boldsymbol{M}_A(\boldsymbol{P}_1)=\boldsymbol{M}_A(\boldsymbol{P}_{1x})+\boldsymbol{M}_A(\boldsymbol{P}_{1y})=0+sin30^\circ\times0.5a\boldsymbol{P}_1$$

$$=2\times0.5\times0.5\times4=2 \text{ kN}\cdot\text{m}$$

$$\boldsymbol{M}_A(\boldsymbol{P}_2)=-P_2\times a=-2\times4=-8 \text{ kN}\cdot\text{m}$$

(3) 根据合力矩定理：

$$\sum M_A(\boldsymbol{P}_i)=2-8+0=-6 \text{ kN}\cdot\text{m}$$

1.2.2 力偶与力偶矩

在开启可乐瓶子[图 1－16(a)]的过程中，瓶盖的受力如图 1－16(b)所示。

(a)　　(b)

图1－16

在日常生活和工程实践中，常见到作用在物体上的两个大小相等、方向相反，而作用线不重合的平行力的作用。如图1-17(a)所示，汽车司机转动方向盘时，两手作用于方向盘的力；或图1-17(b)所示的钳工师傅用丝锥攻螺纹时，两手加于丝锥铰杠上的力等等。

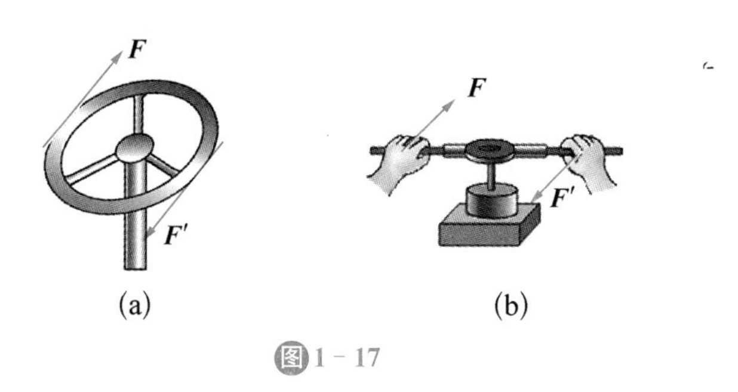

图1-17

1. 力偶的概念

由两个大小相等、方向相反且不共线的平行力组成的力系，称为力偶。以符号($\boldsymbol{F}$，$\boldsymbol{F}'$)表示，两力作用线所决定的平面称为力偶的作用面，两力作用线间的垂直距离称为力偶臂。

由实践经验得知，力偶对物体的作用效果，不仅取决于组成力偶的力的大小，而且取决于两平行力间的垂直距离 d(图1-18)，d 即为力偶臂。力偶在平面内的转向不同，作用效果也不同。因此，力偶的作用效果可用力和力偶臂两者的乘积 $\boldsymbol{F}d$ 来度量，这个乘积叫力偶矩，计作 $\boldsymbol{M}(\boldsymbol{F},\boldsymbol{F}')$，简写为 $\boldsymbol{M}=\pm Fd$。

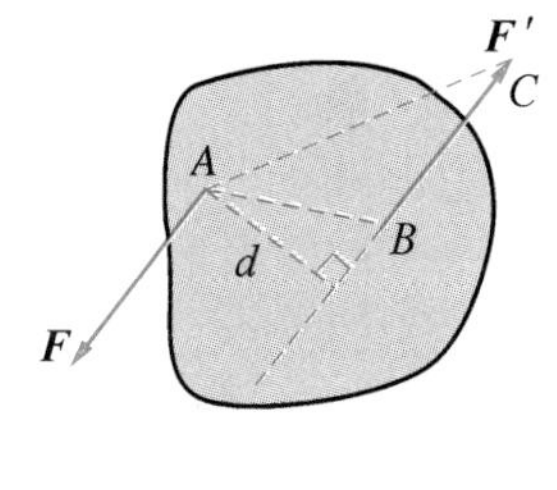

图1-18

力偶矩的单位与力矩相同，在国际单位制中是牛·米(N·m)或千牛·米(kN·m)。一般规定：使物体作逆时针转动的力偶矩为正；使物体作顺时针转动的力偶矩为负。

实践表明，力偶对物体的转动效应取决于力偶矩的大小、转向和力偶作用平面的方位，这三者称为力偶的三要素。

2. 力偶的基本性质

力偶不同于力，它有一些特殊的性质，下面分别加以说明。

性质1：力偶对刚体不产生移动效应，因此力偶没有合力。一个力偶既不能与一个力等效，也不能和一个力平衡。力与力偶是表示物体间相互机械作用的两个基本元素。

力偶中的两个力是不共线的，所以这两个力不能平衡。因此力偶不是平衡力系。事实上，只受一个力偶作用的物体，一定产生转动的效果，即可以使物体的转动状态发生改变。

力娃：师父，力偶既然是一个不平衡力系，那么它是否有不为零的合力，可以用它的合力来等效代换呢？

力翁：当然不能。如果力偶有不为零的合力，则此合力在任选的坐标轴(不与合力作用线垂直)上必有投影。但是，力偶是等值、反向的两个力，它在任何一个轴上的投影的代数和都必然为零。这就排除了力偶具有合力的可能性。

性质 2：力偶使物体绕其作用面内任意一点的转动效果，是与矩心的位置无关的，这个效果完全由力偶矩来确定。

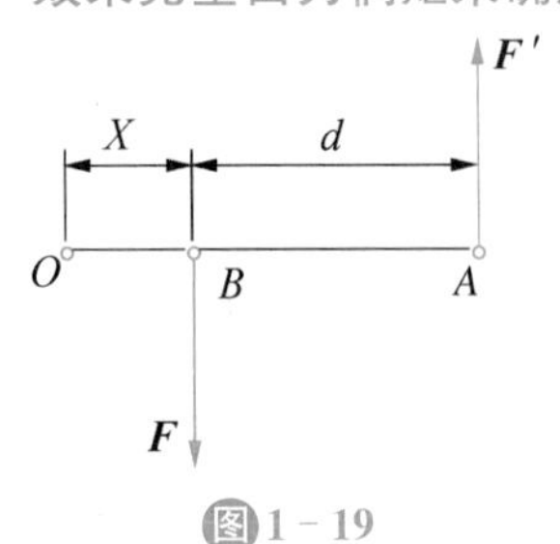

图 1－19

证明：任意选取一点 O，来确定力偶使物体绕点 O 的转动效果。在图 1－19 中，给定力偶的力偶矩为 $\boldsymbol{M}=\boldsymbol{F}d$。该力偶使物体绕任意点 O 的转动效果，为力偶中两个力所产生的转动效果之和，其值为：

$$\boldsymbol{M}_O(\boldsymbol{F},\boldsymbol{F}')=\boldsymbol{M}_O(\boldsymbol{F})+\boldsymbol{M}_O(\boldsymbol{F}')=-Fx+F'(x+d)=Fd \tag{1-5}$$

从公式(1－5)可证明出，转动效果与 x 无关，即与力偶到矩心的位置无关。

由力偶的等效定理引出下面两个推论：

推论 1(力偶的可传性)：只要力偶矩保持不变，力偶可在作用平面内任意移动或转动，不改变其对物体的转动效应。如图 1－20 所示，力偶($\boldsymbol{F},\boldsymbol{F}'$)由左图的水平方向的左右两个作用点变换到右图所示的竖直方向上的上下两个作用点，其对物体的转动效应相同。

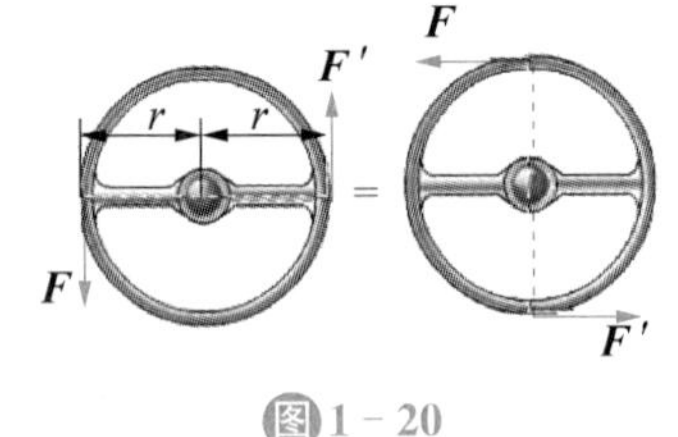

图 1－20

推论 2(力偶的改装性)：保持力偶矩大小不变，分别改变力和力偶臂大小，其转动效应不变。

按照以上推论，只要给定力偶矩的大小及正负符号，力偶的作用效果就确定了，至于力偶中力的大小、力臂的长短如何，都是无关紧要的。根据以上推论就可以在保持力偶矩不变的条件下，把一个力偶等效地变换成另一个力偶。如图 1－21 所示，在保持力偶矩为 +10 N·m的前提下，三种力偶对物体的转动效应是相同的。

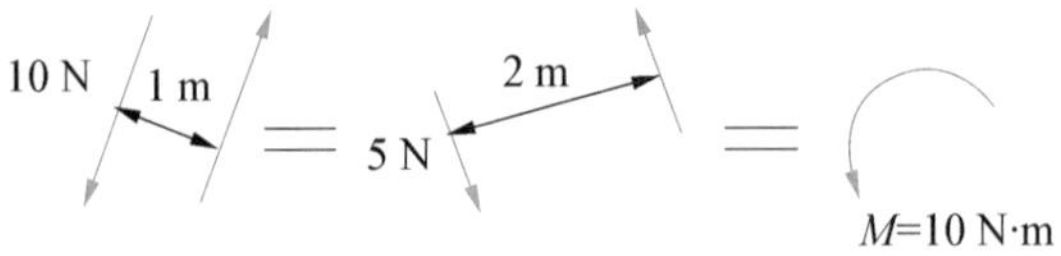

10 N　1 m　＝　5 N　2 m　＝　M=10 N·m

图 1－21

由上可见，力偶除了用其力和力偶臂表示外，也可以用力偶矩表示。用一圆弧箭头表示力偶的转向，箭头旁边标出力偶矩的值。

3. 平面力偶系的合成与平衡

作用在同一平面内的力偶称为平面力偶系。根据上述力偶的性质，对平面力偶系进行合成，并研究其平衡条件。

(1) 平面力偶系的合成

设在刚体的某平面内作用有两个力偶 $\boldsymbol{M}_1$ 和 $\boldsymbol{M}_2$ 如图 1－22(a)所示，力偶 $\boldsymbol{M}_1$ 为逆时针转向，其矩 $\boldsymbol{M}_1$ 为正值；力偶 $\boldsymbol{M}_2$ 为顺时针转向，其矩 $\boldsymbol{M}_2$ 为负值。任选一线段 $AB=d$ 作为公共力偶臂，将力偶 $\boldsymbol{M}_1$、$\boldsymbol{M}_2$ 搬移，并把力偶中的力分别改变为图 1－22(b)。

$$F_1 = F'_1 = \frac{M_1}{d}, F_2 = F'_2 = -\frac{M_2}{d} \tag{1-6}$$

力偶 $\boldsymbol{M}_1$ 和 $\boldsymbol{M}_2$ 也可合成为一个合力偶如图 1-22(c)所示，其矩为

$$\boldsymbol{M} = \boldsymbol{F}_R d = (F_1 - F_2)d = \boldsymbol{M}_1 + \boldsymbol{M}_2 \tag{1-7}$$

若有 n 个力偶作用于刚体的某一平面内，这种力系称为平面力偶系。采用上面的方法合成，可得一合力偶，合力偶的矩等于力偶系中各力偶矩的代数和，即：

$$\boldsymbol{M} = \boldsymbol{M}_1 + \boldsymbol{M}_2 + \cdots + \boldsymbol{M}_n = \sum \boldsymbol{M}_i \tag{1-8}$$

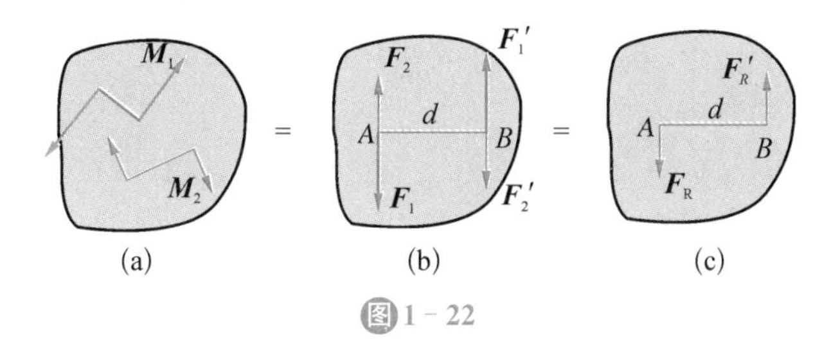

图1-22

(2) 平面力偶系的平衡

平面力偶系可以用它的合力偶来等效代换，因此，合力偶的力偶矩为零，则力偶系是平衡的力偶系。由此得到平面力偶系平衡的必要与充分条件是：力偶系中所有力偶的力偶矩的代数和等于零，即

$$\sum_{i=1}^{n} \boldsymbol{M}_i = 0 \tag{1-9}$$

平面力偶系有一个平衡方程，可以求解一个未知量。

微课

约束与约束反力

1.3 约束与约束反力

1.3.1 约束与约束反力的概念

在空间可作任意运动的物体称为自由体。例如在路上行驶的汽车[图 1-23(a)]。如果物体受到某种限制，在某些方向不能自由运动，那么这样的物体称为非自由体。例如放在桌面的水杯[图 1-23(b)]，它受到桌面的限制不能向下运动。阻碍物体运动的限制条件称为约束。通常，限制条件是由非自由体周围的其他物体构成，因而也将阻碍非自由体运动的周围物体称为约束。上述的桌面就是杯子的约束。

(a)

(b)

图1－23

在生活中，我们不能追求完全的自由，受到一定的"约束"也是对我们的保护。社会里没有绝对的自由，每个人在拥有自由的同时也要接受相应的束缚。

小男孩手中的气球（图1－24）受到约束没有飘走，如果小男孩的手松开，气球就会飘走。

图1－24

既然约束限制着物体的运动，那么当物体沿着约束所能限制的方向有运动趋势时，约束为了阻止物体的运动，必然对该物体用力加以作用，这种力称为约束反力或约束力，简称反力。约束反力的方向总是与所能阻止的物体的运动（或运动趋势）的方向相反，它的作用点就是约束与被约束物体的接触点。在静力学中，约束对物体的作用，完全取决于约束反力。

与约束反力相对应，凡是能主动引起物体运动或使物体有运动趋势的力，称为主动力，如重力、风压力、水压力等。作用在工程结构上的主动力又称为荷载。通常情况下，主动力是已知的，而约束反力是未知的。在一般情况下，约束反力是由主动力的作用而引起的，因此它又是一种被动力。静力分析的重要任务之一，就是确定未知的约束反力。

1.3.2　工程中常见的约束与约束反力

工程中约束的种类很多，对于一些常见的约束，按其所具有的特性，可以归纳为下列几种基本类型。

1. 柔索约束

由柔软而不计自重的绳索、胶带、链条等构成的约束统称为柔索约束(图1-25)。由于柔索约束只能限制物体沿着柔索的中心线伸长方向的运动，而不能限制物体在其他方向的运动，所以柔索约束的约束反力永远为拉力，方向沿着柔索的中心线背离被约束的物体，常用符号 $\boldsymbol{F}$ 表示，如图1-25所示。

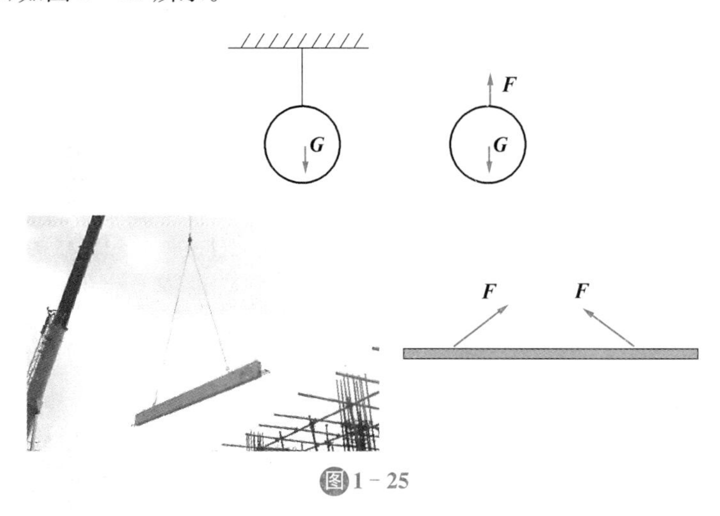

图1-25

2. 光滑接触表面约束

物体间光滑接触时，不论接触面的形状如何，这种约束只能限制物体沿着接触面在接触点的公法线方向且指向约束物体的运动，而不能限制物体的其他运动。因此，光滑接触面约束的反力永为压力，通过接触点，方向沿着接触面的公法线指向被约束的物体，通常用 $\boldsymbol{F}_{\mathrm{N}}$ 表示，如图1-26所示。当点与线接触时，公法线垂直于线，因此杆件在 A、B、C 三点受到的约束反力方向如图所示。

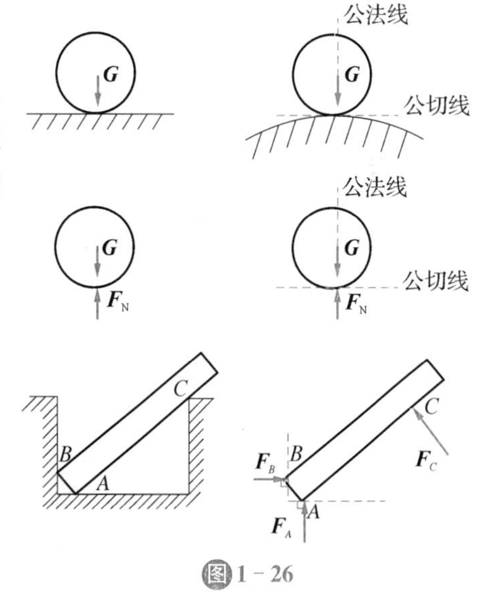

图1-26

3. 圆柱铰链约束

两物体分别被钻有直径相同的圆孔并用销钉连接起来，不计销钉与销钉孔壁之间的摩擦，这类约束称为光滑圆柱形铰链约束，简称铰链约束。如图1-27(a)所示。这种约束可以用如图1-27(b)所示的力学简图表示，其特点是只限制两物体在垂直于销钉轴线的平面内沿任意方向的相对移动，而不能限制物体绕销钉轴线的相对转动和沿其轴线方向的相对滑动。因此，铰链的约束反力作用在与销钉轴线垂直的平面内，并通过销钉中心，但方向待定，如图1-28(a)所示的 $\boldsymbol{F}$。工程中常用通过铰链中心相互垂直的两个

正交分力 $\boldsymbol{F}_x$、$\boldsymbol{F}_y$ 表示，如图 1－28(b)所示。

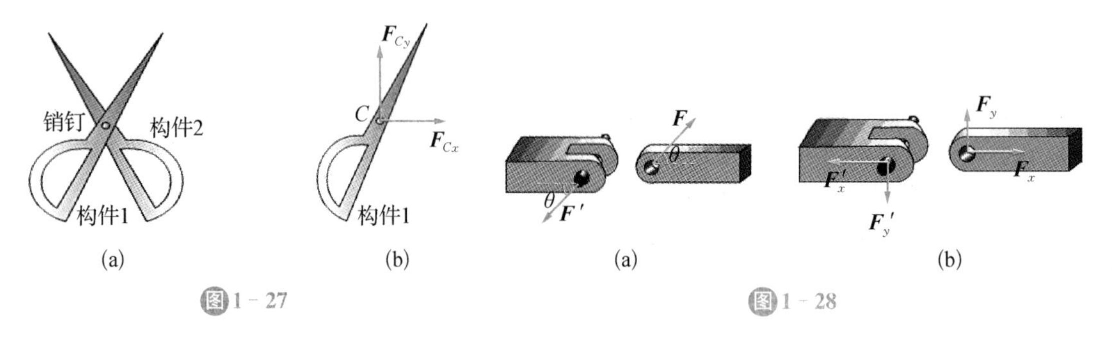

图1－27　　图1－28

4. 固定铰支座

将结构物或构件连接在墙、柱、机器的机身等支承物上的装置称为支座。用光滑圆柱铰把结构物或构件与支承物底板连接，并将底板固定在支承物上而构成支座，称为固定铰链支座，这种支座的约束性质与圆柱形铰链相同，如图 1－29(a)所示，图 1－29(b)～(e)都是其力学简图。

从铰链约束的约束反力可知，固定铰支座作用于被约束物体上的约束反力也应通过圆孔中心，但方向不定。为方便起见，常用两个相互垂直的分力表示，如图 1－28(f)所示。

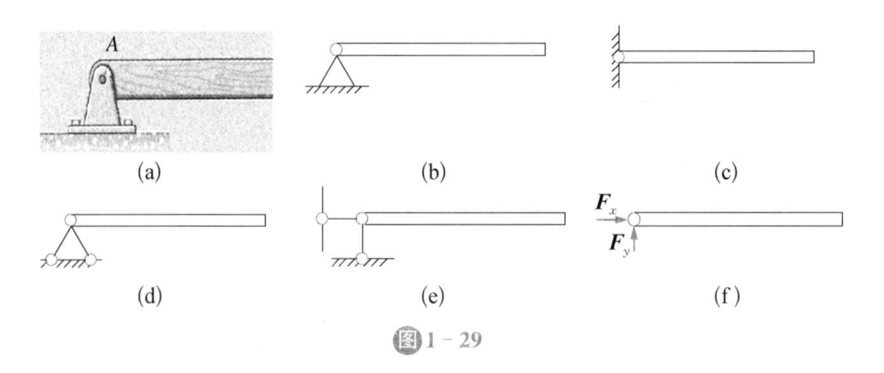

图1－29

如图 1－30 所示的娱乐器材，上端即为固定铰支座，下部摇椅可绕其转动。

图1－30

5. 链杆约束

两端各以铰链与其他物体相连接且在中间不再受力(力包括物体本身的自重)的直杆称为链杆,如图1-31(a)所示。这种约束只能限制物体上的铰结点沿链杆轴线方向的运动,而不能限制其他方向的运动,力学简图如图1-31(b)所示。因此,这种约束对物体的约束反力沿着链杆两端铰结点的连线,其方向可以为指向物体(即为压力)或背离物体(即为拉力),如图1-31(c)所示。

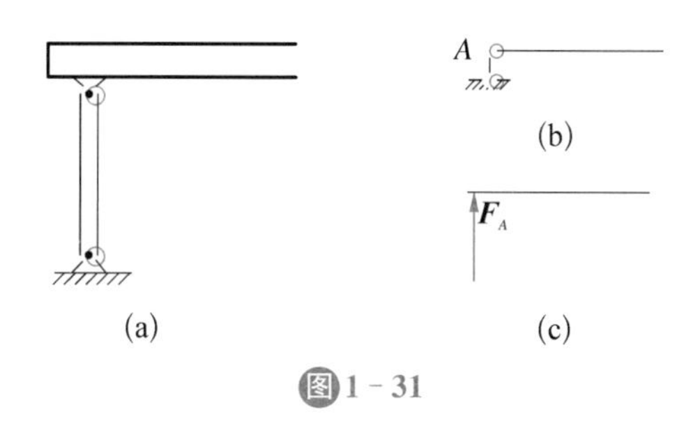

图1-31

6. 可动铰支座

如果在固定铰支座的底座与固定物体之间安装若干辊轴,它允许结构绕A铰转动和沿支承面水平移动,但不能竖向移动,就构成可动铰支座,如图1-32(a)所示,其力学简图如图1-32(b)、(c)所示。这种支座的约束特点是只能限制物体与销钉连接处沿垂直于支承面方向(朝向或离开支承面)的移动,而不能限制物体绕铰轴转动和沿支承面移动。因此,可动铰支座的反力垂直于支承面,且通过铰链中心(指向或背离物体),用$\boldsymbol{F}_N$表示,如图1-32(d)所示。

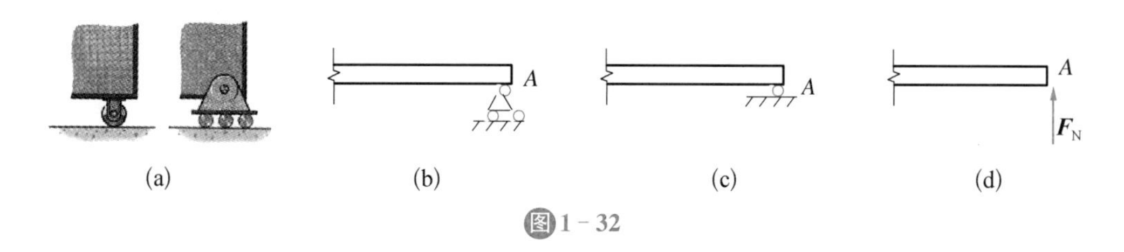

图1-32

7. 固定端约束

工程上,如果结构或构件的一端牢牢地插入支承物里面,如房屋的雨篷嵌入墙内,如图1-33(a),就构成固定端约束。这种约束的特点是连接处有很大的刚性,不允许被约束物体与约束之间发生任何相对移动或转动,即被约束物体在约束端是完全固定的。固定端约束的力学简图如图1-33(b)所示,其约束反力一般用三个反力分量来表示,即两个相互垂直的分力$\boldsymbol{F}_{Ax}$、$\boldsymbol{F}_{Ay}$和反力偶(其力偶矩为$\boldsymbol{M}_A$),如图1-33(c)所示。

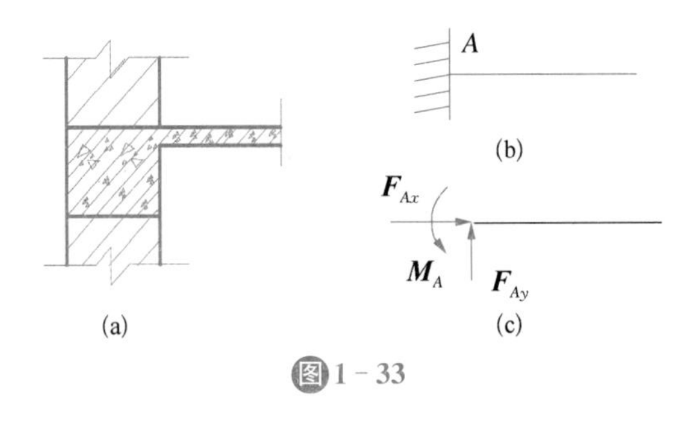

图1-33

8. 定向(滑动)支座

定向支座能限制构件的转动和垂直于支承面方向的移动,但允许构件沿平行于支承面的方向平移,如图1-34(a)所示。定向支座的约束力为一个垂直于支承面但指向待定的力和一个转向待定的力偶,图1-34(b)是定向支座的简化表示和约束反力的表示。

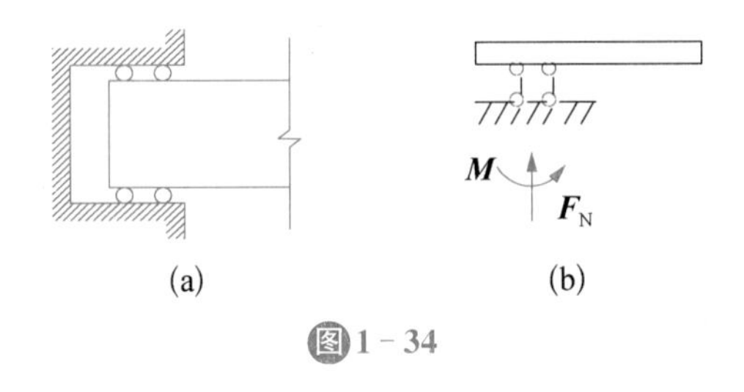

图1-34

约束限制了被约束构件的自由运动,从而使被约束的构件可以抵抗载荷,构件在约束的作用下成为有意义的建筑形体(图1-35)。

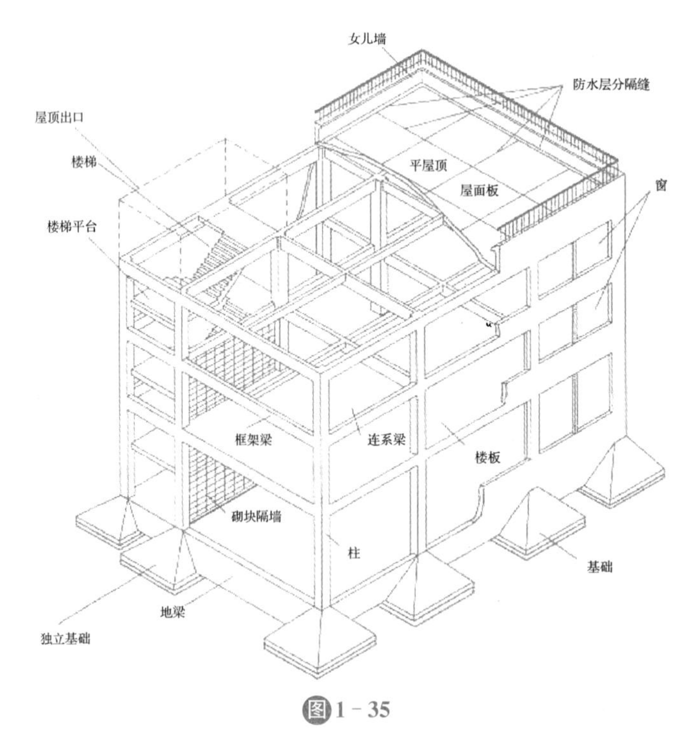

图1-35

微课

受力分析
与受力图

1.4 受力分析与受力图

1.4.1 物体的受力分析

在求解工程中的力学问题时，一般首先需要根据问题的已知条件和待求量，选择一个或几个物体作为研究对象。然后分析它受到哪些力的作用，其中哪些是已知的，哪些是未知的，此过程称为物体的受力分析。

作用在物体上的力可分为两类：一类是主动力，例如物体的重力、风力、气体压力等，这类力一般是已知的；另一类是物体的约束反力，为未知的被动力。

为了清晰地表示物体的受力情况，可把需要研究的物体（称为受力体）从与其相联系的周围的物体（称为施力体）中分离出来，单独画出其简图，这个步骤称为取研究对象或取分离体。然后把施力体作用于研究对象上的主动力和约束反力全部画在简图上，这种表示物体受力情况的简明图形称为受力图。画物体的受力图是解决静力学问题，乃至动力学问题的一个重要步骤。

1.4.2 画受力图的步骤及注意事项

（1）确定研究对象，选取分离体。应根据题意的要求，确定研究对象，并单独画出分离体的简图。研究对象（分离体）可以是单个物体，也可以是由若干个物体组成的系统或者整个物体系统，这要根据具体情况确定。

（2）根据已知条件，正确画出全部主动力，不漏不缺。

（3）根据分离体原来受到的约束类型或者约束条件，画出相应的约束反力。对于柔索约束、光滑接触面、链杆、可动铰支座这类约束，可以根据约束的类型直接画出约束反力的方向；而对于铰链、固定铰支座等约束，经常将其约束反力用两个相互垂直的分力来表示；对固定支座约束，其约束反力则用相互垂直的两个分力及一个反力偶来表示。在受力分析中，约束反力不能多画，也不能少画。如果题意要求明确这些反力的作用线方位和指向时，应当根据约束的具体情况并利用前面介绍的有关公理进行确定。同时，应注意两个物体之间相互作用的约束力应符合作用力与反作用力公理。

（4）熟练地使用常用的字母和符号标注各个约束反力，注明是由哪一个物体（施力体或约束）施加。另外还要注意按照原结构图上每一个构件或杆件的尺寸和几何特征作图，以免引起错误或误差。

（5）受力图上只画分离体的简图及其所受的全部外力，不画已被解除的约束。

（6）当以系统为研究对象时，受力图上只画该系统（研究对象）所受的主动力和约束反力，不画成对出现的内力（包括内部约束反力）。

（7）应当明确指出系统中的二力杆，这对系统的受力分析非常有意义。

下面举例说明受力图的画法。注意，凡图中未画出重力的就是不计重力，凡不提及摩擦时则视为光滑。

【例 1－2】 重量为 $\boldsymbol{G}$ 的梯子 AB 搁在水平面和铅垂墙壁上。在 E 点用水平绳索 EF 与墙面相连，如图 1－36(a)所示。不计各处摩擦，试画出梯子 AB 的受力图。

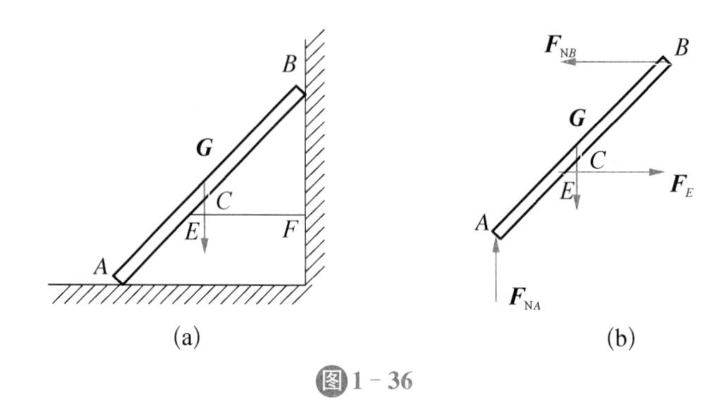

图 1－36

【解】 (1) 取研究对象。将梯子 AB 从周围物体的联系中分离出来，单独画出其轮廓简图。

(2) 画主动力。梯子受主动力 $\boldsymbol{G}$ 作用，作用点在梯子的重心 C 上，方向铅垂向下。

(3) 根据约束的性质，画约束反力。使梯子成为分离体时，需要在 A、B、E 三处分别解除地面、墙壁、绳索的约束。因此，必须在这三处用相应的约束反力代替。根据 A、B 两处均为光滑面约束的特点，地面、墙面作用于梯子的约束反力 $\boldsymbol{F}_{NA}$、$\boldsymbol{F}_{NB}$ 分别沿各自接触面公法线方向指向梯子。绳索作用于梯子的拉力 $\boldsymbol{F}_E$ 沿着 EF 方向背离梯子。梯子的受力图如图 1－36(b)所示。

【例 1－3】 如图 1－37(a)所示，梯子的两部分 AB 和 AC 在点 A 铰接，又在 D、E 两点用水平绳连接。梯子放在光滑水平面上，若不计自重，但在 AB 的中点 H 处作用一铅直荷载 $\boldsymbol{F}$。试分别画出绳子 DE 和梯子的 AB、AC 部分以及整体的受力图。

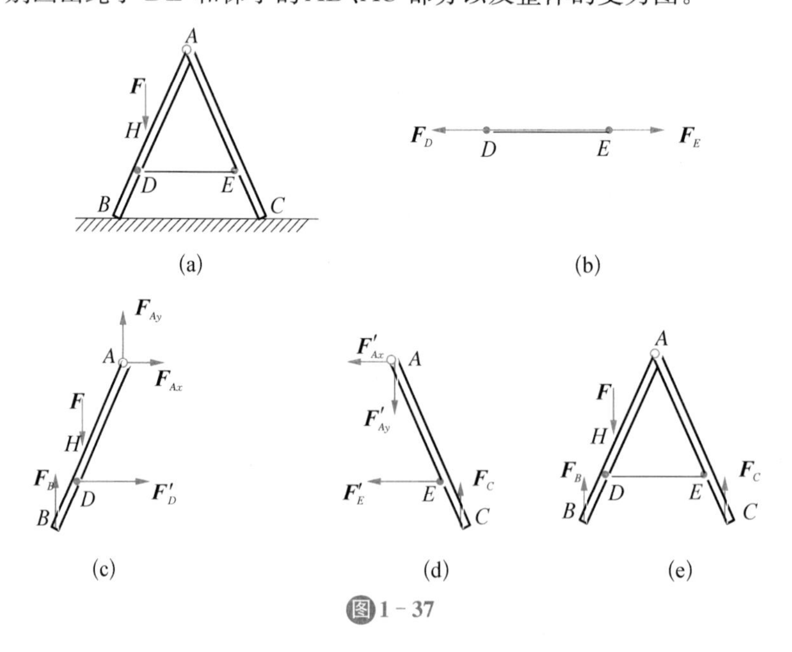

图 1－37

【解】(1) 绳子 DE 的受力图。绳子两端 D、E 分别受到梯子对绳子拉力 $\boldsymbol{F}_D$、$\boldsymbol{F}_E$ 的作用。它们是一对平衡力。绳子 DE 的受力图如图 1-37(b)所示。

(2) 梯子 AB 部分的受力图。梯子 AB 在 H 处受到荷载 $\boldsymbol{F}$ 的作用，在铰链 A 处受到 AC 部分给它的约束反力 $\boldsymbol{F}_{Ax}$ 和 $\boldsymbol{F}_{Ay}$，在点 D 受绳子对它的拉力 $\boldsymbol{F}'_D$，而 $\boldsymbol{F}'_D$ 是 $\boldsymbol{F}_D$ 的反作用力，在点 B 受光滑地面对它的法向约束反力 $\boldsymbol{F}_B$。梯子 AB 部分的受力图如图 1-37(c)所示。

(3) 梯子 AC 部分的受力图。梯子 AC 在铰链 A 处受到 AB 部分给它的约束反力 $\boldsymbol{F}'_{Ax}$ 和 $\boldsymbol{F}'_{Ay}$，而 $\boldsymbol{F}'_{Ax}$ 和 $\boldsymbol{F}'_{Ay}$ 分别是 $\boldsymbol{F}_{Ax}$ 和 $\boldsymbol{F}_{Ay}$ 的反作用力，在点 E 受绳子对它的拉力 $\boldsymbol{F}'_E$，$\boldsymbol{F}'_E$ 是 $\boldsymbol{F}_E$ 的反作用力；在点 C 受光滑地面对它的法向约束反力 $\boldsymbol{F}_C$。梯子 AC 部分的受力图如图 1-37(d)所示。

(4) 整个系统的受力图。由于铰链 A 处所受的力互为作用力与反作用力，这些力都成对地作用在整个系统内，称为内力。内力是指系统内部各物体之间的相互作用力。内力对整个系统的作用效应相互抵消，并不影响整个系统的平衡，故在受力图上不必画出。除此之外，绳子 DE 的拉力对整个系统也是内力，也不必画出。在受力图上只需画出系统以外的物体给系统的作用力，这种力称为外力。这里，在 H 处受荷载 $\boldsymbol{F}$，在点 B、C 受光滑地面对它的法向约束反力 $\boldsymbol{F}_B$、$\boldsymbol{F}_C$，它们都是作用于整个系统的外力。整个梯子的受力图如图 1-37(e)所示。

应该指出，内力与外力的区分不是绝对的，在一定的条件下，内力与外力可以相互转化。例如，当把梯子的 AC 部分作为研究对象时，$\boldsymbol{F}'_{Ax}$、$\boldsymbol{F}'_{Ay}$ 和 $\boldsymbol{F}'_E$ 均属于外力，但取整体为研究对象时，它们又属于系统内力。可见，内力与外力的区分，只有相对于某一确定的研究对象才有意义。

【例 1-4】 在图 1-38(a)所示简单承重结构中，悬挂的重物重 $\boldsymbol{G}$，横梁 AB 和斜杆 CD 的自重不计。试分别画出斜杆 CD、横梁 AB 及整体的受力图。

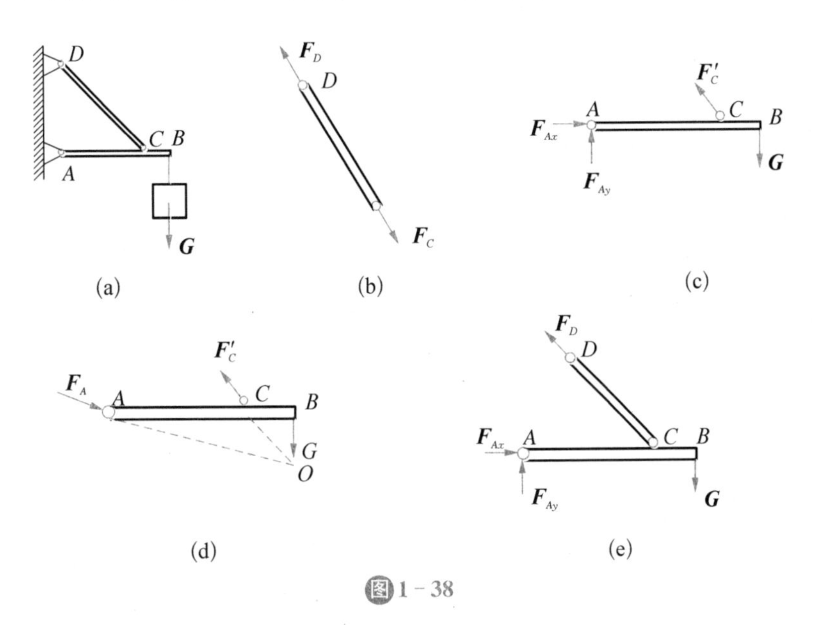

图 1-38

【解】(1) 画斜杆 CD 的受力图。取斜杆 CD 为研究对象，将其单独画出。斜杆 CD

两端均为铰链约束，约束力 $\boldsymbol{F}_C$、$\boldsymbol{F}_D$ 分别通过 C 点和 D 点。由于不计杆的自重，故斜杆 CD 为二力构件。$\boldsymbol{F}_C$ 与 $\boldsymbol{F}_D$ 大小相等、方向相反，沿 C、D 两点连线。本例可判定 $\boldsymbol{F}_C$、$\boldsymbol{F}_D$ 为拉力，若不易判断，可先假定指向。图 1-38(b)即为斜杆 CD 的受力图。

(2) 画横梁 AB 的受力图。取横梁 AB 为研究对象，将其单独画出。横梁 AB 的 B 处受到主动力 $\boldsymbol{G}$ 的作用。C 处受到斜杆 CD 的作用力 $\boldsymbol{F}'_C$，$\boldsymbol{F}'_C$ 与 $\boldsymbol{F}_C$ 互为作用力与反作用力。A 处为固定铰支座，其反力用两个正交分力 $\boldsymbol{F}_{Ax}$、$\boldsymbol{F}_{Ay}$ 表示，指向假定。图 1-38(c)即为横梁 AB 的受力图。

横梁 AB 的受力图也可根据三力平衡汇交定理画出。横梁的 A 处为固定铰支座，其反力 $\boldsymbol{F}_A$ 通过 A 点、方向未知，但由于横梁只受到三个力的作用平衡，其中两个力 $\boldsymbol{G}$、$\boldsymbol{F}'_C$ 的作用线相交于 O 点，因此 $\boldsymbol{F}_A$ 的作用线也必通过 O 点，指向假定，如图 1-38(d)所示。

(3) 画整体的受力图。作用于整体上的力有：主动力 $\boldsymbol{G}$，反力 $\boldsymbol{F}_D$ 及 $\boldsymbol{F}_{Ax}$、$\boldsymbol{F}_{Ay}$。如图 1-38(e)所示为整体的受力图。值得注意的是，整体受力应与局部受力保持一致。也可以根据图 1-38(d)中表示的$\boldsymbol{F}_A$画出整体受力图。

➢ **注意：**本例中整体受力图中为什么不画出力 $\boldsymbol{F}_C$ 与 $\boldsymbol{F}'_C$，这是因为 $\boldsymbol{F}_C$ 与 $\boldsymbol{F}'_C$ 是承重结构整体内两物体之间的相互作用力，根据作用力与反作用力公理，总是成对出现的，并且大小相等、方向相反、沿同一直线，对于承重结构整体来说，$\boldsymbol{F}_C$ 与 $\boldsymbol{F}'_C$ 这一对力自成平衡，所以不必画出。因此，在画研究对象的受力图时，只需画出外部物体对研究对象的作用力，即作用在研究对象上的外力。但应注意，外力与内力只是相对的，它们可以随研究对象的不同而变化。例如力 $\boldsymbol{F}_C$ 与 $\boldsymbol{F}'_C$，若以整体为研究对象，认为是内力；若以斜杆 CD 或横梁 AB 为研究对象，则为外力。

拓展提高

一、单选题

1. 若刚体在两个力作用下处于平衡，则此二力必 (　　)

A. 大小相等，方向相反，作用在同一直线

B. 大小相等，作用在同一直线

C. 方向相反，作用在同一直线

D. 大小相等

2. 一个力对某点的力矩不为零的条件是 (　　)

A. 作用力不等于零　　B. 力的作用线不通过矩心

C. 作用力和力臂均不为零　　D. 力臂不等于零

3. 将作用于物体上 A 点的力平移到物体上另一个点 A' 而不改变其作用效果，对于附加的力偶矩说法正确的是 (　　)

A. 大小和正负号与 A' 点无关　　B. 大小和正负号与 A' 点有关

C. 大小与 A' 点有关，正负号与 A' 无关　　D. 大小与 A' 点无关，正负号与 A' 有关

二、判断题

1. 力可以沿其作用线任意移动而不改变对刚体的作用效果。 (　　)

2. 力的三要素包括大小、方向和作用线。（　　）
3. 柔索约束的约束反力为拉力，方向沿着柔索的中心线背离被约束的物体。（　　）
4. 光滑接触面约束的约束反力方向沿着接触面的公法线背离被约束的物体。（　　）
5. 固定端约束反力一般用两个正交分力来表示。（　　）

三、计算下列各图中力 F 对 O 点之矩

1.

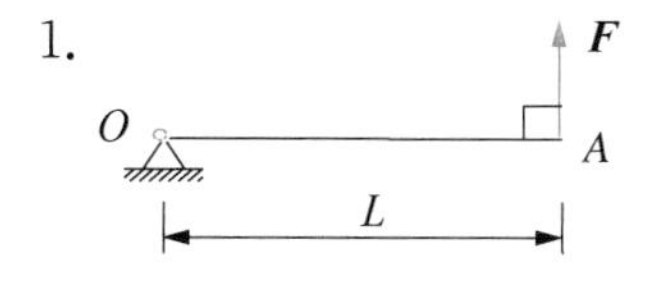

2.

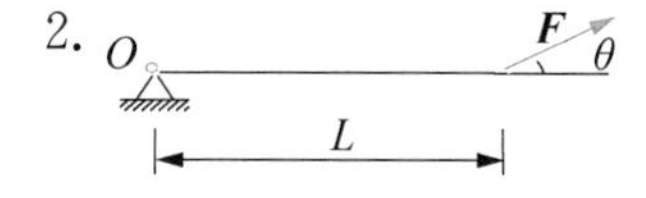

3.

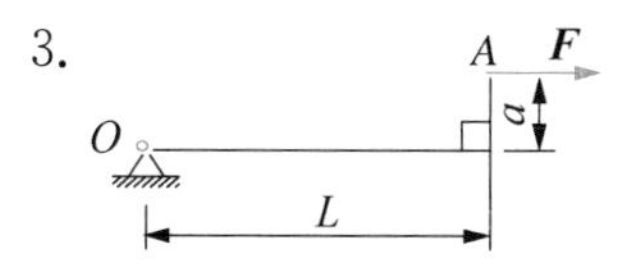

四、作图题

画出各物体的受力图。假定各接触面都是光滑的。

1.

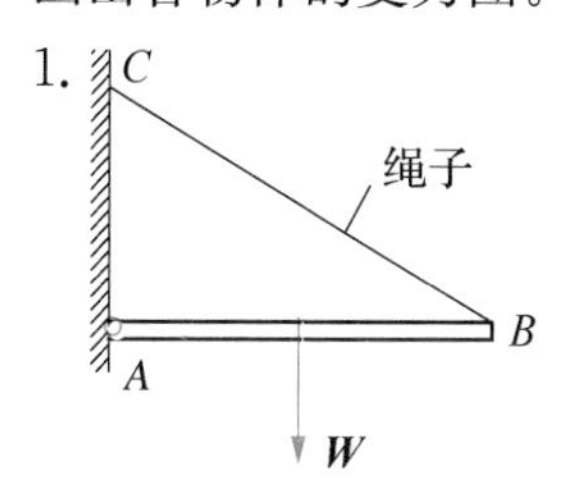

2.

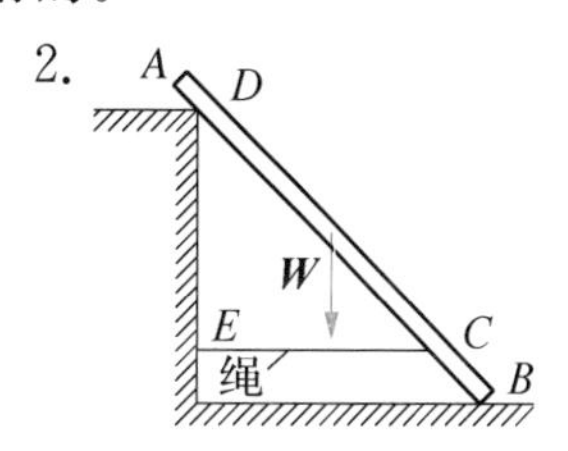

3.

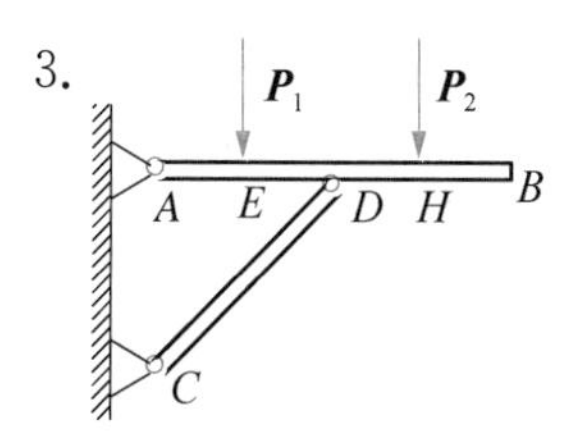

五、综合题

如图所示的桥梁，受到的约束如何简化？

第 2 章
平面汇交力系

力娃：师父，上一章我们学习了静力学的一些基本原理，对力有了一些基本认知，这些基本上都是针对单个力讨论的问题，现实中一般都不会是一个力，那么有多个力同时存在时会出现什么样的情况呢？

力翁：是的，你说得对，现实中物体往往同时受多个力，平面力系是工程实际中常见的一种基本力系。在平面力系中，若各力的作用线均汇交于同一点，则称为平面汇交力系；若各力的作用线互相平行，则称为平面平行力系；若力的作用线既不相交于一点，也不都相互平行，则称为平面任意力系。本章节研究平面汇交力系的合成与平衡问题。

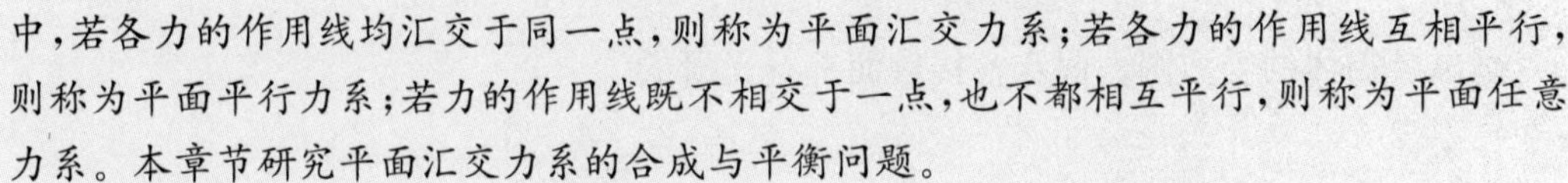

学习目标

◆ 知识目标

★ 1. 掌握合力投影定理；

★ 2. 掌握平面汇交力系的合成与平衡；

◆ 能力目标

▲ 1. 能运用力的多边形法则简化平面汇交力系；

▲ 2. 能进行平面汇交力系的合成，解决平衡问题；

▲ 3. 能根据平衡条件，求解约束反力。

◆ 素质目标（思政）

● 1. 具有严谨的分析能力；

● 2. 具有踏实的学习精神；

● 3. 具有团结协作的精神。

2.1 平面汇交力系的简化与平衡——几何法

2.1.1 平面汇交力系合成的几何法

设一刚体受到平面汇交力系 $\boldsymbol{F}_1$、$\boldsymbol{F}_2$、$\boldsymbol{F}_3$、$\boldsymbol{F}_4$ 的作用，各力的作用线汇交于 A 点，如图

2-1(a)所示。然后根据力的平行四边形法则，逐步两两合成，最后求得一个通过汇交点 A 的合力 $\boldsymbol{F}_R$。

另外，还可以用更简便的方法求此合力 $\boldsymbol{F}_R$ 的大小与方向，即用力多边形法则求解。任取一点 a，将各分力的矢量依次首尾相连，由此组成一个不封闭的力多边形（$abcde$），如图2-1(b)所示。此图中的 $\boldsymbol{F}_{R1}$ 为 $\boldsymbol{F}_1$ 与 $\boldsymbol{F}_2$ 的合力，$\boldsymbol{F}_{R2}$ 为 $\boldsymbol{F}_{R1}$ 与 $\boldsymbol{F}_3$ 的合力，力多边形最后的封闭边 $\boldsymbol{F}_R$ 即为原平面汇交力系 $\boldsymbol{F}_1$、$\boldsymbol{F}_2$、$\boldsymbol{F}_3$、$\boldsymbol{F}_4$ 的合力。其实，$\boldsymbol{F}_{R1}$ 与 $\boldsymbol{F}_{R2}$ 在作力多边形图形时可不必画出。

微课

平面汇交力系的简化与平衡——几何法

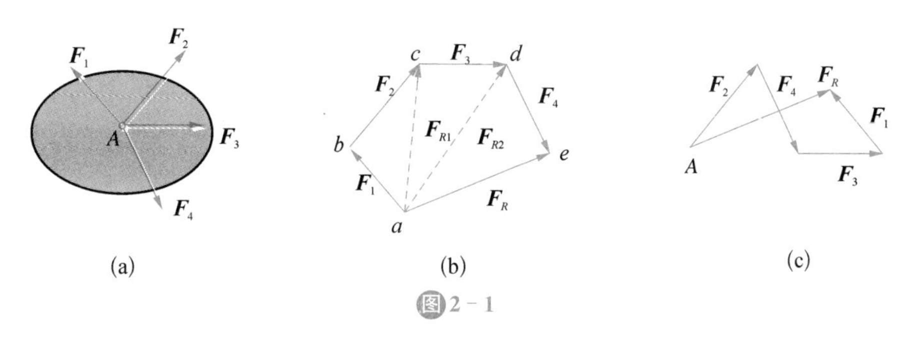

图2-1

在这里需强调的是，合力 $\boldsymbol{F}_R$（即矢量 ae）的方向，是从原起点 a 指向最后的终点 e。

根据矢量相加的交换律，任意变换各分力矢的作图次序，可得形状不同的力多边形，但其合力矢仍然不变。封闭边矢量 ae 即表示此平面汇交力系合力 $\boldsymbol{F}_R$ 的大小与方向（即合力矢），而合力的作用线仍应通过原汇交点 A，如图 2-1(c)所示的 $\boldsymbol{F}_R$。

所以，平面汇交力系可简化为一合力，其合力的大小与方向等于各分力的矢量和（几何和），合力的作用线通过汇交点。设平面汇交力系包含 n 个力，以 $\boldsymbol{F}_R$ 表示它们的合力矢，则有

$$\boldsymbol{F}_R=\boldsymbol{F}_1+\boldsymbol{F}_2+\boldsymbol{F}_3+\cdots\boldsymbol{F}_n=\sum_{i=1}^{n}\boldsymbol{F}_i \tag{2-1}$$

合力 $\boldsymbol{F}_R$ 对刚体的作用与原力系对该刚体的作用等效。

用力多边形法则进行平面汇交力系的合成，求合力的步骤如下：

(1) 根据荷载的大小，确定一个合理的作图比例。

(2) 任选一起点 a。

(3) 将力系的各力矢量按设定的比例，按照首尾相连的作法，依次画出。此时，将得到一个开口的力多边形。

(4) 画合力矢量。注意方向应是由原起点指向最后的终点。

(5) 按照比例量出合力的大小，合力作用线与 x 轴的夹角，确定合力矢量所在的坐标象限。

2.1.2　平面汇交力系平衡的几何条件

因为力多边形的封闭边代表平面汇交力系合力的大小和方向，如果力系平衡，其合力

一定为零，则力多边形的封闭边的长度应当为零。这时，力多边形中第一个力 $\boldsymbol{F}_1$ 的起点一定和最后一个力 $\boldsymbol{F}_n$（设力系由 n 个力组成）的终点相重合。当为平衡力系时，任选各力的次序，按照首、尾相接的规则画出的力多边形必定是封闭而没有缺口的。反之，如果平面汇交力系的力多边形封闭，则力系的合力必定为零。所以，平面汇交力系平衡的充分必要的几何条件是：力多边形自行封闭。

物体受到平面汇交力系的作用且处于平衡状态时，可利用平面汇交力系平衡的几何条件，通过作用在物体上的已知力，求出所需的两个未知量。

如图 2－2(a)所示，手提着两根绳子将篮子拎起，在手与绳子接触的位置，物体的受力如图 2－2(b)，形成了一个平面汇交力系。

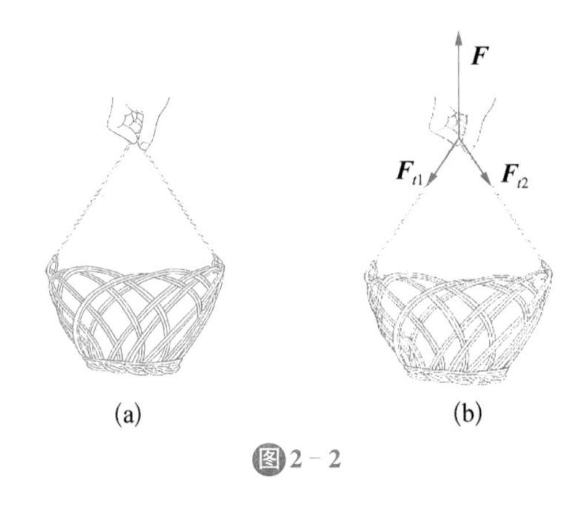

图2－2

2.2 平面汇交力系的简化与平衡——解析法

微课

平面汇交力系的简化与平衡——解析法

2.2.1 力的分解与合成

如图 2－3 所示，设力 $\boldsymbol{F}$ 作用于 A 点，在力 $\boldsymbol{F}$ 作用线所在的平面内任取直角坐标 Oxy，从力矢的两端向 x 轴作垂线，垂足的连线冠以相应的正负号称为力 $\boldsymbol{F}$ 在 x 轴上的投影，以 $\boldsymbol{F}_x$ 表示。

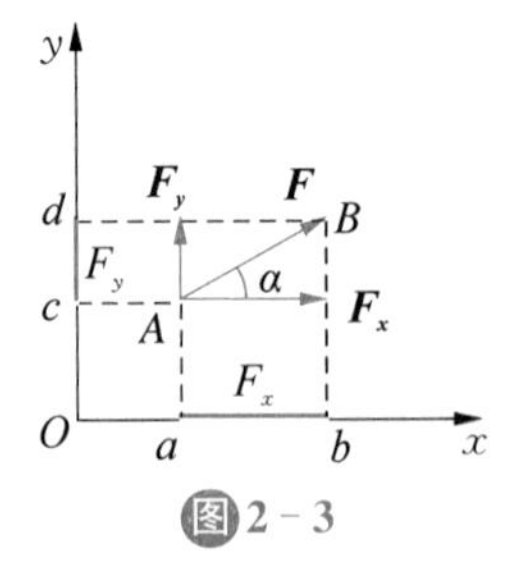

图2－3

同理，从力矢的两端向 y 轴作垂线，两垂足的连线冠以相应的正负号称为力 $\boldsymbol{F}$ 在 y 轴上的投影，以 $\boldsymbol{F}_y$ 表示。

应当指出，矢量 F 在轴上的投影不再是矢量而是代数量，并规定其投影的指向与坐标轴的正向相同时为正值，反之为负。

力的投影与力的大小及方向有关。通常采用力 $\boldsymbol{F}$ 与坐标轴所夹的锐角来计算投影，其正、负号可根据规定直观判断确定：若投影的始端至终端的取向与坐标一致，则投影为正，反之为负。由图 2－3 可知，投影 $\boldsymbol{F}_x$、$\boldsymbol{F}_y$，可用下式计算：

$$\begin{aligned} F_x &= F\cos\alpha \\ F_y &= F\sin\alpha \end{aligned} \tag{2-2}$$

当力与坐标垂直时，力在该轴上的投影为零。力与坐标轴平行时，其投影的绝对值与该力的大小相等。

与力的分解相反，如果已知力 $\boldsymbol{F}$ 在 x 和 y 轴上的投影 $\boldsymbol{F}_x$ 和 $\boldsymbol{F}_y$，则可由图 2－3 中的几何关系，可以确定力 $\boldsymbol{F}$ 的大小和方向：

$$\begin{aligned} F &= \sqrt{F_x^2 + F_y^2} \\ \cos\alpha &= \frac{F_x}{F} \end{aligned} \tag{2-3}$$

【例 2－1】　已知 $F_1 = F_2 = F_3 = F_4 = 100$ kN，各力方向如图 2－4 所示，试分别计算在 x 轴和 y 轴上的投影。

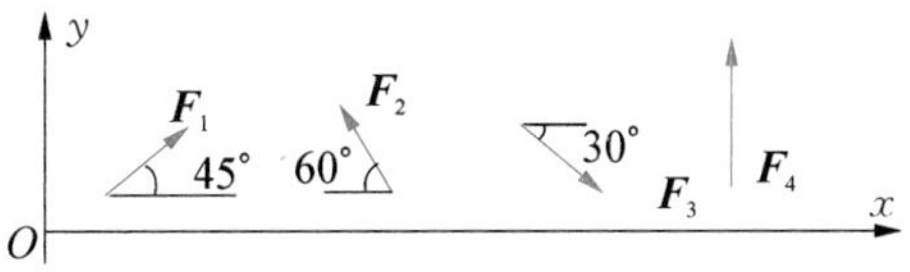

图 2－4

【解】

$\boldsymbol{F}_1$ 的投影　$F_{1x} = F_1\cos 45° = 100 \times 0.707 = 70.7$ kN

$F_{1y} = F_1\sin 45° = 100 \times 0.707 = 70.7$ kN

$\boldsymbol{F}_2$ 的投影　$F_{2x} = -F_2\cos 60° = -100 \times 0.5 = -50$ kN

$F_{2y} = F_2\sin 60° = 100 \times 0.866 = 86.6$ kN

$\boldsymbol{F}_3$ 的投影　$F_{3x} = F_3\cos 30° = 100 \times 0.866 = 86.6$ kN

$F_{3y} = -F_3\sin 30° = -100 \times 0.5 = -50$ kN

$\boldsymbol{F}_4$ 的投影　$F_{4x} = F_4\cos 90° = 0$

$F_{4y} = F_4\sin 90° = 100 \times 1 = 100$ kN

2.2.2　平面汇交力系合成的解析法

合力投影定理：合力在任一轴上的投影，等于它的各分力在同一轴上投影的代数和。

对于由 n 个力 $\boldsymbol{F}_1$、$\boldsymbol{F}_2 \cdots \boldsymbol{F}_n$ 组成的平面汇交力系，其合力为 $\boldsymbol{F}_R$，首先将该力系中的各力沿 x 轴和 y 轴进行投影，投影代数和相加，有如下等式成立：

$$F_{Rx} = F_{1x} + F_{2x} + F_{3x} + \cdots F_{nx} = \Sigma F_x$$
$$F_{Ry} = F_{1y} + F_{2y} + F_{3y} + \cdots F_{ny} = \Sigma F_y \quad (2-4)$$

式(2－4)表明了合力在某轴上的投影等于各分力在同一轴上投影的代数和。我们称之为合力投影定理。

由合力投影定理可以求出平面汇交力系合力的投影。从而,平面汇交力系的合力 F_R 的计算式为:

$$F_R = \sqrt{F_{Rx}^2 + F_{Ry}^2} = \sqrt{(\sum F_x)^2 + (\sum F_y)^2}$$

$$\tan\alpha = \left| \frac{\sum F_y}{\sum F_x} \right|$$

式中,角 α 为合力 F_R 与 x 轴所夹的锐角。合力 F_R 的指向可根据 F_{Rx} 和 F_{Ry} 的正负号来确定。

2.2.3 平面汇交力系平衡的解析条件

平面汇交力系可合成为一个合力 $\boldsymbol{F}_R$;即合力 $\boldsymbol{F}_R$ 与原力系等效。显然,平面汇交力系平衡的必要和充分条件是该力系的合力为零。即

$$F_R = \sum F = 0 \quad (2-5)$$

因合力 F_R 的解析式表达为

$$F_R = \sqrt{F_{Rx}^2 + F_{Ry}^2} = \sqrt{(\sum F_x)^2 + (\sum F_y)^2} = 0 \quad (2-6)$$

上式中 F_{Rx}^2 和 F_{Ry}^2 恒为正,因此,要使 $F_R = 0$,必须同时满足

$$\begin{cases} \sum F_x = 0 \\ \sum F_y = 0 \end{cases} \quad (2-7)$$

反之,若(2－7)式成立,则力系的合力必为零。

由此可知,平面汇交力系平衡的必要与充分条件的解析条件是:力系中所有各力在作用面内两个任选的坐标轴上投影的代数和同时等于零。式(2－7)称为平面汇交力系的平衡方程。

应用平面汇交力系平衡的解析条件可以求解两个未知量。解题时,未知力的指向先假设,若计算结果为正值,则表示所设指向与力的实际指向相同;若计算结果为负值,则表示所设指向与力的实际指向相反。选坐标系以投影方便为原则,注意投影的正负和大小的计算。

➢ **思考**：梁吊装(图 2－5)时，绳索的水平角度是越大越好还是越小越好？

图 2－5

GB/T 51231—2016

装配式混凝土建筑技术标准

《装配式混凝土建筑技术标准(GB/T 51231—2016)》，里面给出了吊索水平夹角的要求(图2－6)，有个最小值的规定！

为了能够保证构件吊装的安全，我们每一位工程学子都应当对标规范，严控工程安全，做一名安全的“守护者”！

9.8　存放、吊运及防护

9.8.1　预制构件吊运应符合下列规定：

1　应根据预制构件的形状、尺寸、重量和作业半径等要求选择吊具和起重设备，所采用的吊具和起重设备及其操作，应符合国家现行有关标准及产品应用技术手册的规定；

2　吊点数量、位置应经计算确定，应保证吊具连接可靠，应采取保证起重设备的主钩位置、吊具及构件重心在竖直方向上重合的措施；

3　吊索水平夹角不宜小于 60°，不应小于 45°；

4　应采用慢起、稳升、缓放的操作方式，吊运过程，应保持稳定，不得偏斜、摇摆和扭转，严禁吊装构件长时间悬停在空中；

85

图 2－6

【例 2－2】　如图 2－7 所示的三角支架由杆 AB、AC 铰接而成，在 A 处作用有重力 $\boldsymbol{G}$，试求出图中 AB、AC 所受的力(不计杆件自重)。

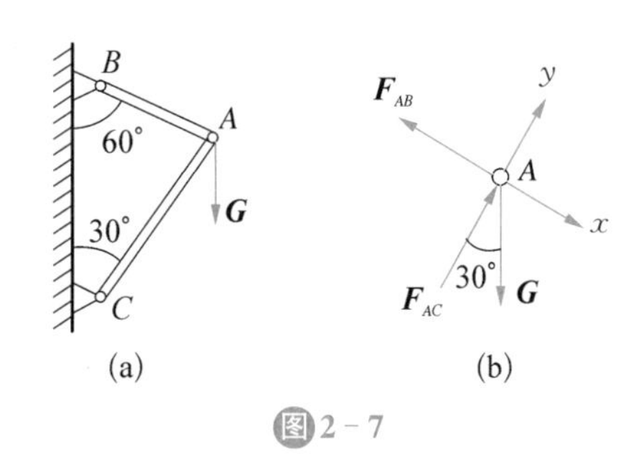

图 2－7

【解】　(1) 取铰接点 A 为研究对象，AB、AC 杆均为二力杆，画出 A 点受力图，如图

2-7(b)所示。

(2) 建立图示直角坐标系，列平衡方程：

$$\begin{cases}\sum F_x=0\\ \sum F_y=0\end{cases},\begin{cases}-F_{AB}+G\sin 30^\circ=0\\ F_{AC}-G\cos 30^\circ=0\end{cases}$$

(3) 求解未知量。

$$F_{AB}=0.5G(\text{拉}),F_{AC}=0.866G(\text{压})$$

➢ **讨论**：请探究预制构件吊具的力学奥秘！

装配式预制构件吊装的吊具来自我们勤劳的劳动者的智慧！

吊装钢梁(图2-8)制作，须结合深化设计吊点连接位置(深化设计图中已标注有“吊装用”金属连接件)尺寸，定制加工，加工过程中，须重点严格检查型钢连接处加工质量，以防因加工质量问题导致吊装事故！

图2-8

拓展提高

一、选择题

1. 平面汇交力系平衡的必要和充分条件是该力系的(　　)为零。(　　)

A. 合力　　B. 合力偶　　C. 主矢　　D. 主矢和主矩

2. 有作用于同一点的两个力，其大小分别为6 N和4 N，今通过分析可知，无论两个力的方向如何，它们的合力大小都不可能是(　　)

A. 1 N　　B. 4 N　　C. 10 N　　D. 6 N

二、判断题

1. 一平面汇交力系作用于刚体，所有力在力系平面内某一轴上投影的代数和为零，该刚体不一定平衡。(　　)

2. 合力投影定理指：合力在坐标轴上的投影代数和为零。(　　)

3. 一个平面汇交力系的力多边形画好后，最后一个力矢的终点，恰好与最初一个力矢的起点重合，表明此力系的合力一定等于零。(　　)

4. 应用力多边形法则求合力时，若按不同顺序画各分力矢，最后所形成的力多边形形状将是不同的。　　(　　)

三、计算题

已知 $F_1=200$ N，$F_2=150$ N，$F_3=F_4=200$ N 各力的方向如图所示。试分别求各力在 x 轴和 y 轴上的投影。

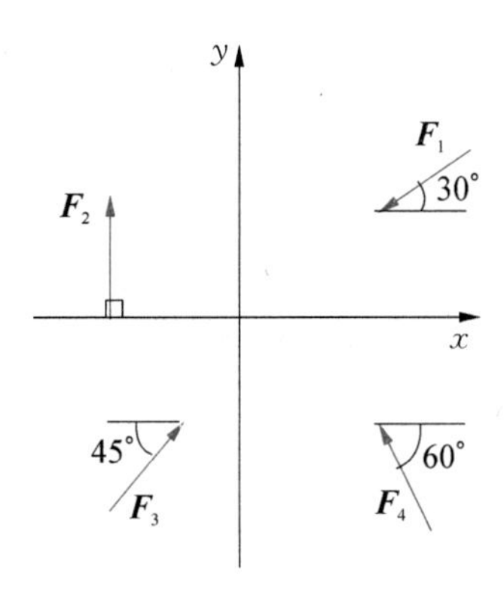

第3章 平面任意力系

力娃：师父，在前一章节中我了解到了平面汇交力系的简化与平衡，那么如果作用于一个平面内的所有力，不汇交于一点，这种情况下我们该如何进行力系的简化与认知它的平衡条件呢？

力翁：工程上最常见的力系是平面任意力系，很多实际问题都可简化成平面任意力系问题处理。平面任意力系是指各力的作用线位于同一平面内但不全汇交于一点，也不全平行的力系。平面汇交力系可以看成是平面任意力系的特殊情况。遵循先易后难的思路，在上一章节平面汇交力系的基础上，本章节继续研究平面任意力系的合成与平衡问题。

学习目标

◆ 知识目标

★ 1. 掌握力的平移定理；

★ 2. 掌握平面任意力系的合成与平衡。

◆ 能力目标

▲ 1. 能应用力的平移定理进行平面一般力系的简化，理解简化结果；

▲ 2. 能应用平面任意力系的平衡条件及其平衡方程求解平面一般力系的平衡问题。

◆ 素质目标(思政)

● 1. 具有严谨的逻辑思考能力和分析能力；

● 2. 具有细心、严谨的工作态度；

● 3. 具有团队合作精神。

微课

平面任意力系的简化

3.1 平面任意力系的简化

3.1.1 力的平移定理

如图 3-1(a)所示，设 $\boldsymbol{F}$ 是作用于刚体上 A 点的一个力。点 B 是刚体上位于力作用面内的任意一点，在 B 点加上两个等值反方向的平衡力 $\boldsymbol{F}'$ 和 $\boldsymbol{F}''$，使它们与力 $\boldsymbol{F}$ 平行，且 $F=F'=F''$，如图 3-1(b)所示。显然，根据加减平衡力系公理，三个力 $\boldsymbol{F}$、$\boldsymbol{F}'$、$\boldsymbol{F}''$ 组成的新力系与原来的一个力 $\boldsymbol{F}$ 等效。由于这三个力也可看作是一个作用在点 B 的力 $\boldsymbol{F}'$ 和一个力偶 $(\boldsymbol{F},\boldsymbol{F}'')$。这样一来，原来作用在点 A 的力，现在被一个作用在点 B 的力 $\boldsymbol{F}'$ 和一个力偶 $(\boldsymbol{F},\boldsymbol{F}'')$ 等效替换。也就是说，可以把作用于点 A 的力平移到另一点 B，但必须同时附加上一个相应的力偶，这个力偶称为附加力偶，如图 3-1(c)所示。很明显，附加力偶的矩为

$$\boldsymbol{M}_B=\boldsymbol{M}_B(\boldsymbol{F})=\boldsymbol{F}d \tag{3-1}$$

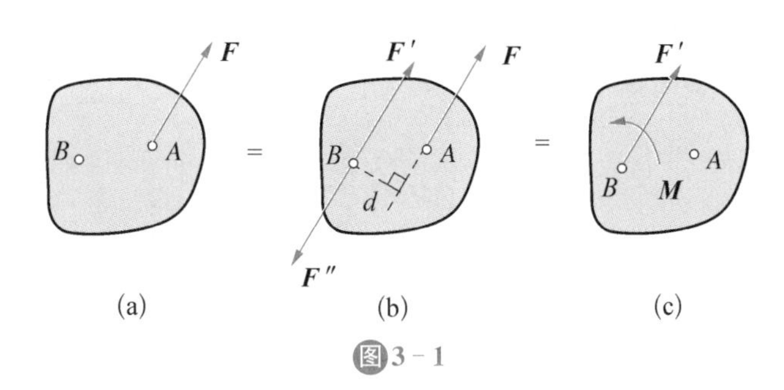

图 3-1

式中，d 为附加力偶的力偶臂。由图易见，d 就是点 B 到力 $\boldsymbol{F}$ 的作用线的垂直距离，因此 $\boldsymbol{F}d$ 也等于力 $\boldsymbol{F}$ 对点 B 的矩，即：

所以有　　$$\boldsymbol{M}=\boldsymbol{M}_B(\boldsymbol{F})$$

由此得到力的平移定理：作用在刚体上任一点的力可以平行移动到刚体上任一点，但必须同时附加一个力偶，这个力偶的力偶矩等于原来的力对新作用点之矩。

根据力的平移定理，也就是将同一平面内的一个力和一个力偶合成为一个力，合成的过程就是图的逆过程。

力的平移定理不仅是力系向一点简化的理论依据，而且也是分析力对物体作用效应的一个重要方法。例如，在设计厂房的柱时(图 3-2)，通常作用于牛腿上的力 $\boldsymbol{F}$ 都要平移到柱的轴线上，可以看出轴向力，使柱产生压缩，而力偶矩 $\boldsymbol{M}$ 将使柱弯曲。

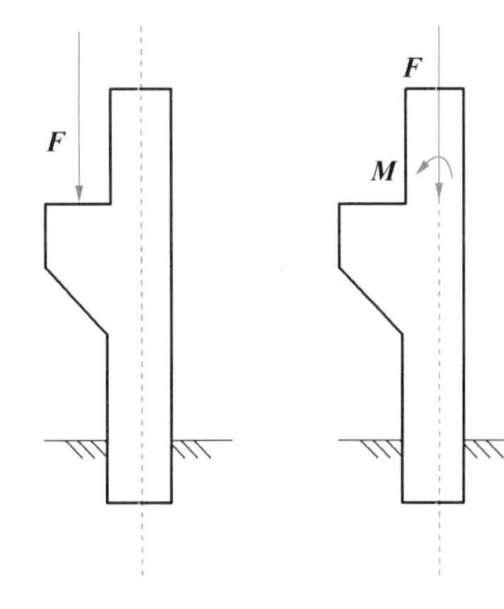

图 3-2

3.1.2 平面任意力系向作用面内一点的简化

设在刚体上作用一个平面力系，各力的作用点分别为 A_1、A_2、A_n，图 3-3(a)为力系对刚体的作用效应，在刚体上力系的作用平面内任选一点 O，称 O 点为简化中心。利用力的平移定理，将各力平移到 O 点，得到一个作用于 O 点的平面汇交力系，和一个平面力偶系，这些附加力偶的矩分别等于原力系中的各力对 O 点之矩，即：

$$\boldsymbol{M}_n=\boldsymbol{M}_O(\boldsymbol{F}_n)=\boldsymbol{M}_{On} \tag{3-2}$$

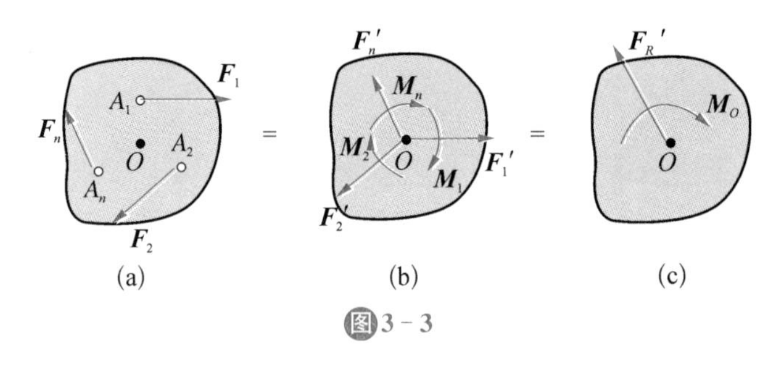

图 3-3

平面汇交力系($\boldsymbol{F}_1'$,$\boldsymbol{F}_2'$,…$\boldsymbol{F}_n'$)可合成一个作用于 O 点的力 $\boldsymbol{F}_R'$，

因 $$\boldsymbol{F}_1'=\boldsymbol{F}_1,\boldsymbol{F}_2'=\boldsymbol{F}_2,\cdots,\boldsymbol{F}_n'=\boldsymbol{F}_n$$

故 $$\boldsymbol{F}_R'=\boldsymbol{F}_1+\boldsymbol{F}_2+\cdots+\boldsymbol{F}_n=\sum\boldsymbol{F}_i$$

平面力偶系($\boldsymbol{M}_1$、$\boldsymbol{M}_2$…$\boldsymbol{M}_n$)合成一个力偶，这个力偶矩 $\boldsymbol{M}_O$ 为

$$\boldsymbol{M}_O=\boldsymbol{M}_1+\boldsymbol{M}_2+\cdots+\boldsymbol{M}_n=\boldsymbol{M}_{O1}+\boldsymbol{M}_{O2}+\cdots+\boldsymbol{M}_n=\sum\boldsymbol{M}_{Oi} \tag{3-3}$$

因此，原力系就简化为作用于 O 点的一个力和一个力偶，如图 3-3(c)，力 $\boldsymbol{F}_R'$ 等于原力系中各力的矢量和，称为原力系的主矢；力偶矩 $\boldsymbol{M}_O$ 等于原力系中各力对简化中心之矩的代数和，称为原力系对简化中心 O 的主矩。

如果选取的简化中心不同，由式(3-2)和式(3-3)可见，主矢不会改变，故主矢与简化中心的位置无关；但力系中各力对不同简化中心的矩一般是不相等的，因而主矩一般与简化中心的位置有关。

微课

平面任意力系的平衡

3.2 平面任意力系的平衡

3.2.1 平面任意力系的平衡条件

现在讨论静力学中最重要的情形，即平面任意力系的主矢和主矩都等于零的情形。

$$\begin{cases}\boldsymbol{F}'_R=0\\ \boldsymbol{M}_O=0\end{cases} \tag{3-4}$$

显然，由 $\boldsymbol{F}'_R=0$ 可知，作用于简化中心0的力 F_1、F_2、…、F_n 相互平衡。又由 $\boldsymbol{M}_O=0$ 可知，附加力偶也相互平衡。所以，$\boldsymbol{F}'_R=0$，$\boldsymbol{M}_O=0$，说明了在这样的平面任意力系作用下，刚体是处于平衡的，这就是刚体平衡的充分条件。反过来，如果已知刚体平衡，则作用力应当满足上式的两个条件。事实上，假如 $\boldsymbol{F}'_R$ 和 $\boldsymbol{M}_O$ 其中有一个不等于零，则平面任意力系就可以简化为合力或合力偶，于是刚体就不能保持平衡。所以式(3-4)又是平衡的必要条件。

于是，平面任意力系平衡的必要和充分条件是：力系的主矢和力系对于平面内任一点的主矩都等于零。

3.2.2 平面任意力系的平衡方程

根据式(3-4)这些平衡条件可用下列解析式表示：

$$\begin{cases}\sum F_x=0\\ \sum F_y=0\\ \sum M_O(F)=0\end{cases} \tag{3-5}$$

为书写方便，已将上式中的下标略去。式(3-5)称为平面任意力系的平衡方程。其中前两式称为投影方程，它表示力系中所有各力在两个任意选取的坐标轴中每一轴上的投影的代数和分别等于零；最后一式称为力矩方程，它表示各力对于平面内任意一点之矩的代数和也等于零。

应当指出，上式方程个数为三个，所以研究一个平面任意力系的平衡问题，一次只能求出三个未知数。

平面力系的平衡除了式(3-5)所示的基本形式外，还有二力矩形式和三力矩形式，其形式如下：

$$\begin{cases}\sum F_x=0\\ \sum M_A(F)=0\\ \sum M_B(F)=0\end{cases} \tag{3-6}$$

其中，A、B 二点连线不能与 x 轴(或 y 轴)垂直。

$$\begin{cases}\sum M_A(F)=0\\ \sum M_B(F)=0\\ \sum M_C(F)=0\end{cases} \tag{3-7}$$

其中，A、B、C 三点不能共线。

【例 3-1】 如图 3-5 所示的水平横梁 AB，A 端用铰链固定，B 段为一滚动支座。梁的长为 $4a$，梁重 $\boldsymbol{G}$，重心在梁的中点 C。在梁的 AC 段上受均布荷载 $\boldsymbol{q}$ 作用。在梁的 BC 段上受力偶作用，力偶矩 $\boldsymbol{M}=\boldsymbol{G}a$。试求 A 和 B 处的支座反力。

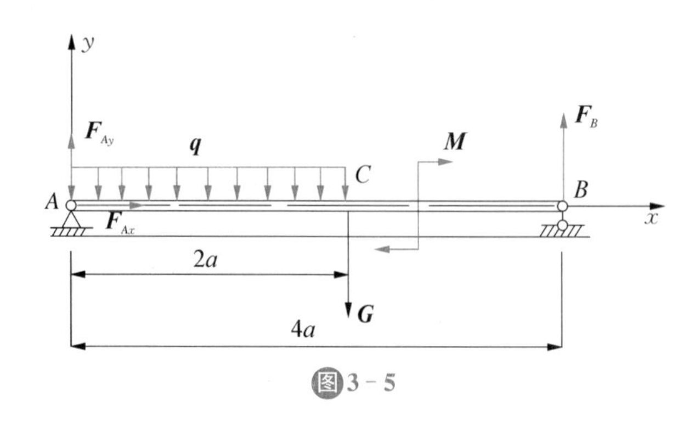

图 3-5

【解】 选梁 AB 为研究对象。它所受的主动力有：均布荷载 $\boldsymbol{q}$，重力 $\boldsymbol{G}$ 和矩为 $\boldsymbol{M}$ 的力偶它所受的约束反力有：铰链 A 的约束反力，通过点 A，但方向不定，故用两个分力 $\boldsymbol{F}_{Ax}$ 和 $\boldsymbol{F}_{Ay}$ 代替；滚动支座处 B 的约束反力 $\boldsymbol{F}_B$，先设为铅直向上。

取坐标系如图所示，列出平衡方程求解。

由 $\sum F_x=0$ 得 $\qquad F_{Ax}=0$

由 $\sum M_A(F)=0$，得 $\quad F_B\times 4a-M-G\times 2a-q\times 2a\times a=0$

解得

$$F_B=\frac{3}{4}G+\frac{1}{2}qa$$

由 $\sum F_y=0$，得 $\qquad F_{Ay}-q\times 2a-G+F_B=0$

解得

$$F_{Ay}=\frac{G}{4}+\frac{3}{2}qa$$

从上述例题可见，选取适当的坐标轴和力矩中心，可以减少每个平衡方程中的未知量的数目。在平面任意力系情形下，矩心应取在两未知力交点，而坐标轴（投影轴）应当与尽可能多的未知力相垂直。

【例 3-2】 三铰刚架如图 3-6(a)所示，求在力偶矩为 $\boldsymbol{M}$ 的力偶作用下，支座 A 和 B 的反力。

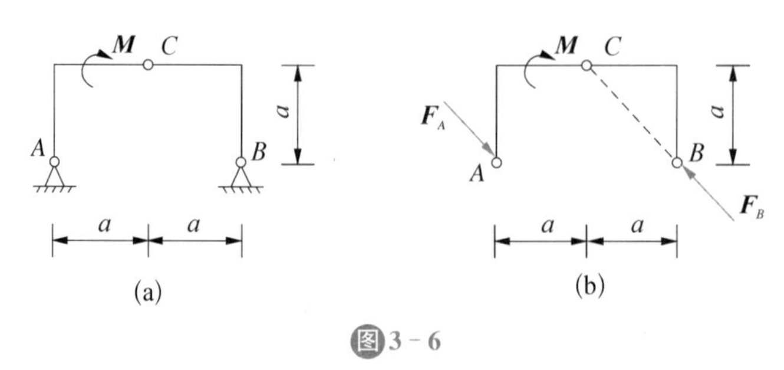

图 3-6

【解】 (1) 取分离体,作受力图。取三铰刚架为分离体,其上受到力偶及支座 A 和 B 的约束力的作用。由于 BC 是二力杆,支座 B 的约束力 F_B 的作用线应在铰 B 支座和铰 C 的连线上,其指向假定如图。支座 A 的约束力 $\boldsymbol{F}_A$ 的作用线是未知的。考虑到力偶只能用力偶来与之平衡,由此断定 $\boldsymbol{F}_A$ 与 $\boldsymbol{F}_B$ 必定组成一力偶。即 $\boldsymbol{F}_A$ 与 $\boldsymbol{F}_B$ 平行,且大小相等方向相反,如图 3-6(b)所示。

(2) 列平衡方程,求解未知量。分离体在两个力偶作用下处于平衡,由力偶系的平衡条件,有

$$\sum M=0, -M+\sqrt{2}aF_A=0$$

解得:

$$F_A=F_B=M/(\sqrt{2}a)$$

拓展提高

一、选择题

1. 平面任意力系独立的平衡方程式有 (　　)

A. 1 个　　B. 2 个

C. 3 个　　D. 4 个

2. 在一般情况下,平面一般力系向任意一点简化可以得到 (　　)

A. 主矢　　B. 主矢

C. 主矩　　D. 一个主矢和一个主矩

3. 平面任意力系向一点简化,根据力的平移定理,将力系中各力平行移到简化中心,原力系简化为平面汇交力系和 (　　)

A. 另一个平面汇交力系

B. 平面平行力系

C. 平面力偶系

D. 一个新的平面任意力系

二、判断题

1. 平面力系向某点简化之主矢为零,主矩不为零,则此力系可合成为一个合力偶,且此力系向任一点简化之主矩与简化中心的位置无关。 (　　)

2. 一般情况下,平面任意力系的简化结果与简化中心的位置无关。 (　　)

3. 平面任意力系的主矢由原来力系中各力的矢量和确定,和简化中心位置无关。
(　　)

三、计算题

试求图示各梁的支座反力。

1.

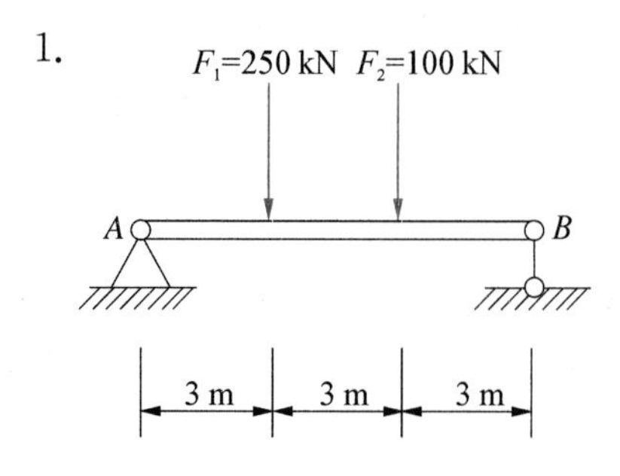
F_1=250 kN F_2=100 kN
A
B
3 m
3 m
3 m

2.

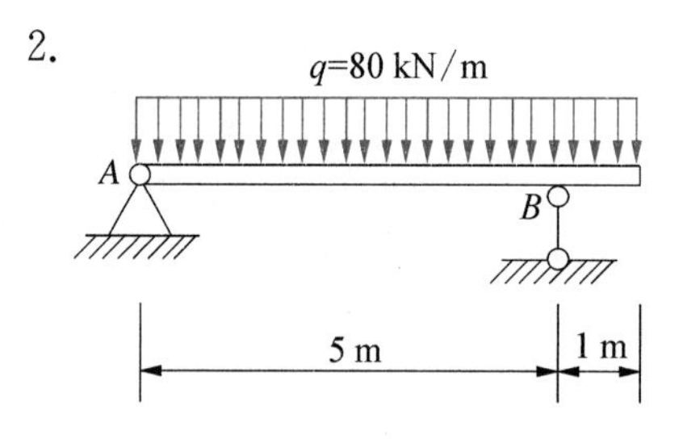
q=80 kN/m
A
B
5 m
1 m

3.

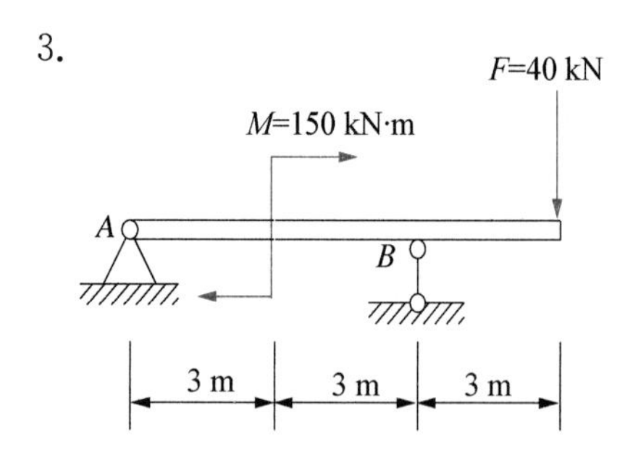
F=40 kN
M=150 kN·m
A
B
3 m
3 m
3 m

4.

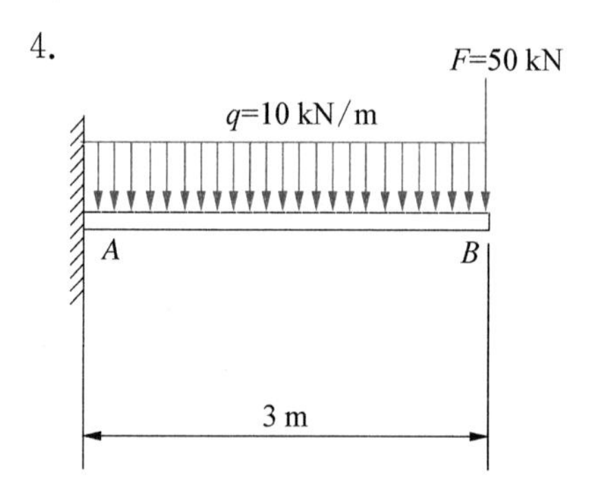
F=50 kN
q=10 kN/m
A
B
3 m

第 4 章
轴向拉伸与压缩

力娃：师父，您看，我发现两个问题：① 我用两只手沿着橡皮筋长度方向用力拉它，橡皮筋就会变长；② 我用手沿长度方向按压橡胶棒，橡胶棒就会被压短，您能教我用力学知识解释其原因吗？

力翁：非常好，你知道利用力学思维去观察日常生活中的小问题了。① 橡皮筋被两端的力拉长说明它受到轴向拉伸，当两端的力比较大的时候就会被拉断；② 橡胶棒被两端的力压缩时，受到轴向压缩，力比较大时可能会被压扁，可以利用这章学习的应力、变形知识进行分析。接下来让我们一起去探索吧。

(a) 橡皮筋

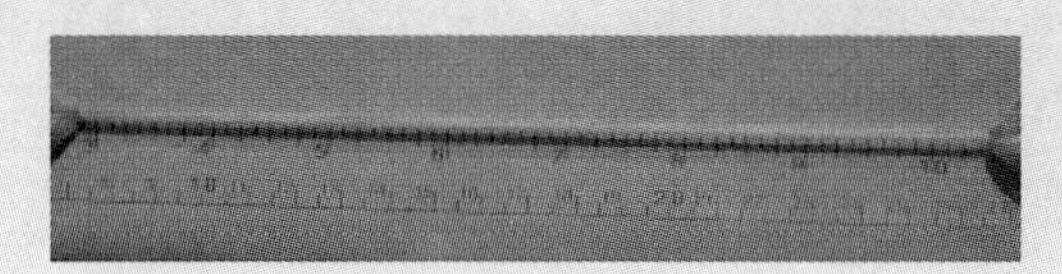

(b) 被拉伸后的橡皮筋

图4-1

学习目标

◆ 知识目标

★ 1. 掌握轴向拉伸与压缩概念；

★ 2. 掌握应力、变形的概念；

★ 3. 对于常用材料在常温下的基本力学性能及其测试方法有初步认识；

★ 4. 理解胡克定律、应力集中概念。

◆ 能力目标

▲ 1. 能够正确判断工程中的轴向拉压杆件；

▲ 2. 能够绘制杆件的轴力图；

▲ 3. 能够判断轴向拉压杆件的破坏形态。

◆ 素质目标(思政)

● 1. 具有严谨细致的工作态度；

● 2. 具有精益求精的工匠精神；

● 3. 具有创新思维。

4.1 概述

4.1.1 构件与杆件

建筑物中承受荷载而起骨架作用的部分称为结构(图 4－2)。而组成结构的单个相对独立的物体称为构件。例如一座房屋的结构由柱、梁、楼板、屋架等构件所组成。

图4－2

杆件的几何特征是其长度远大于截面的宽度和高度,如房屋结构中的柱、梁等。所以构件的内涵要比杆件大,杆件只是构件的一种类型。正如前面章节所述,建筑力学的研究对象为杆件以及由杆件所组成的结构。

4.1.2 变形体及其基本假设

前面,我们研究了力系的等效、简化和平衡,或者说研究的是力系的外效应。此时,忽略了物体的变形,把物体看成是刚体。现在要研究物体在力系作用下的变形以及同时在物体内部产生的各部分之间的相互作用力。因此,这时的物体已不能再看成刚体,而必须如实地将受力物体视为变形体。

各种杆件一般均由固体材料制成。在外力作用下,固体将发生变形,故称为变形固体,简称变形体。

工程材料是多种多样的,材料的物质结构及性能各不相同。为了便于研究,须略去次要因素,对变形体作某些假设,把其抽象成理想模型。建筑力学中对变形体作如下的基本假设,它们是我们以后所有研究的基础。

1. 连续性假设

连续性假设认为组成固体的物质毫无空隙地充满了固体的几何空间。我们知道,从物质结构来说,组成固体的粒子之间实际上并不连续。但它们之间的空隙与杆件的尺寸相比是极其微小的,可以忽略不计。这样就可以认为在其整个几何空间内是连续的。

2. 均匀性假设

均匀性假设认为固体各点处的力学性质完全相同。如果从固体内任意一点处取出的体积微元进行研究，则其力学性质都是相同的。这当然是一种抽象和简化，它忽略了材料各点处实际存在的不同晶格结构和缺陷等引起的差异。

3. 各向同性假设

各向同性假设认为固体在各个方向上的力学性质完全相同。满足该条件的材料称为各向同性材料，如工程中使用的金属材料、素混凝土等。相反，不满足该条件的材料称为各向异性材料，如木材其顺纹方向和横纹方向的力学性质有显著的差异。

4. 线弹性假设

杆件在外力作用下会产生变形。变形分为弹性变形和塑性变形。能随外力的卸去而消失的变形称为弹性变形；而不能随外力卸去消失的变形称为塑性变形。建筑力学一般研究的是弹性变形且是弹性变形中的直线阶段——线弹性阶段，两者的区别见后述材料的力学性质部分。

线弹性假设认为外力的大小和杆件的变形均在弹性限度内（类似于弹簧，只是刚度系数一般都很大），外力与变形成正比，即服从胡克定律。

线弹性假设是以后常用的叠加原理的前提条件。

5. 小变形假设

小变形假设认为构件的变形远小于其原始尺寸。这样，在研究杆件的平衡以及其内部受力时，均可按杆件的原始尺寸和形状进行计算。在研究和计算变形时，变形的高次幂项也可忽略，从而使计算得到简化。

以上是有关变形固体的几个基本假设。实践表明，在这些假设的基础上建立起来的理论，基本符合工程实际。

4.1.3　杆件变形的基本形式

作用在杆件上的荷载各种各样，杆件相应的变形也有各种形式。但通过分析可以发现它们总不外乎是几种基本变形或这几种基本变形的组合。杆件的基本变形形式有轴向拉伸或轴向压缩、剪切、扭转和弯曲等四种，如图 4－3 所示。

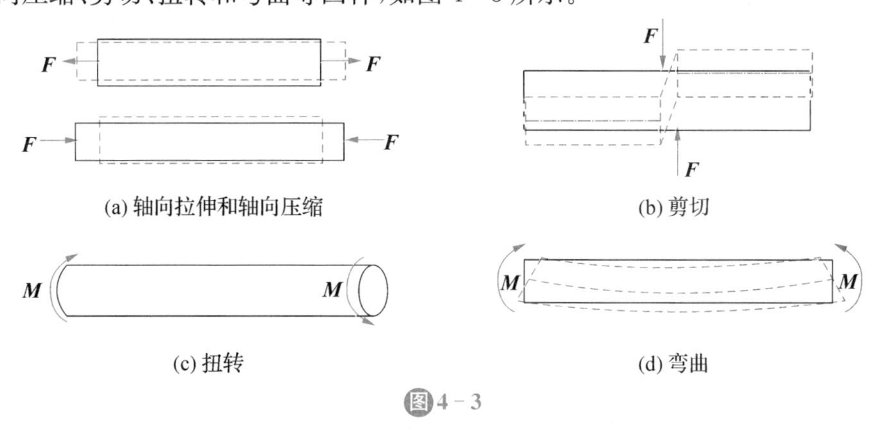

图 4－3

4.1.4 杆件的承载能力

为了保证结构能安全工作，每一个杆件都必须有足够的能力来担负起所承受的荷载。杆件的这种承载能力主要由以下三个方面来衡量。

1. 杆件应有足够的强度

所谓强度是指杆件在荷载作用下抵抗破坏的能力。例如，树枝被风吹断就是强度不够。对杆件的设计要求是应保证在规定的条件下能够正常工作而不发生破坏。

2. 杆件应有足够的刚度

所谓刚度是指杆件在荷载作用下抵抗变形的能力。任何杆件在荷载作用下都不可避免地要发生变形，但这种变形必须要限制在一定范围内，否则杆件将不能正常工作或不适合继续承担荷载。

3. 杆件应有足够的稳定性

所谓稳定性是指杆件在荷载作用下保持其原有平衡形态的能力。一根轴向受压的细长直杆，当压力荷载增大到某一值时，会突然从原来的直线形状变成弯曲形状，这种现象称为失稳。杆件失稳后将失去继续承载的能力，并可能使整个结构垮塌。对于压杆来说，满足稳定性的要求是其正常工作必不可少的条件。

4.1.5 分析杆件承载能力的目的

当支承情况一定时，决定杆件承载能力的因素有两个，其一是杆件的截面形状和尺寸，其二是组成杆件采用的材料。因此，为了满足强度、刚度和稳定性的要求，可通过多用材料或选用优质材料来实现。但多用材料或选用优质材料，又会造成浪费，增加生产成本。显然，构件的安全可靠性与经济性是矛盾的。

分析杆件承载能力的目的就是在保证杆件既安全又经济的前提下，为杆件选择合适的材料、合理的约束，确定合理的截面形状和尺寸，为杆件设计提供必要的理论基础和计算方法。

4.1.6 内力与截面法

1. 内力

物体因受外力而变形，其内部各部分之间由于相对位置改变而引起的相互作用力称为内力。我们知道，即使物体不受外力，物体内部依然存在着相互作用的分子力。建筑力学中研究的内力是指在外力作用下物体内部各部分之间因外力而引起的附加作用力。在建筑力学中，内力是一个非常重要的概念，它将贯穿在以后几乎所有内容之中。希望对其能引起足够的重视。

2. 截面法

内力存在于物体的内部，为了确定某处的内力必须把物体从该处截开，然后再通过一定的步骤，计算出该内力，这就是截面法。截面法就如同用水果刀切开西瓜一样(图 4-4)，杆件的内力也就可以“看到”了。

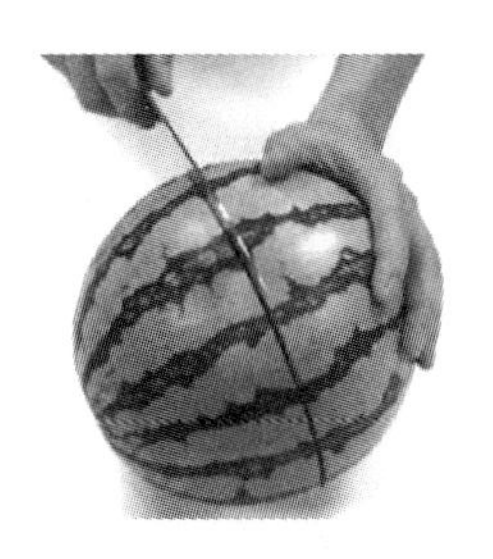
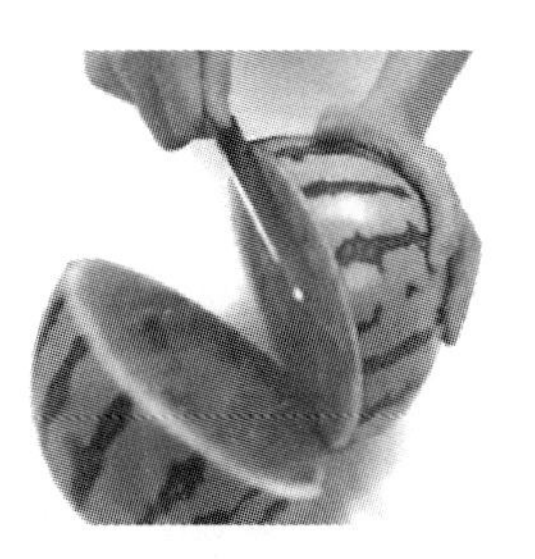

图 4-4

如图 4-5(a)所示，为了确定 $m-m$ 截面上的内力，假想地用平面将杆件截开，分成 A、B 两部分，每部分均称为分离体。任取其中的一部分，例如 A 部分为研究对象。在 A 部分上作用着外力，欲使 A 部分保持平衡，则 B 部分必有力作用在 A 部分的截面上[图 4-5(b)]，这样才可使其与外力相平衡。由牛顿第三定律，A 部分必然也以大小相等、方向相反的力作用在 B 部分上[图 4-5(c)]。A、B 部分之间的相互作用力就是杆件在 $m-m$ 截面上的内力。根据连续性假设，在 $m-m$ 截面上各处都有内力作用，即内力是分布于截面上的一个分布力系。

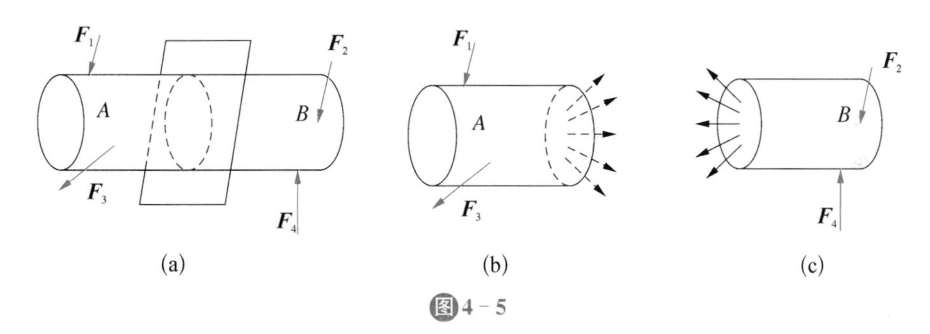

图 4-5

把这个分布内力系向某一点简化后所得到的主矢或主矩，称为截面上的内力。尽管截面上的内力多种多样，而它们不外乎是上述四种基本形式或其组合。

上述用截面假想地把构件分成两部分，以显示并确定内力的方法称为截面法。可将其归纳为以下四个步骤：

(1) 切一刀。沿着需要求内力的截面，假象地将构件截开分成两部分。

(2) 取一半。选取截开后的任一部分作为研究对象。

(3) 加内力。用截面上的内力代替弃去部分对留下部分的作用。

(4) 列平衡。根据平衡条件，建立研究对象的静力平衡方程，解出需求的内力。

4.2 轴向拉(压)杆的内力及内力图

微课

轴向拉伸或压缩时的内力

4.2.1 轴向拉(压)杆的工程实例及受力变形特点

轴向拉伸或压缩是基本变形中最简单的、也是最常见的一种变形形式,在建筑工程中有许多是承受轴向拉伸或压缩的构件。例如图 4-6 中的木桁架屋架结构,其杆件不是受拉便是受压;图 4-7(a)所示的轴向压缩的柱子;图 4-7(b)所示的桁架结构中,每根杆均为二力构件,由前面知识我们知道杆 2、3、6 为轴向受压,而杆 1、4、5 为轴向受拉。

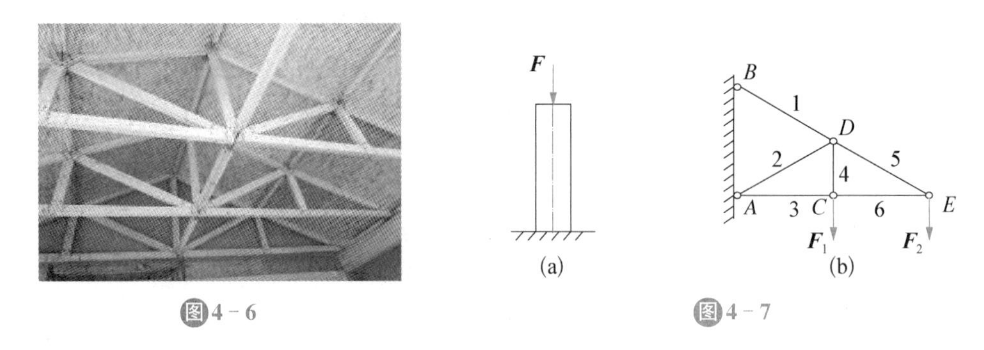

图4-6　　图4-7

轴向拉(压)杆的受力特点是:外力合力的作用线与杆件的轴线重合。这正是"轴向"的含义,否则,当外力合力的作用线与杆件的轴线不重合时称为偏心受拉(压),偏心受拉(压)要比轴向受拉(压)复杂得多,此杆件属于组合变形。

轴向拉杆的变形特点是沿轴线方向长度伸长而同时横向截面尺寸变小;轴向压杆则正好相反,其变形特点是沿轴线方向长度缩短而同时横向截面尺寸变大。

4.2.2 轴向拉(压)杆的内力——轴力的计算

按前述计算内力的步骤,确定图 4-8(a)所示的 $m-m$ 截面上的内力。

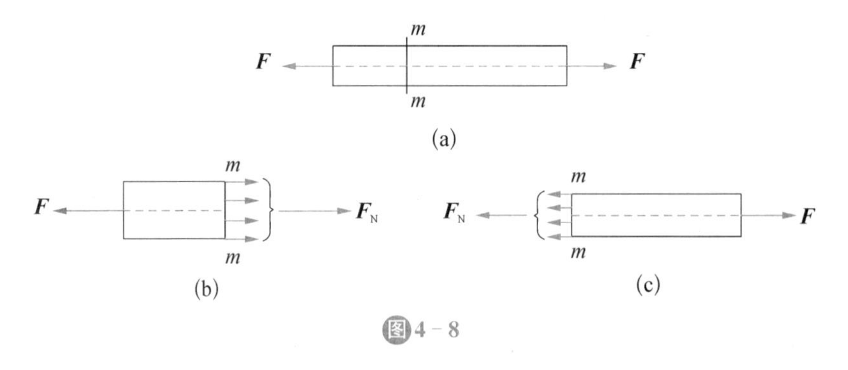

图4-8

首先,假想地把杆件沿 $m-m$ 截面分成两部分,可选任一隔离体为研究对象。见图 4-8(b)、(c)。

其次，在隔离体的截开处，用作用于截面上的内力代替弃去部分对留下部分的作用。它是一个分布力系，其合力为 $\boldsymbol{F}_N$（分布力系可不用画出，而直接画其合力即可），见图 4-8(b)、(c)。

最后，对隔离体列平衡方程。如对左侧的分离体，由 $\sum F_X=0$，得

$$F_N-F=0$$

$$F_N=F$$

因外力 $\boldsymbol{F}$ 的作用线与杆件的轴线重合，内力的合力 $\boldsymbol{F}_N$ 的作用线也必然与杆件的轴线重合，所以轴向拉(压)杆的内力称为**轴力**。

规定：轴力是拉力时为正；轴力是压力时为负。对截面而言，当轴力为拉力时表现为轴力的方向离开截面，因此，也可这样规定(图 4-9)：若轴力的方向是离开截面的则为正，反之为负。

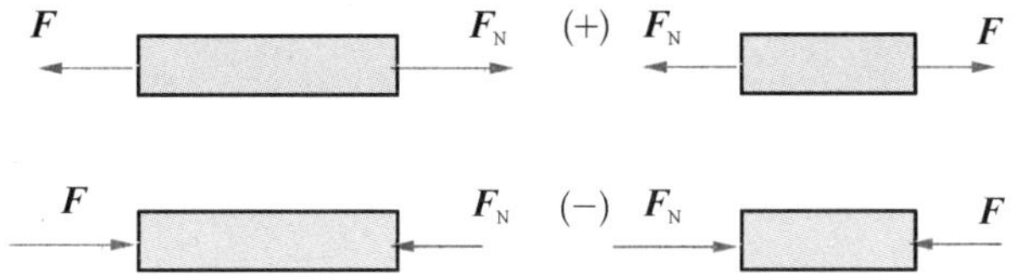

图 4-9

4.2.3　轴向拉(压)杆的内力图——轴力图

若沿杆件轴线作用的外力超过两个，则在杆件的各横截面上，轴力一般不尽相同。这时往往用轴力图表示轴力沿杆件轴线的变化情况。关于轴力图的绘制，我们通过下面的例题来说明。

【例 4-1】　轴心拉(压)杆如图 4-10 所示，作其轴力图。

【解】　利用截面法。首先，分别沿 1-1、2-2、3-3 截面假想地把杆件分成两部分，并选左边部分为研究对象。再画出其受力图，在画内力时均是按正方向画出，若计算结果为正说明该截面的轴力为拉力，否则为压力。分别见图 4-10(b)、(c)、(d)。然后，对各隔离体列平衡方程，以后若无特别说明，在列方程时均选水平向右的方向为 x 轴的正方向。求出轴力。具体如下：

对 1-1 截面，由 $\sum F_X=0$，得

$$F_{N1}+2\text{ kN}=0$$

$$F_{N1}=-2\text{ kN}(\text{压力})$$

对 2-2 截面，由 $\sum F_X=0$，得

$$F_{N2}+2\text{ kN}+2\text{ kN}=0$$

$$F_{N2}=-4\text{ kN}(\text{压力})$$

对 3－3 截面，由 $\sum F_X=0$，得

$$F_{N3}+2\ kN+2\ kN-5\ kN=0$$

$$F_{N3}=1\ kN(拉力)$$

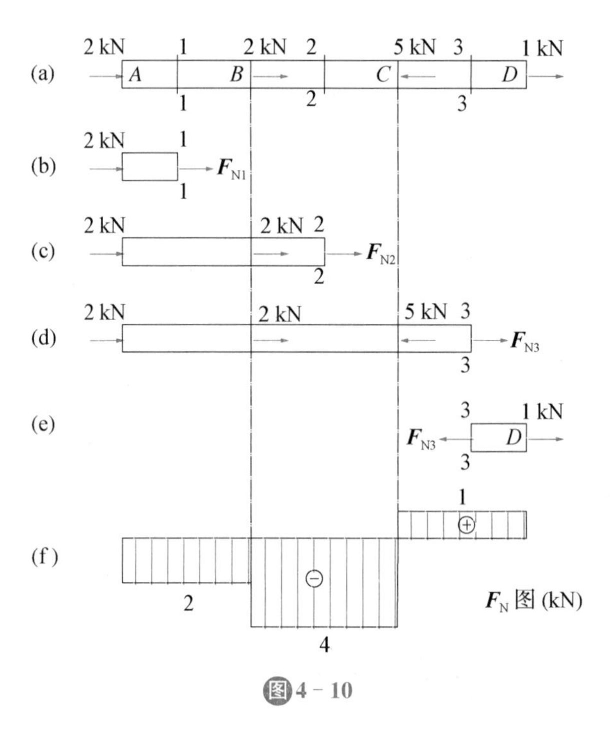

图 4－10

另外，对 3－3 截面亦可选右边部分为研究对象，列方程为：

$$1\ kN-F_{N3}=0$$

$$F_{N3}=1\ kN(拉力)$$

所得结果与前面相同，计算却比较简单。因此计算时应选取受力较简单的隔离体作为研究对象。

若选取一个坐标系，其横坐标表示横截面的位置，纵坐标表示相应截面上的轴力，便可用图线表示轴力沿杆件轴线的变化情况，这种图线称为轴力图。在画轴力图时，将拉力画在轴线的上侧；压力画在轴线的下侧。这样，轴力图不但显示出了杆件各段内轴力的大小，而且还可表示出各段的变形是拉伸还是压缩，见图 4－10(f)。在轴力图中表示轴力为正的区域画上符号"⊕"；表示轴力为负的区域画上符号"⊖"。当熟练后，画轴力图时，可不用画出分离体图，而直接画轴力图即可。

从图 4－10(f)所示的轴力图中可以看出，在集中力作用处，轴力图要发生突变，即在集中力作用的截面左侧和右侧的轴力值是不同的，或用数学语言描述为轴力函数在此位置是不连续的。例如在 B 截面，在该截面左侧的轴力为 -2 kN，而在该截面右侧的轴力为 -4 kN。为了描述轴力的这种突变，我们用符号 F_N 加两个下标的方法来区分它们，其中第一个下标表示截面的位置，第二个下标表示相邻截面一侧方向上所取字符。例如 B 截面左

侧的轴力为-2 kN，可用 $F_{NBA}=-2$ kN 来表示；而在该截面右侧的轴力为-4 kN，可用 $F_{NBC}=-4$ kN 来表示。类似地，其他内力也可按此方法表示。

同时，从图 4-10(f)所示的轴力图中还可以看出，当该杆件粗细均匀且组成该杆件材料的抗拉、抗压能力相同时，BC 段是最危险的，BC 段每一截面都是危险截面。在进行设计时，只要保证 BC 段安全，则整个构件就是安全的。确定危险截面以及其上的内力是绘制内力图的主要目的之一。

4.3　轴向拉(压)杆的应力与强度计算

在求出杆件的内力以后，还需要对杆件进行强度计算。本章讨论杆件在轴向拉伸(压缩)变形的应力和强度计算问题。

力娃：师父，用同种材料制成粗细不同的两根杆，在相同的拉力下，两根杆的轴力相同。但当拉力逐渐增大时，细杆必定先被拉断。这是为什么呢？

力翁：杆件的强度，不仅与轴力的大小有关，而且还与杆件的横截面面积有关。轴力只是杆件横截面上分布内力的合力，而要判断杆件是否会因强度不足而破坏，还必须知道用来度量分布内力大小的分布内力集度，即应力。

➢ **思考：**(1) 右图变截面杆件，拉伸时，各截面轴力相等吗？应力相等吗？

(2) 破坏时，用什么量描述较好？

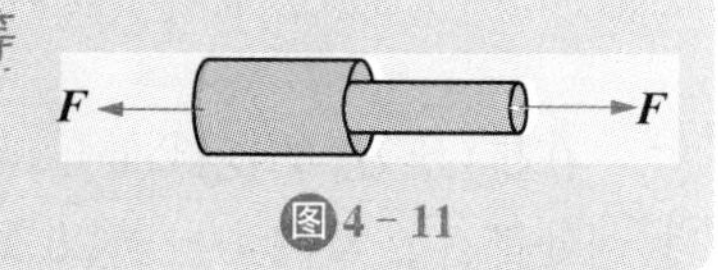

图4-11

4.3.1　应力的概念

微课

拉压杆横截面上的应力

在例 4-1 图 4-10(b)中，内力 F_{N1}和外力-2 kN 只能说明 1-1 截面部分的内力和外力的平衡关系，但不能说明分布内力系在截面内某一点处的强弱程度。为此，我们引入内力集度的概念。设在图 4-12 所示受力杆件的 $m-m$截面上，围绕 M 点取微小面积 ΔA[图 4-12(a)]，ΔA 上分布内力的合力为 ΔF。ΔF 的大小和方向与C 点的位置和 ΔA 的大小有关。ΔF 与 ΔA 的比值为：

$$p_m=\frac{\Delta F}{\Delta A} \tag{4-1}$$

p_m 代表在 ΔA 范围内，单位面积上内力的平均集度，称为平均应力[图 4-12(a)]。随着 ΔA 的逐渐缩小，p_m 的大小和方向都将逐渐变化。当 ΔA 趋于零时，p_m 的大小和方向都将趋于一定极限。令 ΔA 趋于零，取极限，可得：

$$p=\lim_{\Delta A\to 0}p_m=\lim_{\Delta A\to 0}\frac{\Delta F}{\Delta A} \tag{4-2}$$

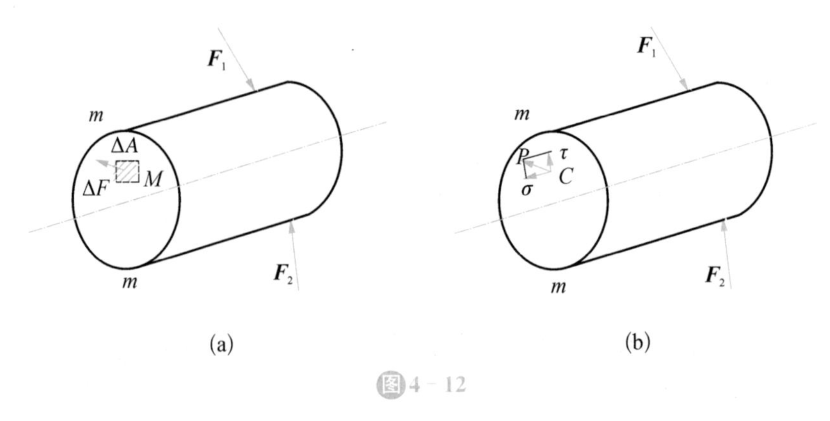

图4－12

$\boldsymbol{p}$ 称为 C 点的应力。它是分布内力系在 C 点的集度，反映内力系在 C 点的强弱程度。$\boldsymbol{p}$ 是一个矢量，一般说既不与截面垂直，也不与截面相切。通常把应力 p 分解成垂直于截面的分量 σ 和切于截面的分量 τ（图 4－12b）。σ 称为正应力，τ 称为剪应力。

在我国法定计量单位中，应力的单位是 Pa（帕），称为帕斯卡，1 Pa＝1 N/m²。由于这个单位太小，使用不便，通常使用 MPa，其值为 1 MPa＝10^6 Pa。

$$1\ \text{MPa}=10^6\ \text{Pa}=10^6\ \frac{\text{N}}{\text{m}^2}=1\cdot\frac{\text{N}}{\text{mm}^2}$$

4.3.2 轴向拉伸与压缩时杆横截面上的正应力计算

在拉（压）杆的横截面上，与轴力 $\boldsymbol{F}_{\text{N}}$ 对应的应力是正应力 σ。根据连续性假设，横截面上到处都存在着内力。若以 A 表示横截面面积，则微分面积 dA 上的内力元素 σdA 组成一个垂直于横截面的平行力系，其合力就是轴力 $\boldsymbol{F}_{\text{N}}$。于是得静力关系：

$$F_{\text{N}}=\int_A\sigma\,\text{d}A \tag{4-3}$$

只有知道 σ 在横截面上的分布规律后，才能完成（4－3）式中的积分。

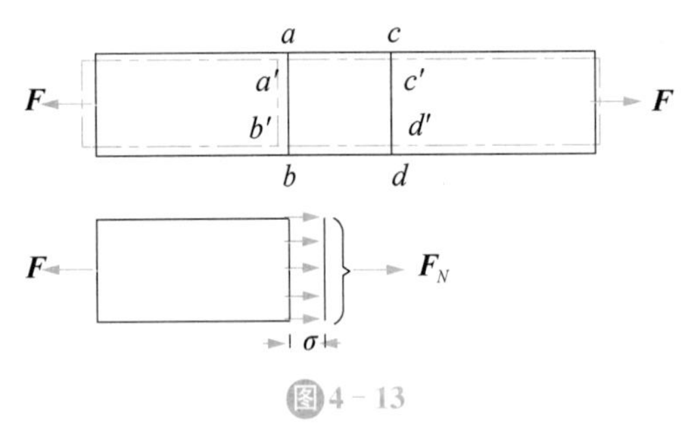

图4－13

为了求得 σ 的分布规律，应从研究杆件的变形入手。变形前，在等直杆的侧面上画垂直于杆轴的直线 ab 和 cd（图 4－13）。拉伸变形后，发现 ab 和 cd 仍为直线，且仍然垂直于轴线，只是分别平行地移至 $a'b'$ 和 $c'd'$。根据这一现象，可以假设：变形前原为平面的横截面，变形后仍保持为平面且仍垂直于轴线。这就是平面假设。由此可以推断，拉杆所有纵向纤维的伸长是相等的。尽管现在还不知纤维伸长和应力之间存在怎样的关系，但因材料是均匀的，所有纵向纤维的力学性能相同。由它们的变形相等和力学性能相同，可以推想各纵向纤维的受力是一样的。所以，横截面上各点的正应力 σ 相等，即正应力均匀分布于横截面上，σ 等于常量。于是由（4－3）式得：

$$F_N = \sigma \int_A dA = \sigma A$$

或

$$\sigma = \frac{F_N}{A} \tag{4-4}$$

公式(4-4)同样可用于 $\boldsymbol{F}_N$ 为压力时的压应力计算。不过，细长杆受压时容易被压弯，属于稳定性问题，将在后续章节中讨论。这里所指的是受压杆未被压弯的情况。**关于正应力的符号，一般规定拉应力为正，压应力为负，**与轴力规定一样。

导出公式(4-4)时，要求外力合力与杆件轴线重合，这样才能保证各纵向纤维变形相等，横截面上正应力均匀分布。若轴力沿轴线变化，可作出轴力图，再由公式(4-4)求出不同横截面上的应力。当杆件受到几个轴向外力作用的时候，由截面法及轴力图得到最大轴力 F_{Nmax}。对于等直杆，将它代入公式，即可得到杆内的最大正应力为：

$$\sigma_{max} = \frac{F_{Nmax}}{A} \tag{4-5}$$

最大轴力所在横截面称为危险截面，由此式算得的正应力称为最大工作应力。对于变截面杆应考虑轴力与横截面面积两个因素寻求最大工作应力。

【例 4-2】 简单支架如图 4-14(a)所示。AB 为圆钢，直径 $d=21$ mm，AC 为 8 号槽钢，若 $F=30$ kN，试求各杆的应力。

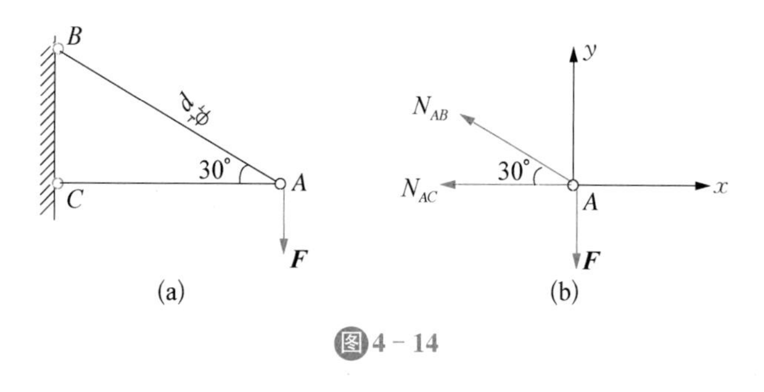

图 4-14

【解】 如图 4-14(b)所示，由节点 A 的平衡方程 $\sum F_X=0$ 和 $\sum F_Y=0$，不难求出两杆 AB 和 AC 的轴力分别为：

$$N_{AB} = F/\sin 30° = 2F = 2 \times 30\ \text{kN} = 60\ \text{kN}(拉)$$

$$N_{AC} = -N_{AB} \cdot \cos 30° = -60 \times \frac{\sqrt{3}}{2}\ \text{kN} = -52\ \text{kN}(压)$$

AB 杆的横截面面积为：

$$A_{AB} = \frac{\pi}{4} \cdot (21 \times 10^{-3}\ \text{m})^2 = 346.36 \times 10^{-6}\ \text{m}^2$$

AC 杆为 8 号槽钢，由型钢表(见附录)查出横截面面积为：

$$A_{AC}=1\ 025\times10^{-6}\ \mathrm{m}^2$$

利用公式(4-4)计算AB和AC两杆的应力分别为：

$$\sigma_{AB}=\frac{N_{AB}}{A_{AB}}=\frac{60\times10^3\ \mathrm{N}}{346.36\times10^{-6}\ \mathrm{m}^2}=173.2\times10^6\ \mathrm{N/m^2}=173.2\ \mathrm{MPa}(\text{拉})$$

$$\sigma_{AC}=\frac{N_{AC}}{A_{AC}}=\frac{-52\times10^3\ \mathrm{N}}{1\ 025\times10^{-6}\ \mathrm{m}^2}=-50.7\times10^6\ \mathrm{N/m^2}=-50.7\ \mathrm{MPa}(\text{压})$$

4.3.3 直杆受轴向拉伸或压缩时斜截面上的应力

前面讨论了轴向拉伸或压缩时，直杆横截面上的正应力，它是今后强度计算的依据。但不同材料的实验表明，拉(压)杆的破坏并不总是沿横截面发生，有时却是沿斜截面发生的。为此，应进一步讨论斜截面上的应力。

设直杆的轴向拉力为$\boldsymbol{F}$(图4-15a)，横截面面积为A，由公式(4-4)得横截面上的正应力σ。

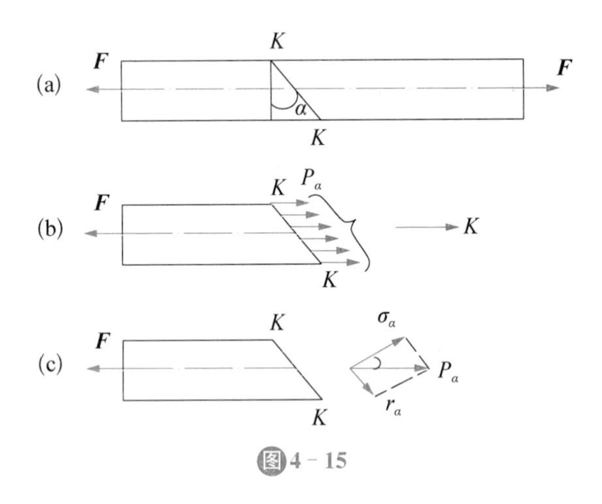

图4-15

设与横截面成α角的斜截面k-k的面积为A_α，A_α与A之间的关系应为：

$$A_\alpha=\frac{A}{\cos\alpha} \tag{4-6}$$

若沿斜截面k-k假想地把杆件分成两部分，以F_{N}表示斜截面k-k上的内力，由左段的平衡(图4-15b)可知$F_\alpha=F$。

仿照证明横截面上正应力均匀分布的方法，可知斜截面上的应力也是均匀分布的。若以p_α表示斜截面k-k上的应力，于是有：

$$p_\alpha=\frac{F_\alpha}{A_\alpha}=\frac{F}{A_\alpha} \tag{4-7}$$

以(4-6)式代入上式，得：

$$p_{\alpha}=\frac{F}{A}\cos\alpha=\sigma\cos\alpha \tag{4-8}$$

把应力 p_{α} 分解成垂直于斜截面的正应力 σ，和相切于斜截面的切应力 τ（图 4-15c），

$$\sigma_{\alpha}=p_{\alpha}\cos\alpha=\sigma\cos^{2}\alpha \tag{4-9}$$

$$\tau_{\alpha}=p_{\alpha}\sin\alpha=\sigma\cdot\cos\alpha\cdot\sin\alpha=\frac{\sigma}{2}\sin2\alpha \tag{4-10}$$

从以上公式看出，σ_{α} 和 τ_{α} 都是 α 的函数，所以斜截面的方位不同，截面上的应力也就不同。

当 $\alpha=0$ 时，斜截面 k-k 成为垂直于轴线的横截面，σ_{α} 达到最大值，且

$$\sigma_{\alpha\mathrm{Max}}=\sigma \tag{4-11}$$

当 $\alpha=45°$时，τ_{α} 达到最大值，且：

$$\tau_{\alpha\mathrm{Max}}=\frac{\sigma}{2} \tag{4-12}$$

可见，轴向拉伸（压缩）时，在杆件的横截面上，正应力为最大值；在与杆件轴线成 45°的斜截面上，切应力为最大值。最大切应力在数值上等于最大正应力的二分之一。此外，当 $\alpha=90°$时，$\sigma_{\alpha}=\tau_{\alpha}=0$，这表示在平行于杆件轴线的纵向截面上无任何应力。

4.4　轴向拉伸与压缩时的变形——胡克定律

直杆在轴向拉力作用下，将引起轴向尺寸的增大和横向尺寸的缩小。反之，在轴向压力作用下，将引起轴向的缩短和横向的增大。

微课

轴向拉伸或压缩时的变形

4.4.1　纵向变形

设等直杆的原长度为 l（图 4-16），横截面面积为 A。在轴向拉力 $\boldsymbol{F}$ 作用下，长度由 l 变为 l_1。杆件在轴线方向的伸长为：

$$\Delta l=l_1-l \tag{4-13}$$

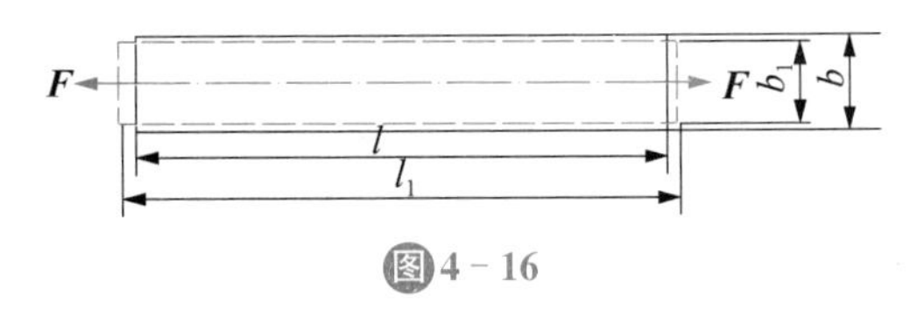

图 4-16

Δl 称为拉（压）杆的纵向变形，对规定杆件受拉伸长时为正，受压缩短时为负。

轴向拉（压）杆的纵向变形，与杆件的原长 l 有关，虽然在一定程度上，能够反映受拉杆的伸长量，但是不能反映杆件的变形程度。为了消除杆件长度的影响，将 Δl 除以 l 得杆件

轴线方向的线应变，称为纵向线应变，用表示 ε，即：

$$\varepsilon=\frac{\Delta l}{l} \tag{4-14}$$

4.4.2 胡克定律

工程上使用的大多数材料，其应力与应变关系的初始阶段都是线弹性的。即，当应力不超过材料的比例极限（见 4.5 节）时，应力与应变成正比，这就是**胡克定律**。可以写成：

$$\sigma=E\varepsilon \tag{4-15}$$

式中，弹性模量 E 的值随材料而不同，表 4-1 列出部分材料的 E 值，其他一些材料的具体数值可以相应查规范。

4.4.3 横向变形

若把(4-14)和(4-15)两式代入公式(4-4)，得：

$$\Delta l=\frac{F_{\mathrm{N}}l}{EA}=\frac{Fl}{EA} \tag{4-11}$$

这表示：当应力不超过比例极限时，杆件的伸长 Δl 与拉力 F 和杆件的原长度 l 成正比，与横截面面积 A 成反比。这是胡克定律的另一表达形式。以上结果同样可以用于轴向压缩的情况，只要把轴向拉力改为压力，把伸长 Δl 改为缩短就可以了。

从公式(4-11)看出，对长度相同，受力相等的杆件，EA 越大则变形越小，所以 **EA 称为杆件的抗拉(或抗压)刚度**。

若杆件变形前的横向尺寸为 b，变形后为 b_1，则横向应变为：

$$\varepsilon'=\frac{\Delta b}{b}=\frac{b_1-b}{b} \tag{4-12}$$

4.4.4 泊松比

试验结果表明，当应力不超过比例极限时，横向应变 ε' 与轴向应变 ε 之比的绝对值是一个常数。即：

$$\left|\frac{\varepsilon'}{\varepsilon}\right|=\mu \tag{4-13}$$

μ 称为横向变形因数或泊松比，是一个量纲为 1 的量。

因为当杆件轴向伸长时横向缩小，而轴向缩短时横向增大，所以 ε' 和 ε 的符号是相反的。这样，ε' 和 ε 的关系可以写成 $\varepsilon'=-\mu\varepsilon$。和弹性模量 E 一样，泊松比 μ 也是材料固有的弹性常数。几种常见材料的 μ 值如表 4-1 所示，其他材料的 μ 值也可以查规范得到。

表 4-1　几种常用材料的 E 和 μ 的数值

材料名称	E/GPa	μ
碳钢	196～216	0.24～0.28
合金钢	186～206	0.25～0.30
灰铸铁	78.5～157	0.23～0.27
铜及其合金	72.6～128	0.31～0.42
铝合金	70	0.33

【例 4-3】　图 4-17 中的 M12 螺栓内径 d_1=10.1 mm，拧紧后在计算长度 l=80 mm 内产生的总伸长为 Δl=0.03 mm。钢材的弹性模量 E=210 GPa。试计算螺栓内的应力和螺栓的预紧力。

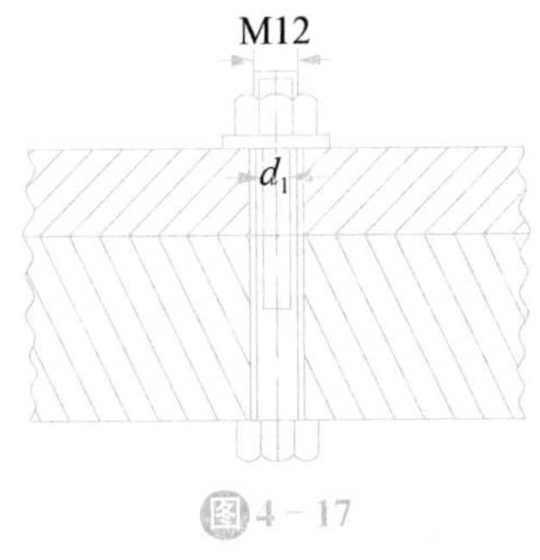

图 4-17

【解】　拧紧后螺栓的应变为：

$$\varepsilon=\frac{\Delta l}{l}=\frac{0.03}{80}=0.000\ 375$$

由胡克定律求出螺栓横截面上的拉应力是：

$$\sigma=E\varepsilon=210\times10^3\ \text{MPa}\times0.000\ 375=78.8\ \text{MPa}$$

螺栓的预紧力为：

$$F=\sigma A=78.8\times\frac{\pi}{4}\times10.1^2=6.31\ \text{kN}$$

4.5　材料在拉伸与压缩时的力学性能

4.5.1　材料在拉伸时的力学性能

微课

材料在拉伸与压缩时的力学性能

材料的力学性能也称为机械性质，是指材料在外力作用下表现出的变形、破坏等方面的特性。它要由实验来测定。在室温下，以缓慢平稳的加载方式进行试验，称为常温静载试验，是测定材料力学性能的基本试验。为了便于比较不同材料的试验结果，对试样的形状、加工精度、加载速度、试验环境等，国家标准《金属材料　拉伸试验第1部分：室温试验方法》(GB/T 228.1—2021)都有统一规定。在试样上取长为 l 的一段(图 4－18)作为试验段，l 称为标距。对圆截面试样，标距 l 与直径 d 有两种比例，即 $l=5d$ 和 $l=10d$。

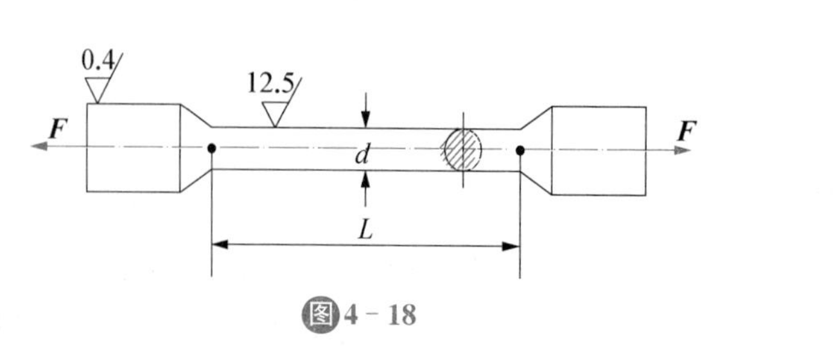

图 4－18

文档

低碳钢的
拉伸实验

工程上常用的材料品种很多，下面以低碳钢和铸铁为主要代表，介绍材料拉伸时的力学性能。

1. 低碳钢拉伸时的力学性能

低碳钢是指含碳量在0.3%以下的碳素钢。这类钢材在工程中使用较广，在拉伸试验中表现出的力学性能也最为典型。

试样装在试验机上，受到缓慢增加的拉力作用。对应着每一个拉力 F，试样标距 l 有一个伸长量 Δl。表示 F 和 Δl 的关系的曲线，称为拉伸图或 F-Δl 曲线，如图 4－19 所示。

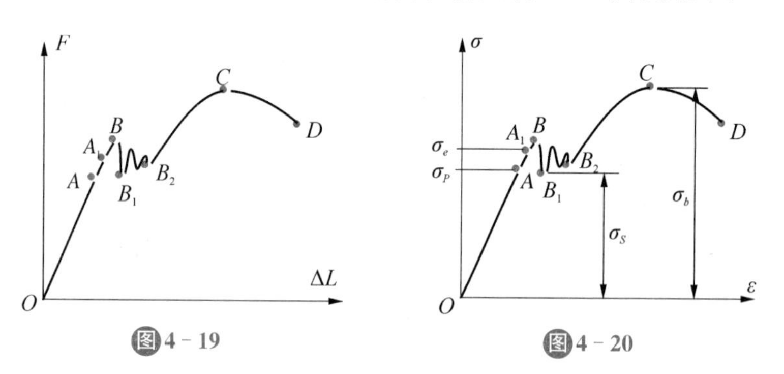

图 4－19　　图 4－20

F-Δl 曲线与试样的尺寸有关。为了消除试样尺寸的影响，把拉力 F 除以试样横截面的原始面积 A，得出正应力 $\sigma=\dfrac{F}{A}$同时，把伸长量 Δl 除以标距的原始长度 l，得到应变 $\varepsilon=\dfrac{\Delta l}{l}$。$\dfrac{\Delta l}{l}$是标距 l 内的平均应变。因在标距 l 内各点应变相等，应变是均匀的，这时，任意点的应变都与平均应变相同。以 σ 为纵坐标，ε 为横坐标，作图表示 σ 与 ε 的关系(图 4－20)称为应力-应变图或 σ-ε 曲线。

根据试验结果，低碳钢的力学性能大致如下：

(1) 弹性阶段

在拉伸的初始阶段，σ 与 ε 的关系为直线 OA，表示在这一阶段内，应力 σ 与应变 ε 成正比，即：

$$\sigma \propto \varepsilon \tag{4-16}$$

或

$$\sigma = E\varepsilon \tag{4-17}$$

这就是拉伸或压缩的胡克定律。式中 E 为与材料有关的比例常数，称为弹性模量。因为应变 ε 的量纲为 1，故 E 的量纲与 σ 相同，常用单位为 GPa(1 GPa$=10^9$ Pa)。公式(4-17)表明 $E=\dfrac{\sigma}{\varepsilon}$，而$\dfrac{\sigma}{\varepsilon}$正是直线$Oa$ 的斜率。直线部分的最高点 α 所对应的应力σ_p 称为**比例极限**。显然，只有应力低于比例极限时，应力才与应变成正比，材料才服从胡克定律。这时，称材料是线弹性的。

超过比例极限后，从 A 点到A_1 点，σ 与 ε 之间的关系不再是直线，但解除拉力后变形仍可完全消失，这种变形称为弹性变形。A_1 点所对应的应力 σ_e，是材料只出现弹性变形的极限值，称为**弹性极限**。在 σ-ε 曲线上，A 和 A_1 两点非常接近，所以工程上对弹性极限和比例极限并不严格区分。

在应力大于弹性极限后，如再解除拉力，则试样变形的一部分随之消失，这就是上面提到的弹性变形。还遗留下一部分不能消失的变形，这种变形称为**塑性变形或残余变形**。

(2) 屈服阶段

当应力超过 A_1 点增加到某一数值时，应变有非常明显的增加，而应力先是下降，然后作微小的波动，在 σ-ε 曲线上出现接近水平线的小锯齿形线段。这种应力基本保持不变，而应变显著增加的现象，称为**屈服**或流动。在屈服阶段内的最高应力和最低应力分别称为上屈服极限和下屈服极限。上屈服极限的数值与试样形状、加载速度等因素有关，一般是不稳定的。下屈服极限则有比较稳定的数值，能够反应材料的性能。通常就把下屈服极限称为屈服极限或屈服点，用 σ_s 来表示。

表面磨光的试样屈服时，表面将出现与轴线大致成 45°倾角的条纹(图 4-21)。这是由于材料内部相对滑移形成的，称为滑移线。因为拉伸时在与杆轴成 45°倾角的斜截面上，切应力为最大值，可见屈服现象的出现与最大切应力有关。

图 4-21

材料屈服表现为显著的塑性变形，而零件的塑性变形将影响机器的正常工作，所以屈服极限 σ_s，是衡量材料强度的重要指标。

(3) 强化阶段

过屈服阶段后，材料又恢复了抵抗变形的能力，要使它继续变形必须增加拉力。这种现象称为材料的强化。在图 4-20 中，强化阶段中的最高点 c 所对应的应力 σ_b 是材料所能承受的最大应力，称为强度极限或抗拉强度。它是衡量材料强度的另一重要指标。在强化阶段中，试样的横向尺寸有明显的缩小。

(4) 局部变形阶段

过 c 点后，在试样的某一局部范围内，横向尺寸突然急剧缩小，形成缩颈现象(图 4-22)。由于在缩颈部分横截面面积迅速减小，使试样继续伸长所需要的拉力也相应减少。在应力—应变图中，用横截面原始面积 A 算出的应力 σ 也随之下降，降落到 D 点，试样被拉断。

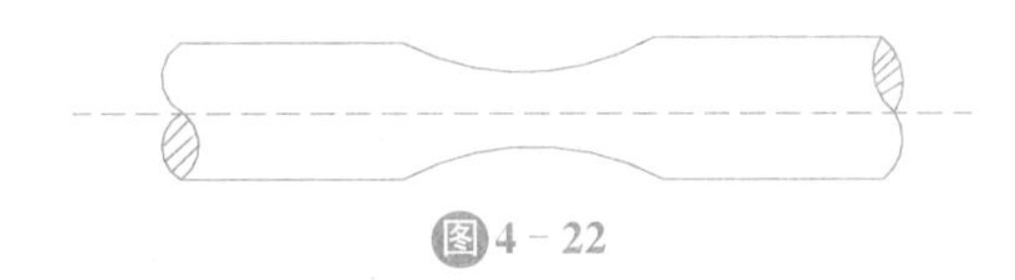

图 4-22

试样拉断后，由于保留了塑性变形(图 4-23)，试样长度由原来的 l 变为 l_1($l_1=l+\Delta l$)，用百分比表示的比值：

$$\delta=\frac{l_1-l}{l}\times 100\% \qquad (4-18)$$

δ 称为伸长率。试样的塑性变形(l_1-l)越大，δ 也就越大。因此，伸长率是衡量材料塑性的指标。低碳钢的伸长率很高，其平均值约为 20%～30%，这说明低碳钢的塑性性能很好。

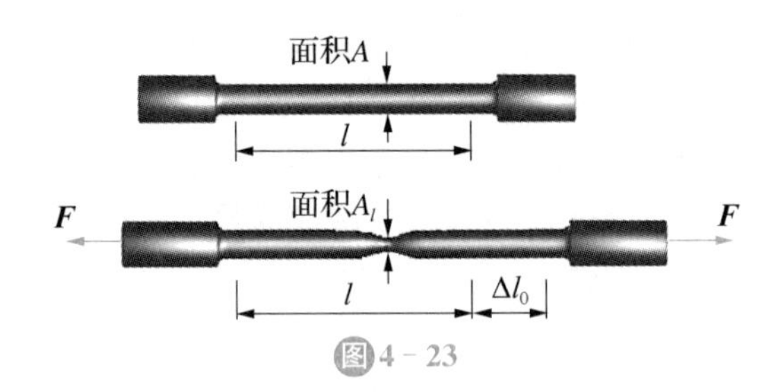

图 4-23

工程上通常按伸长率的大小把材料分成两大类，$\delta>5\%$的材料称为塑性材料，如碳铜、黄铜、铝合金等；而把 $\delta<5\%$的材料称为脆性材料，如灰铸铁、玻璃、陶瓷等。

如图 4-23，原始横截面面积为 A 的试样，拉断后颈缩处的最小截面而积变为 A_l，用百分比表示的比值：

$$\varphi=\frac{A-A_l}{A}\times 100\% \qquad (4-19)$$

称为断面收缩率。φ 也是衡量材料塑性的指标。

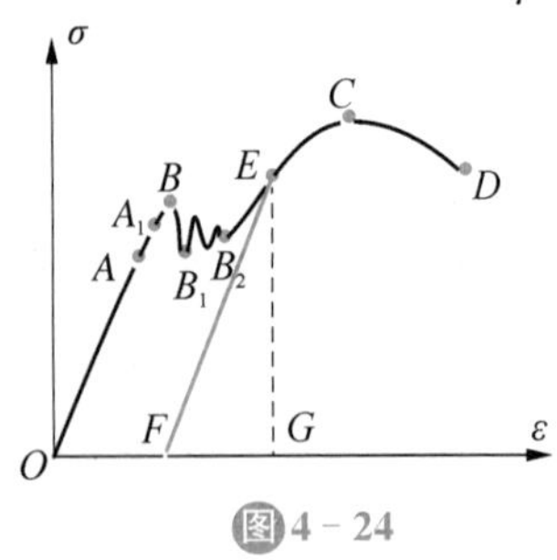

图 4-24

如把试样拉到超过屈服极限后的 E 点(图 4-24)，然后逐渐卸除拉力，应力和应变关系将沿着斜直线 EF 回到 F 点。斜直线 EF 近似地平行于 OA。这说明：在卸载过程中，应力和应变按直线规律变化。这就是卸载定律。拉力完全卸除后，应力-应变图中，FG 表示消失了的弹性变形，面 OF 表示不再消失的塑性变形。

卸载后，如在短期内再次加载，则应力和应变大致上沿卸载

时的斜直线 FE 变化。直到 E 点后，又沿曲线 ECD 变化。可见在再次加载时，直到 E 点以前材料的变形是弹性的，过 E 点后才开始出现塑性变形。比较图 4－24 中的 $OAA_1BB_1B_2ECD$ 和 $FECD$ 两条曲线，可见在第二次加载时，其比例极限（亦即弹性阶段）得到了提高，但塑性变形和伸长率却有所降低。这种现象称为冷作硬化。冷作硬化现象经退火后又可消除。

工程上经常利用冷作硬化来提高材料的弹性阶段。如起重用的钢索和建筑用的钢筋，常用冷拔工艺以提高强度。又如对某些零件进行喷丸处理，使其表面发生塑性变形，形成冷硬层，以提高零件表面层的强度。但另一方面，零件初加工后，由于冷作硬化使材料变脆变硬，给下一步加工造成困难，且容易产生裂纹，往往就需要在工序之间安排退火，以消除冷作硬化的影响。

2. 其他塑性材料拉伸时的力学性能

工程上常用的塑性材料，除低碳钢外，还有中碳钢、高碳铜和合金钢、铝合金、青铜、黄铜等。图 4－25 中是几种塑性材料的 σ-ε 曲线。其中有些材料，如 Q345 钢，和低碳钢一样，有明显的弹性阶段，屈服阶段、强化阶段和局部变形阶段。有些材料，如黄铜 H62，没有屈服阶段，但其他三阶段却很明显。还有些材料，如高碳钢 T10A，没有屈服阶段和局部变形阶段，只有弹性阶段和强化阶段。

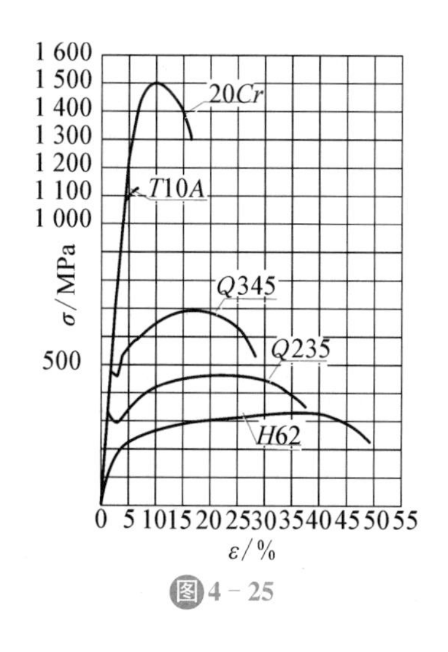

图 4－25

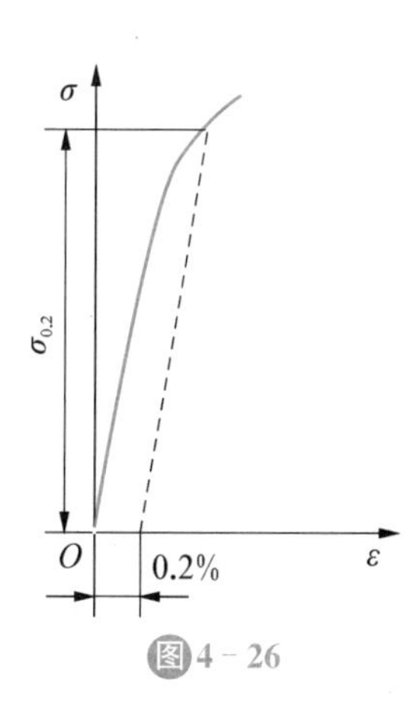

图 4－26

对没有明显屈服极限的塑性材料，可以将产生 0.2％塑性应变时的应力作为屈服指标，并用 $\sigma_{0.2}$ 来表示（图 4－26）。

3. 铸铁拉伸时的力学性能

各类碳素钢中，随含碳量的增加，屈服极限和强度极限相应提高，但伸长率降低。例如合金钢、工具钢等高强度钢材，屈服极限较高，但塑性性能却较差。

灰口铸铁拉伸时的应力-应变关系是一段微弯曲线，如图 4－27 所示，没有明显的直线部分。它在较小的拉应力下就被拉断.没有屈服和缩颈现象，拉断前的应变很小，伸长率也

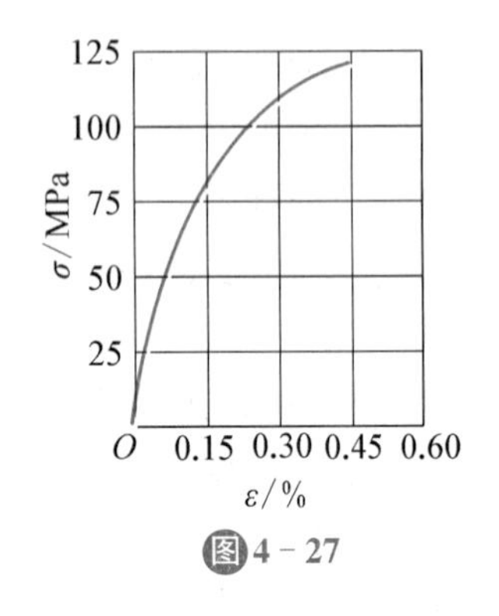

图4-27

很小。灰口铸铁是典型的脆性材料。

由于铸铁的 σ-ε 图没有明显的直线部分，弹性模量 E 的数值随应力的大小而变。在工程中铸铁的拉应力不能很高，而在较低的拉应力下，则可近似地认为服从胡克定律。通常取 σ-ε 曲线的割线代替曲线的开始部分，并以割线的斜率作为弹性模量，称为割线弹性模量。

铸铁拉断时的最大应力即为其强度极限。因为没有屈服现象，强度极限 σ_b 是衡量强度的唯一指标。铸铁等脆性材料的抗拉强度很低，所以不宜作为抗拉零件的材料。

铸铁经球化处理成为球墨铸铁后，力学性能有显著变化，不但有较高的强度，还有较好的塑性性能。国内不少工厂成功地用球墨铸铁代替钢材制造曲轴、齿轮等零件。

4.5.2 材料在压缩时的力学性能

金属的压缩试样一般制成很短的圆柱，以免被压弯。圆柱高度约为直径的 1.5～3 倍。混凝土、石料等则制成立方形的试块。

1. 低碳钢压缩时的力学性能

低碳钢压缩时的 σ-ε 曲线如图 4-28 所示。试验表明：低碳钢压缩时的弹性模量 E 和屈服极限，都与拉伸时大致相同。屈服阶段以后，试样越压越扁，横截面面积不断增大，试样抗压能力也继续增高，因而得不到压缩时的强度极限。由于可从拉伸试验测定低碳钢压缩时的主要性能，所以不一定要进行压缩试验。

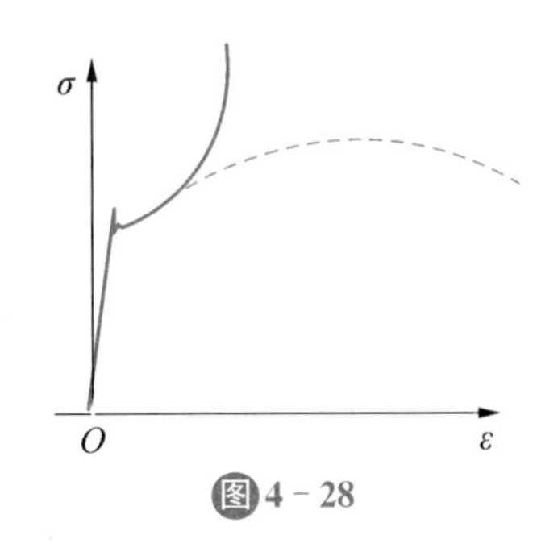

图4-28

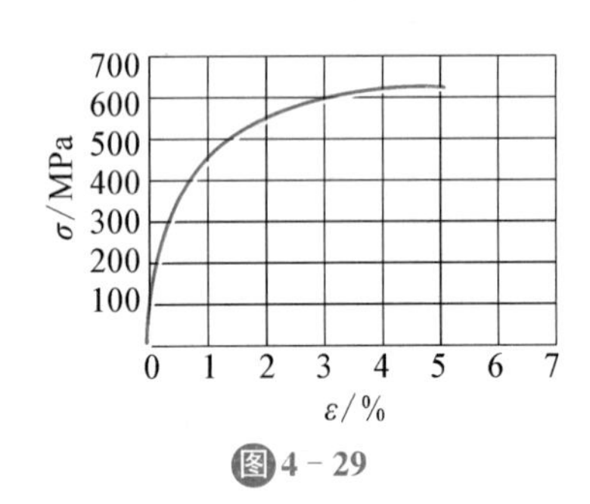

图4-29

2. 铸铁压缩时的力学性能

图 4-29 表示铸铁压缩时的 σ-ε 曲线。试样仍然在较小的变形下突然破坏。破坏断面的法线与轴线大致成 45°～55°倾角，表明试样沿斜截面因相对错动而破坏。铸铁的抗压强度比它的抗拉强度高 4～5 倍。其他脆性材料，如混凝土、石料等其抗压强度也远高于抗拉强度。

脆性材料抗拉强度低，塑性性能差，但抗压能力强，且价格低廉，宜于作为抗压构件的材料。铸铁坚硬耐磨，易于浇铸成形状复杂的零部件，广泛用于铸造机床床身，机座、缸体及轴承座等受压零部件。因此，其压缩试验比拉伸试验更为重要。

综上所述，衡量材料力学性能的指标主要有：比例极限（或弹性极限）σ_p、屈服极限 σ_s、强度极限 σ_b、弹性模量 E、伸长率 δ 和断面收缩率 φ 等。对很多金属来说，这些量往往受温度、热处理等条件的影响。

微课

轴向拉伸或压缩时的强度计算

4.6　强度条件

由脆性材料制成的构件，在拉力作用下，当变形很小时就会突然断裂。塑性材料制成的构件，在拉断之前先已出现塑性变形，由于不能保持原有的形状和尺寸，它已不能正常工作。可以把断裂和出现塑性变形统称为失效。受压短杆的被压溃、压扁同样也是失效。上述这些失效现象都是强度不足造成的，可是构件失效并不都是强度问题。例如，若机床主轴变形过大，即使未出现塑性变形，但还是不能保证加工精度，这也是失效，它是刚度不足造成的。受压细长杆的被压弯，则是稳定性不足引起的失效。此外，不同的加载方式，如冲击、交变应力等，以及不同的环境条件，如高温、腐蚀介质等，都可以导致失效。这里主要讨论强度问题，其他形式的失效将于以后依次介绍。

4.6.1　许用应力

通常把材料破坏时的应力称为危险应力或**极限应力**，它表示材料所能承受的最大应力。脆性材料断裂时的应力是强度极限 σ_b，塑性材料到达屈服时的应力是屈服极限 σ_s，这两者都是构件失效时的极限应力。为保证构件有足够的强度，在载荷作用下构件的实际应力 σ（以后称为工作应力），显然应低于极限应力。强度计算中，以大于 1 的系数除极限应力，并将所得结果称为**许用应力**，用$[\sigma]$来表示。对塑性材料：

$$[\sigma]=\frac{\sigma_s}{n_s} \tag{4-20}$$

对脆性材料：

$$[\sigma]=\frac{\sigma_b}{n_b} \tag{4-21}$$

式中，n_s 和 n_b 分别是对应于塑性材料和脆性材料的**安全系数**，其值均大于 1。

安全系数（许用应力）的选定，涉及正确处理安全与经济之间的关系。因为从安全的角度考虑，应加大安全系数，降低许用应力，这就难免要增加材料的消耗，出现浪费；相反，如从经济的角度考虑，势必要减小安全系数，使许用应力值变高，这样可少用材料，但有损于安全。所以应合理地权衡安全与经济两个方面的要求，而不应片面地强调某一方面的需要。

确定安全系数，一般考虑以下因素：

（1）材料的材质，包括材料组成的均匀程度，质地好坏，是塑性材料还是脆性材料等。

(2) 荷载情况,包括对荷载的估计是否准确,是静载荷还是动载荷等。

(3) 实际构件简化过程和计算方法的精确程度。

(4) 构件在工程中的重要性,工作条件,损坏后造成后果的严重程度,维修的难易程度等。

(5) 对减轻结构自重和提高结构机动性要求。

上述这些因素都影响安全系数的确定。例如材料的均匀程度较差,分析方法的精度不高,荷载估计粗糙等都是偏于不安全的因素,这时就要适当地增加安全系数的数值,以补偿这些不利因素的影响。又如某些工程结构对减轻自重的要求高,材料质地好,而且不要求长期使用。这时就不妨适当地提高许用应力的数值。可见在确定安全系数时,要综合考虑到多方面的因素,对具体情况作具体分析。随着原材料质量的日益提高,制造工艺和设计方法的不断改进,对客观世界认识的不断深化,安全系数的确定必将日益趋向于合理。

许用应力和安全系数的具体数据,有关业务部门有一些规范可供参考。在静载的情况下,对塑性材料可取 1.2～2.5。由于脆性材料均匀性较差,且破坏是突然发生有更大的危险性,所以取 2～3.5,甚至取到 3～9。

4.6.2 拉(压)杆的强度条件

把许用应力$[\sigma]$作为构件工作应力的最高限度,即要求工作应力 σ 不超过许用应力$[\sigma]$。于是得构件轴向拉伸或压缩时的强度条件为:

$$\sigma=\frac{F_N}{A}\leqslant[\sigma] \tag{4-22}$$

根据以上强度条件,便可进行强度校核、截面设计和确定许可载荷等强度计算。

1. 强度校核

若已知构件尺寸、载荷数值和材料的许用应力,即可用强度条件式(4-22)验算构件是否满足强度要求。

2. 设计截面

若已知构件所承担的载荷及材料的许用应力,可把强度条件 $\sigma=\frac{F_N}{A}\leqslant[\sigma]$改写成 $A_{max}\geqslant\frac{F_N}{[\sigma]}$由此即可确定构件所需的横截面面积。

3. 确定许可载荷

若已知构件的尺寸和材料的许用应力,根据强度条件 $\sigma=\frac{F_N}{A}\leqslant[\sigma]$可确定构件所能承担的最大轴力 $F_{Nmax}\leqslant[\sigma]A$。根据构件的最大轴力又可以确定工程结构的许可荷载。

下面举例说明上述三种类型的强度计算问题。

【例4-4】 如图4-30示，AB杆为圆截面，直径$D=25$ mm，$F=30$ kN，若钢材的许用应力$[\sigma]=150$ MPa，试对斜杆AB进行强度校核。

【解】

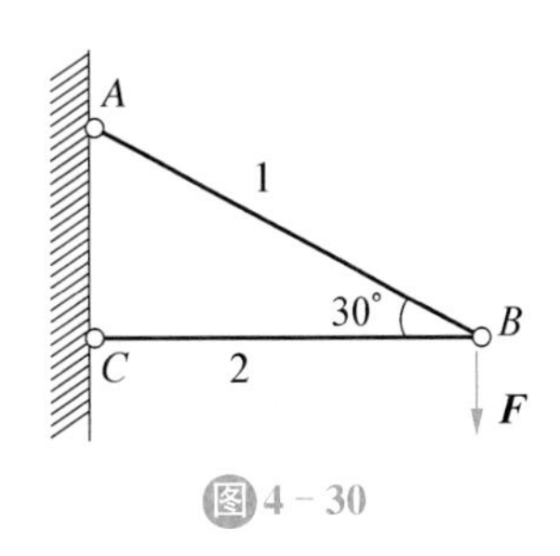

图4-30

$$F_{NBA}=2F_P=60\ \text{kN}$$

$$F_{NBC}=\sqrt{3}F_P=51.96\ \text{kN}$$

$$\sigma_{AB}=\frac{F_{NBA}}{A_{AB}}=\frac{60\times10^3}{\frac{1}{4}\times\pi\times25^2}=122.3\ \text{MPa}$$

$\sigma<[\sigma]$，因此杆件AB的强度足够。

如载荷增加到$F=40$ kN，则斜杆AB的应力增加到$\sigma=163$ MPa，于是$\sigma>[\sigma]$，不满足强度条件，应重新改变设计。措施不是加大斜杆的截面面积，就是限制载荷F的数值。在工程问题中，如工作应力σ略高于$[\sigma]$，但不超过$[\sigma]$的5%，一般还是允许的。

【例4-5】 如图4-31所示，砖柱柱顶受轴心荷载F作用。已知砖柱横截面面积$A=0.3\ \text{m}^2$，自重$G=40$ kN，材料容许压应力$[\sigma]=1.05$ MPa。试按强度条件确定柱顶的容许荷载$[F]$。

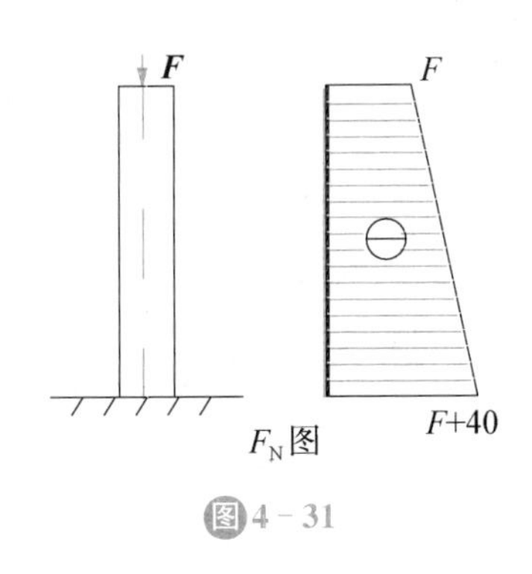

图4-31

【解】 (1) 根据砖柱受力情况求得F_N图如图4-24所示。

(2) 判断柱底截面是危险截面，其上任一点都是危险点。

(3) 由强度条件计算：

$$F_{N\max}\leqslant[\sigma_c]A=1.05\times10^6\times0.3\ \text{N}=3.15\times10^5\ \text{N}=315\ \text{kN}$$

所以，$[F]=(315-40)\text{kN}=275$ kN

【例4-6】 如图4-32所示，桁架的AB杆拟用直径$d=25$ mm的圆钢，AC杆拟用木材，已知钢材的$[\sigma_s]=170$ MPa，木材的$[\sigma_w]=10$ MPa。试校核AB杆的强度，并确定AC杆的横截面积。

【解】 (1) 取节点A求内力。

$$F_{NAB}=60\ \text{kN};F_{NAC}=-52\ \text{kN}$$

(2) 校核AB杆。

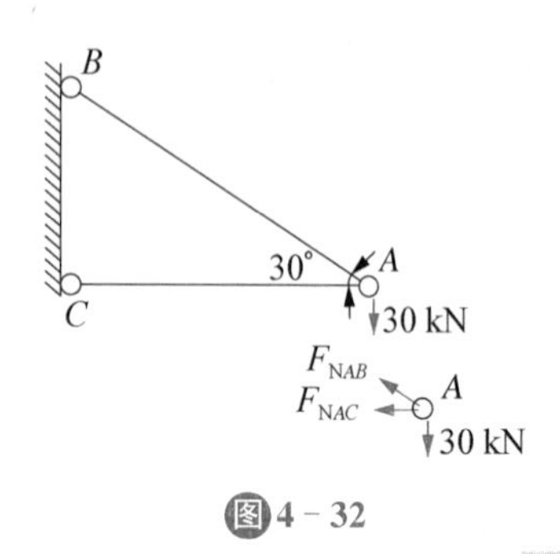

图4-32

$$\sigma_{max}=\frac{F_{NAB}}{A_{AB}}=\frac{4\times60\times10^3}{\pi\times25^2}\ \text{N/mm}^2=122.3\ \text{MPa}<[\sigma_s]=170\ \text{MPa}$$，安全

(3) 确定 AC 杆的横截面积。

$$A_{AC}\geqslant\frac{[F_{NAC}]}{[\sigma_w]}=\frac{52\times10^3}{10\times10^6}\ \text{m}^2=5.2\times10^{-3}\ \text{m}^2$$

4.7 应力集中的概念

日常生活中经常会遇到建筑墙体产生裂缝的问题，轻则影响美观造成渗漏，重则造成严重事故，图4-33所示，教室的窗洞口处出现45°斜裂缝，分析发现造成这种裂缝的原因是教室的长期沉降不均匀，出现应力集中造成的。

微课

应力集中

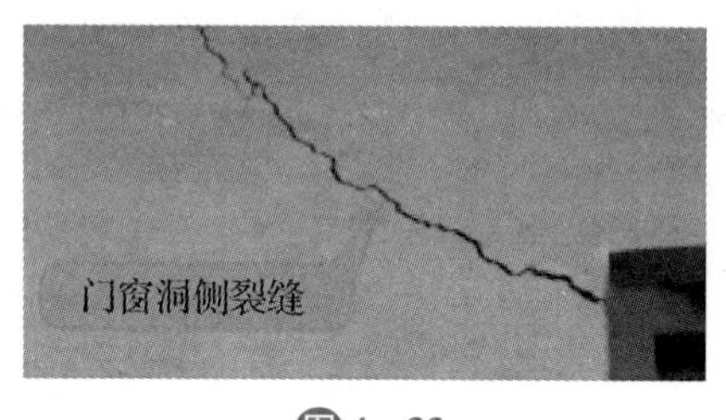

图4-33

等截面直杆受轴向拉伸或压缩时，横截面上的应力是均匀分布的。由于实际需要有些零件必须有切口、切槽、油孔、螺纹、轴肩等，以致在这些部位上截面尺寸发生突然变化。实验结果和理论分析表明，在零件尺寸突然改变处的横截面上，应力并不是均匀分布的。例如开有圆孔或切口的板条(图4-34)受拉时，在圆孔或切口附近的局部区域内，应力将剧烈增加，但在离开圆孔或切口稍远处，应力就迅速降低而趋于均匀。这种因杆件外形突然变化，而引起局部应力急剧增大的现象，称为应力集中。

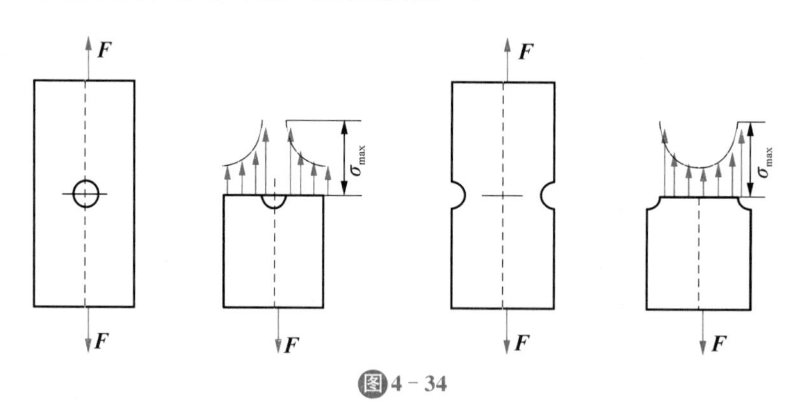

图4-34

设发生应力集中的截面上的最大应力为 σ_{max}，同一截面上的平均应力为 σ，则比值：

$$K=\frac{\sigma_{max}}{\sigma} \tag{4-16}$$

称为**理论应力集中因数**。它反映了应力集中的程度，是一个大于 1 的因数。实验结果表明：截面尺寸改变得越急剧、角越尖、孔越小，应力集中的程度就越严重。因此，零件上应尽可能地避免带尖角的孔和槽，在阶梯轴的轴肩处要用圆弧过渡，而且应尽量使圆弧半径大一些。

各种材料对应力集中的敏感程度并不相同，塑性材料有屈服阶段，当局部的最大应力 σ_{max} 达到屈服极限 σ_s 时，该处材料的变形可以继续增长，而应力却不再加大。如外力继续增加，增加的力就由截面上尚未屈服的材料来承担，使截面上其他点的应力相继增大到屈服极限。这就使截面上的应力逐渐趋于平均，降低了应力不均匀程度，也限制了最大应力 σ_{max} 的数值。因此，用塑性材料制成的零件在静载作用下，可以不考虑应力集中的影响。脆性材料没有屈服阶段，当荷载增加时，应力集中处的最大应力 σ_{max} 一直领先，首先达到强度极限 σ_b，该处将首先产生裂纹。所以对于脆性材料制成的零件，应力集中的危害性显得更严重。这样即使在静载下，也应考虑应力集中对零件承载能力的削弱。至于灰铸铁，其内部的不均匀性和缺陷往往是产生应力集中的主要因素，而零件外形改型所引起的应力集中就可能成为次要因素，对零件的承载能力不一定造成明显的影响。

动手做一做

准备一张 A4 纸，纵向剪裁成四条长方形条，在其中一条中间部位剪裁出直径为 10 cm的圆，在纸条两端用力拉，看哪一条先断开？

拓展提高

一、填空题

1. 在材料变形中，显示和确定内力的方法是________。

2. 轴力的正负号规定：拉力为________，压力为________。

3. 内力在一点处的集度称为________。与横截面垂直的应力为________，用符号________表示。

4. Δl 称为杆件的________变形，单位是________，对于拉杆 Δl 为________，对于压杆 Δl 为________。

5. 胡克定律的关系式中 EA 称为________，反映了杆件________。

6. 低碳钢拉伸实验时，图中有四个阶段，依次是________、________、________、________；三个极限强度依次是________、________、________。

二、选择题

1. 在其他条件不变时，若受轴向拉伸的杆件横截面增加 1 倍，则杆件横截面上的正应力将减少（　　）

A. 1 倍　　B. 1/2 倍　　C. 2/3 倍　　D. 3/4 倍

2. 在其他条件不变时，若受轴向拉伸的杆件长度增加1倍，则线应变将 （ ）

A. 增大　B. 减少　C. 不变　D. 不能确定

3. 弹性模量 E 与________有关。 （ ）

A. 应力与应变　B. 杆件的材料　C. 外力的大小　D. 横截面积

4. 横截面面积不同的两根杆件，受到大小相同的轴向外力作用时，则 （ ）

A. 内力不同，应力相同　B. 内力相同，应力不同

C. 内力不同，应力不同　D. 内力相同，应力相同

5. 材料在轴向拉伸时，在比例极限范围内，线应变与________成正比。 （ ）

A. 正应力　B. 切应力　C. 弹性模量　D. 泊松比

三、课外实践

桁架结构各杆件受力均以单向拉、压为主，通过对上下弦杆和腹杆的合理布置，可适应结构内部的弯矩和剪力分布。运用SPF结合本章所学知识，创新设计一些桁架结构，参加各类创新大赛进行验证，并运用到工程实践中去。

新型木桁架屋架

第 5 章
剪切与挤压

力娃：我在游览祖国大好河山的时候发现，有的桥梁桁架采用铆钉连接，桥梁跨度那么大，仅仅用连接件连接起来，会不会倒塌，连接件怎么选择的呢？

力翁：工程中的构件之间往往采用螺栓、铆钉、销轴等部件相互连接。（图 5－1）起连接作用的部件称为连接件。连接件在工作中主要承受剪切和挤压作用。由于连接件大多为粗短杆。应力和变形规律比较复杂，因此理论分析十分困难，通常采用实用计算法。

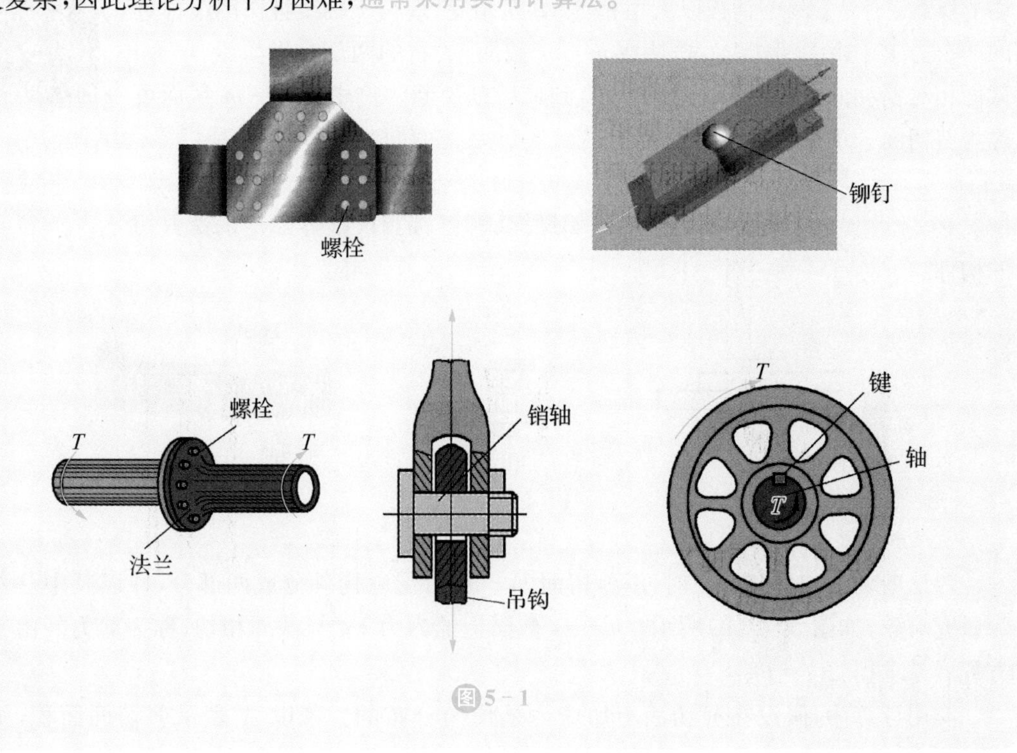

图5－1

学习目标

◆ 知识目标

★ 1. 了解连接件的破坏形式；

★ 2. 掌握剪切的实用计算；

★ 3. 掌握挤压的实用计算。

◆ 能力目标

▲ 1. 能够运用剪切和挤压的知识对实际工程中连接件的破坏进行分析，明确破坏的位置、受力的特点；

▲ 2. 能够对其进行强度的验算。

◆ 素质目标(思政)

● 1. 突出工程观念的培养和力学在工程技术中的应用；

● 2. 具有工匠精神；

● 3. 具有计算严谨的职业素养。

5.1 剪切的实用计算

微课/动画

1. 剪切的概念
2. 剪切的三种破坏形式
3. 螺栓杆被剪断

生产实践中经常遇到螺栓连接，现以螺栓连接的例子(图 5-2)，介绍剪切的概念。上、下两个钢板以大小相等、方向相反、垂直于轴线且作用线很近的两个力 $\boldsymbol{F}$ 作用于钢板上，迫使在 $m-m$ 截面左、右的两部分发生沿 $m-m$ 截面相对错动的变形[图 5-2(b)]，直到最后被剪断。例中的 $m-m$ 截面可称为剪切面。可见**剪切的特点**是：作用于构件某一截面两侧的力，大小相等，方向相反，且相互平行，使构件的两部分沿这一截面(剪切面)发生相对错动的变形(图 5-3)。工程中的连接件，如螺栓、铆钉、销钉、键等都是承受剪切的构件。

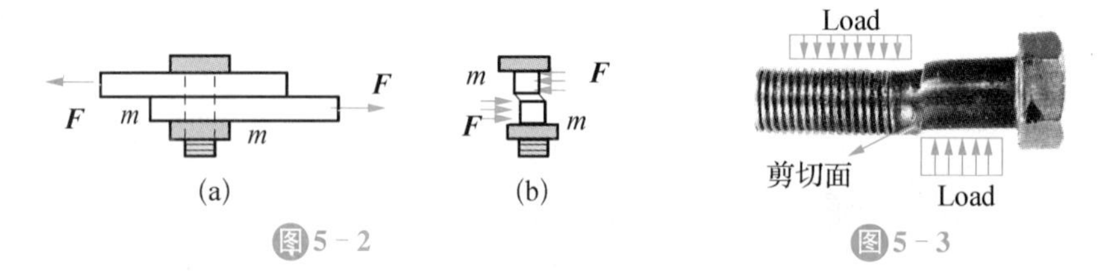

图5-2　　图5-3

讨论剪切的内力和应力时，以剪切面 $m-m$ 将受剪构件分成两部分，并以其中一部分为研究对象，如图 5-2(b)所示。$m-m$ 截面上的内力 $\boldsymbol{F}_S$ 与截面相切，称为剪力。由平衡方程容易求得：$F_S=F$。

实用计算中，假设在剪切面上切应力是均匀分布的。若以 A 表示剪切面面积，则应力是：

$$\tau=\frac{F_S}{A} \tag{5-1}$$

τ 与剪切面相切，故为切应力。

在一些连接件的剪切面上，应力的实际情况比较复杂，切应力并非均匀分布，且还有正应力。所以，由(5-1)式算出的只是剪切面上的“平均切应力”，是一个名义切应力。为了弥补这一缺陷，在用实验的方式建立强度条件时，使试样受力尽可能地接近实际连接件的情况，求得试样失效时的极限载荷。也用(5-1)式由极限载荷求出相应的名义极限应力，除以安全因数 n，得许用切应力 $[\tau]$，从而建立强度条件：

$$\tau=\frac{F_S}{A}\leqslant[\tau] \tag{5-2}$$

依据以上强度条件，便可进行强度计算。

剪切强度条件能解决三类问题：

(1) 强度校核

若已知构件尺寸、载荷数值和材料的许用应力，即可用强度条件 $\tau=\frac{F_S}{A}\leqslant[\tau]$ 验算构件是否满足强度要求。

(2) 设计截面

若已知构件所承担的载荷及材料的许用应力，可把强度条件 $\tau=\frac{F_S}{A}\leqslant[\tau]$ 改写成 $A\geqslant\frac{F_S}{[\tau]}$，由此即可确定构件所需的横截面面积。

(3) 计算许用荷载

若已知构件的尺寸和材料的许用应力，根据强度条件 $\tau=\frac{F_S}{A}\leqslant[\tau]$，可确定构件所能承担的最大轴力 $F_{Smax}\leqslant A[\tau]$。根据构件的最大轴力又可以确定工程结构的许可荷载。

➤ **思考：**请对剪刀的使用进行力学分析，解释剪刀原理。

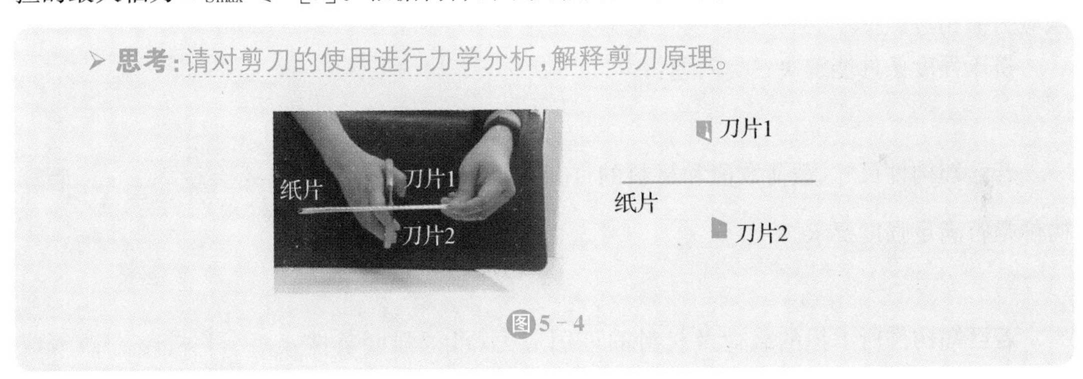

图 5-4

5.2　挤压的实用计算

微课/动画

1. 挤压的实用计算
2. 孔壁的挤压破坏

在外力作用下，连接件和被连接的构件之间，必将在接触面上相互压紧，这种现象称为挤压。例如，在铆钉连接中，铆钉与钢板就相互压紧。这就可能把铆钉或钢板的铆钉孔压成局部塑性变形(图 5-5)。应该进行挤压强度计算。

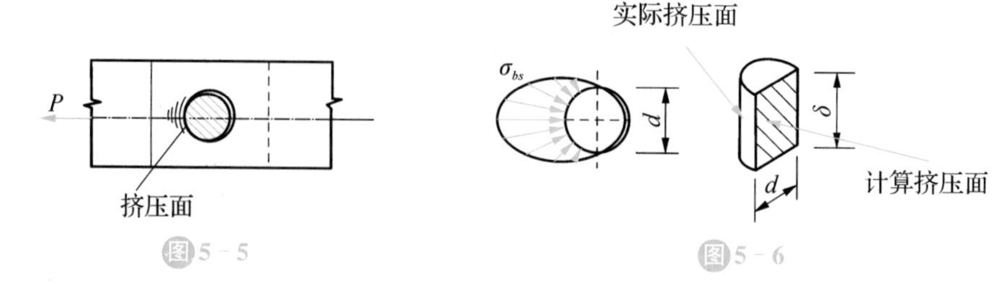

图5-5　　图5-6

在挤压面上，应力分布一般也比较复杂。实用计算中，假设在挤压面上应力均匀分布。以 F_{bs} 表示挤压面上传递的力，A_{bs} 为挤压面的计算面积（与挤压面面积有一定区别，如图5-6），于是挤压应力为：

$$\sigma_{bs}=\frac{F_{bs}}{A_{bs}} \tag{5-3}$$

相应的强度条件是：

$$\sigma_{bs}=\frac{F_{bs}}{A_{bs}}\leqslant[\sigma_{bs}] \tag{5-4}$$

式中，$[\sigma_{bs}]$为材料的许用挤压应力，可查有关设计手册。

当连接件与被连接构件的接触面为平面时，挤压应力在挤压面上是均匀分布的，计算挤压面面积就是实际受力面的面积；挤压面为半圆柱侧面时，计算挤压面面积为挤压面在直径平面上的投影的面积。这是由于这样算得的挤压应力值与理论分析所得到的最大挤压应力值相近。

挤压强度条件能解决三类问题：

（1）强度校核

若已知构件尺寸、载荷数值和材料的许用应力，即可用强度条件 $\sigma_{bs}=\frac{F_{bs}}{A_{bs}}\leqslant[\sigma_{bs}]$验算构件是否满足强度要求。

（2）设计截面

若已知构件所承担的载荷及材料的许用应力，可把强度条件 $\sigma_{bs}=\frac{F_{bs}}{A_{bs}}\leqslant[\sigma_{bs}]$改写成 $A_{bs}\geqslant\frac{F_{bs}}{[\sigma_{bs}]}$，由此即可确定构件所需的横截面面积。

（3）计算许用荷载

若已知构件的尺寸和材料的许用应力，根据强度条件 $\sigma_{bs}=\frac{F_{bs}}{A_{bs}}\leqslant[\sigma_{bs}]$，由此就可以确定构件所能承担的最大轴力 $F_{bs\max}\leqslant A_{bs}[\sigma_{bs}]$。根据构件的最大轴力又可以确定工程结构的许可荷载。

动画

板件被拉断

应该指出，在对杆件连接处的强度进行计算时，除了对连接件进行强度计算，还应该对被连接件的杆件在削弱了的横截面处进行强度校核。

拓展提高

一、填空题

1. 剪切面是杆件的两部分有发生________趋势的平面，挤压面是构件________的表面。

2. 螺钉受力如图，其剪切面面积为________，挤压面的面积为________。

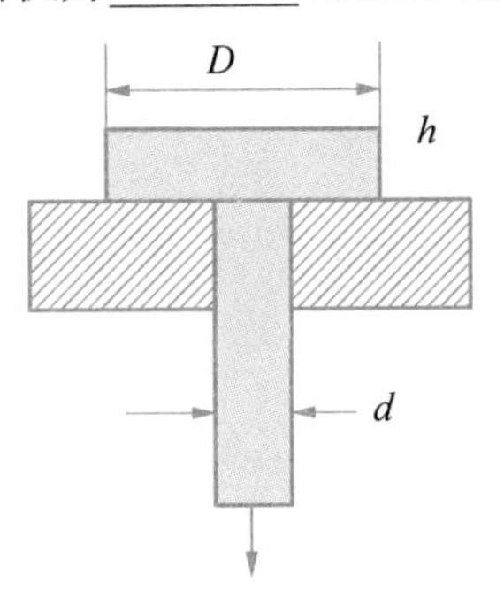

二、选择题

1. 如图所示，一个剪切面上的内力为 ( )

A. F　　B. $2F$　　C. $F/2$　　D. $F/3$

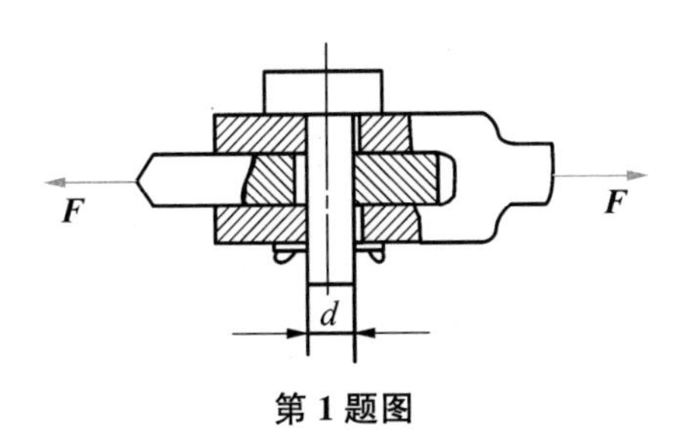

第 1 题图

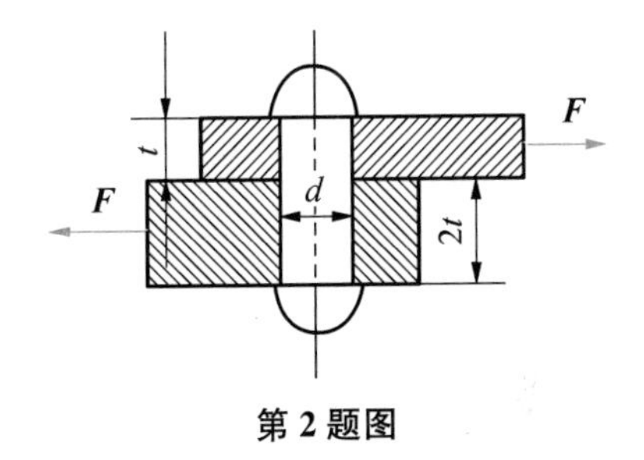

第 2 题图

2. 校核图示结构中铆钉的剪切强度，剪切面积是 ( )

A. $\pi d^2/4$　　B. dt　　C. $2dt$　　D. πd^2

3. 挤压变形为构件________变形。 ( )

A. 轴向压缩　　B. 局部互压　　C. 全表面　　D. 剪切

4. 在平板与螺栓之间加一垫片，可以提高________的强度。( )

A. 螺栓拉伸

B. 螺栓挤压

C. 螺栓的剪切

D. 平板的挤压

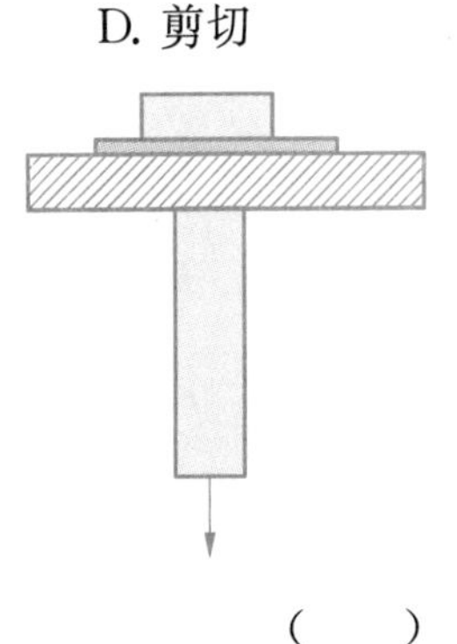

三、判断题

1. 剪切破坏发生在受剪构件上；挤压破坏发生在受剪构件和周围物体中强度较弱者上。 ( )

2. 在校核材料的剪切和挤压强度时，当其中有一个超过许用值时，强度就不够。

( )

3. 对于圆柱形连接件的挤压强度问题，应该直接用受挤压的半圆柱面来计算挤压应力。

( )

4. 剪断钢板时，所用外力使钢板产生的应力大于材料的屈服极限。 ( )

5. 挤压发生在局部表面，是连接件在接触面上的相互压紧；而压缩是发生在杆件的内部。

( )

第6章 扭转

力娃：用钥匙开门时、启动汽车时，钥匙受到的变形就是扭转变形，两端各受一个力偶的作用，它的变形特点是什么样子的呢？引起扭转构件破坏的内力又是什么呢？

力翁：钥匙受到的变形确实是扭转变形，它的内力就是扭矩，为了更清楚的了解扭转构件的变形和受力，需要我们掌握扭转的内力和变形相关知识。

图6-1

学习目标

◆ 知识目标

★ 1. 掌握扭矩的概念；

★ 2. 理解扭矩图；

★ 3. 理解圆轴扭转的强度及应用；

★ 4. 了解圆轴扭转的刚度及应用；

★ 5. 了解剪应力互等定律。

◆ 能力目标

▲ 1. 能正确计算圆轴扭转的内力和绘制内力图；

▲ 2. 通过对圆轴扭转的受力和变形特点的理解，能够运用公式求解不同点的应力和变形。

◆ 素质目标(思政)

● 1. 突出工程观念的培养和力学在工程技术中的应用；

● 2. 具有工匠精神；

● 3. 具有计算严谨的职业素养。

6.1 圆轴扭转时的内力

6.1.1 扭转的工程实例及受力变形特点

我们首先来分析一个工程实例，来说明扭转的概念。图 6－2 中的螺丝刀，右端受力偶矩为 $\boldsymbol{M}_e$ 作用，使螺丝刀沿手转动方向旋转，左端受阻力形成的转向相反的阻抗力偶，螺丝刀在这一对力偶的作用下产生扭转变形。

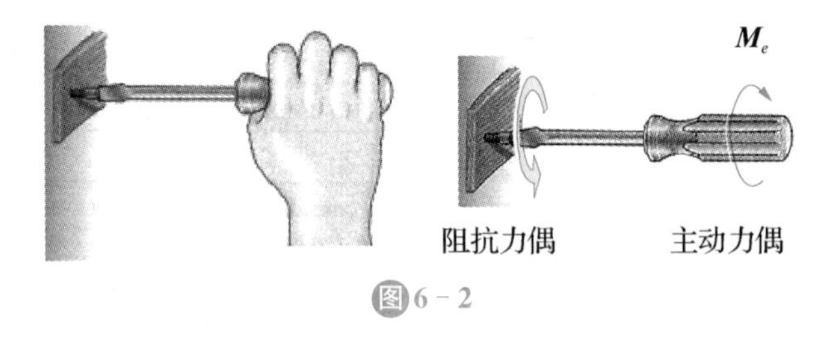

图6－2

工程中有许多杆件承受扭转变形，例如，图 6－3(a)所示的汽车转向轴 AB，如图 6－3(b)所示的雨篷梁，如图 6－3(c)所示的房屋中的边梁等均是扭转变形的实例。

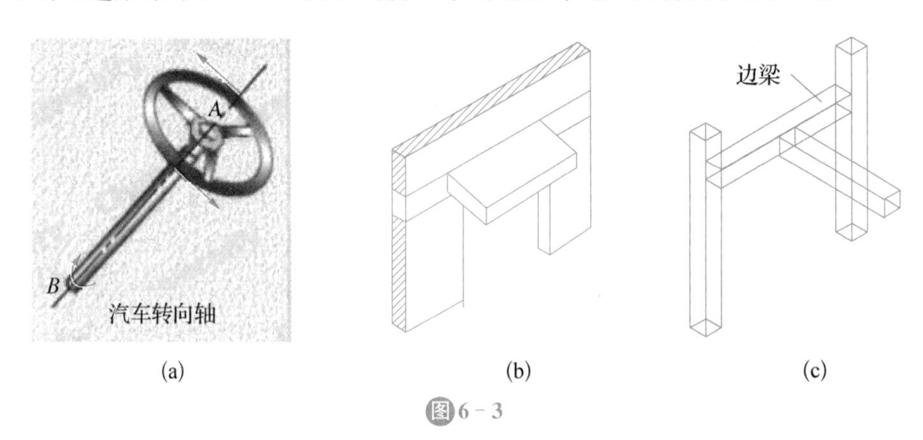

(a) (b) (c)

图6－3

工程中将以承受扭转变形为主要变形的杆件称为轴。

从上述的扭转实例中，可以看到扭转轴的受力特点是：受扭杆件上作用着其作用面与杆件的轴线相垂直的外力偶。

扭转轴的变形特点是任意两个横截面之间产生绕杆件轴线的相对转角。该相对转角称为扭转角，用 φ 来表示，见图 6－4。

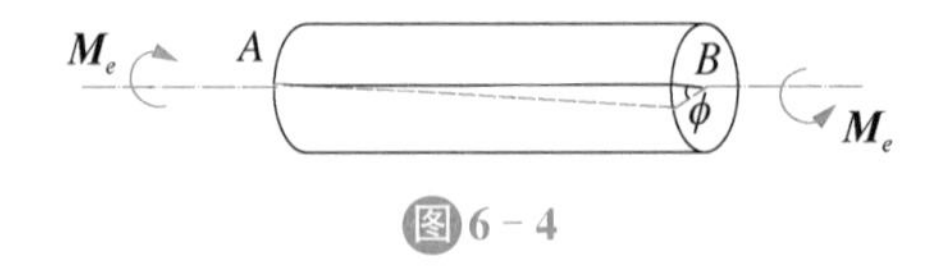

图6－4

6.1.2 扭转轴内力——扭矩的计算

对于机械上的轴而言，作用于轴上的外力偶 $\boldsymbol{M}_e$，往往不是直接给出的，给出的经常是轴所传送的功率 P 和轴的转速 n。根据动力学知识，可以导出 M_e、P 和 n 的关系如下：

$$M_e = 9\ 549\frac{P}{n} \tag{6-1}$$

式中，M_e——外力偶的力偶矩大小，单位为 N·m；

P——传递的功率，单位为 kW；

n——轴的转速，单位为 r/min。

当功率的单位为马力，而其他的单位不变时：

$$M_e = 7\ 024\frac{P}{n} \tag{6-2}$$

在作用于轴上的外力偶矩求出后，就可以用截面法计算横截面上的内力。下面来求如图 6-5 所示的扭转轴 $m-m$ 横截面上的内力。

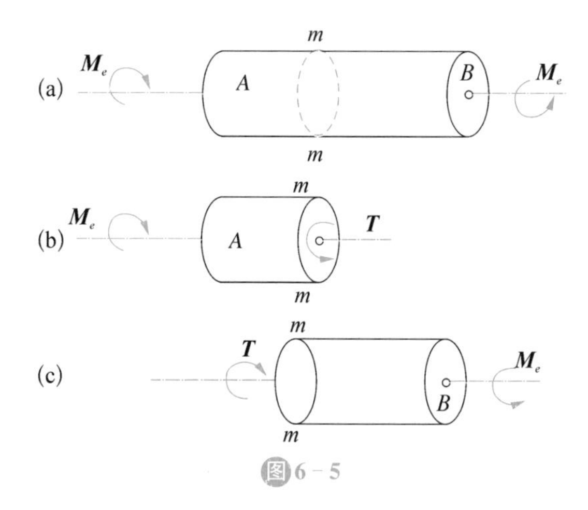

图6-5

首先，假想地把杆件沿 $m-m$ 截面分成两部分，选左侧隔离体 A 为研究对象，见图 6-5(b)。

其次，在隔离体的截开处，用作用于截面上的内力代替弃去部分对留下部分的作用。由于整个轴是平衡的，所以 A 隔离体也处于平衡状态，这就要求 $m-m$ 截面上的内力系必须合成为一个力偶，其力偶矩就是扭转轴的内力——扭矩，用符号 T 来表示。

扭矩的正负按右手螺旋法则确定：伸开右手，让四指的绕向与截面上力偶的绕向一致，若拇指指向截面的外法线方向，则扭矩为正；反之为负。图 6-6所示的扭矩为正。

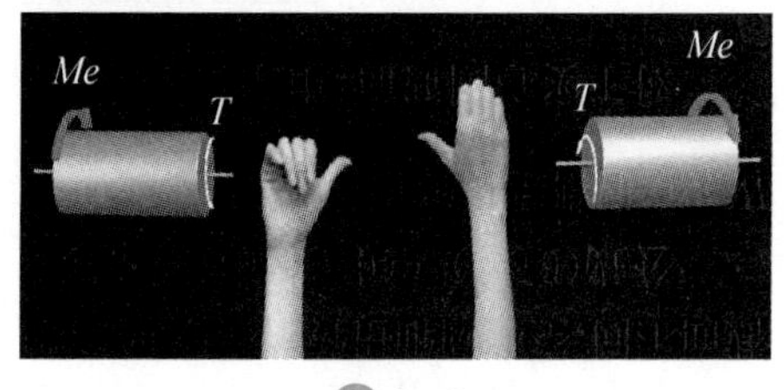

图6-6

最后，对分离体列平衡方程。对分离体 A，由 $\sum M = 0$，得：

$$T-M_e=0$$

$$T=M_e$$

如果取右侧的分离体 B 为研究对象，如图 6－5(c)所示，仍可得到 $T=M_e$ 的结果。从图 6－5(b)、(c)可看到，同一截面上的扭矩尽管转向相反，但有了扭矩正负的规定后，当选任一分离体为研究对象时所计算出的同一截面上的内力均相同(包括内力的大小和正负号)，即同一截面上内力的确定与隔离体的选择无关。这也正是规定内力正负的意义之所在。

6.1.3 扭转轴的内力图

若作用于扭转轴上的外力偶矩超过两个，则在杆件的各横截面上，扭矩一般不尽相同。这时往往用扭矩图表示扭矩沿杆件轴线的变化情况。关于扭矩图的绘制，我们通过下面的例题来说明。

【例 6－1】 试作出图 6－7(a)圆轴的扭矩图。

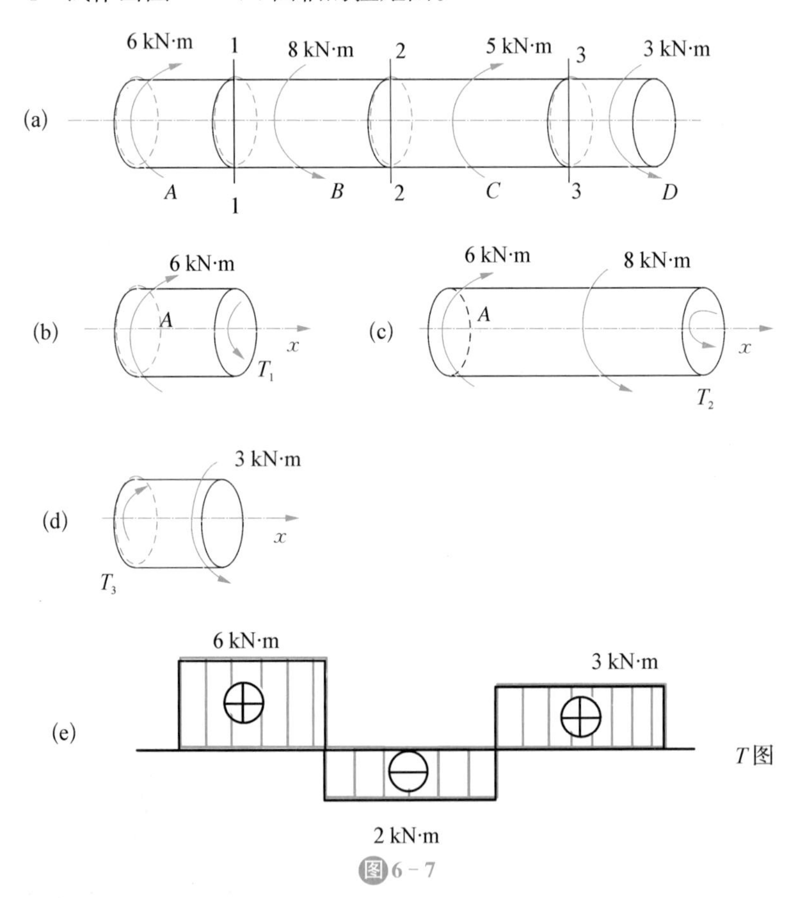

图6－7

【解】 (1) 截面法

在 1－1 处切开，取左段分离体，根据平衡方程：

$$T_1 - 6 = 0$$

得 $T_1 = 6$ kN·m

在2-2处切开，取左段分离体。

由
$$T_2 + (8 - 6) = 0$$

得 $T_2 = -2$ k·m

在3-3处切开，取右段为分离体。

由
$$T_3 - 3 = 0$$

得 $T_3 = 3$ kN·m

(2) 根据各段扭矩值绘图，如图6-7(e)所示。

6.2 圆轴扭转时的应力

在确定了扭转轴的内力之后，还不能够判断该轴是否有足够的强度和刚度。本节主要讨论扭转轴的应力和变形，以及其强度计算问题。

微课

圆轴扭转时的应力

6.2.1 实心圆轴扭转时的应力

取一易于变形的实心圆轴，在其表面上画上等间距的纵向线和圆周线，形成一些小矩形，如图6-8所示。在圆轴的两端面上施加外力偶，使其产生扭转变形。当变形不大时，可以观察到以下现象：

(1) 圆周线的形状、大小及间距均没有改变，只是各圆周线绕轴线相对转动了一个角度；

(2) 纵向线都倾斜了相同的角度，变形前的小矩形变成了平行四边形。

根据上述变形现象，可得出如下假设和推论：

(1) 圆轴扭转变形的平面假设：圆轴扭转变形前为平面的横截面，变形后仍然保持为平面，圆周线的形状、大小不变，半径仍保持为直线，而且两相邻横截面间的距离不变。

(2) 由于圆周线的形状、大小不变，而且两相邻横截面间的距离不变，可以推断：横截面和纵向截面上没有正应力。

(3) 由于圆周线仅绕轴线相对转动，且使纵向线有相同的倾角，说明横截面上有切应力，且同一圆周上各点处的切应力相等。

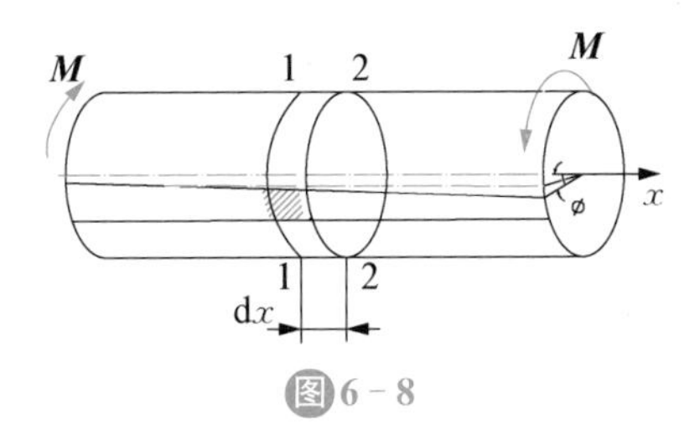

图6-8

根据以上所述，可以证明圆轴扭转时横截面上任一点处切应力的计算公式：

$$\tau_{\rho}=\frac{T}{I_P}\cdot\rho \qquad (6-3)$$

式中，τ_{ρ}——横截面上任一点处的切应力；

T——横截面上的扭矩；

I_P——横截面对圆心 O 点的极惯性矩。

ρ——横截面上任一点到圆心的距离。

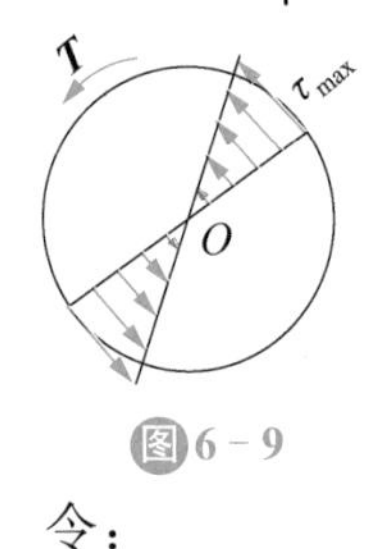

图6-9

公式表明，切应力在横截面上是沿径向线性分布的，如图 6-9 所示。最大切应力 τ_{max}生在横截面周边上各点处，而在圆心处切应力为零。设圆截面的半径为 R，当 $\rho_{max}=R$ 时，切应力达到最大值 τ_{max}，即：

$$\tau_{max}=\frac{T}{I_P}\cdot\rho_{max}=\frac{T}{I_P}\cdot R \qquad (6-4)$$

令：

$$W_t=\frac{I_P}{R}$$

W_t 称为抗扭截面系数，它也是一个只与横截面尺寸有关的几何量，带入式(6-4)得：

$$\tau_{max}=\frac{T}{W_t} \qquad (6-5)$$

这表明，圆轴扭转时，横截面上的最大切应力与该截面上的扭矩成正比，与抗扭截面系数成反比。

6.2.2 空心圆轴扭转时的应力

由公式(6-4)可知，实心截面扭转时，在靠近杆的轴线处，切应力很小，使该处材料的强度得不到充分利用。如果将圆周中心处部分材料移至周边处，就可以充分发挥材料的作用，因而在工程中常常采用空心圆截面杆。

由于实心圆轴扭转时的平面假设同样适用于空心圆轴，因此，前面得到的公式也适用于空心圆截面杆。空心圆轴扭转时的切应力计算仍可采用式(6-4)、式(6-5)，只是式中 I_P、W_t 与截面的形状、尺寸有关。与实心截面不同，空心圆轴扭转时横截面上的切应力分布规律如图6-10 所示。

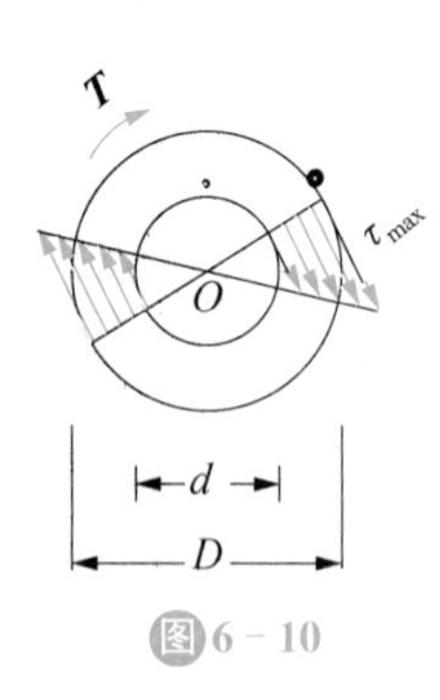

图6-10

公式(6-3)～(6-5)中，引进了截面极惯性矩 I_P 和抗扭截面系数 W_t，它们都是与截面形状、尺寸有关的量。

对于实心圆截面，由于 $I_P=\frac{\pi D^4}{32}$，

所以其抗扭截面系数 W_t，为：

$$W_t=\frac{I_P}{R}=\frac{\pi D^4/32}{D/2}=\frac{\pi D^3}{16} \qquad (6-6)$$

而对于空心圆截面，由于 $I_P=\frac{\pi}{32}(D^4-d^4)=\frac{\pi D^4}{32}\left[1-\left(\frac{d}{D}\right)^4\right]$，

令 $\alpha=\frac{d}{D}$，则空心圆截面的极惯性矩可表示为：

$$I_P=\frac{\pi D^4}{32}(1-\alpha^4)$$

所以空心圆截面的抗扭截面系数为：

$$W_t=\frac{I_P}{R}=\frac{\pi D^4(1-\alpha^4)/32}{D/2}=\frac{\pi D^3(1-\alpha^4)}{16} \tag{6-7}$$

I_P 的量纲是长度的四次方，常用单位是 m^4，或 mm^4；W_t 的量纲是长度的三次方，常用单位是 m^3 或 mm^3。

【例 6-2】　如图 6-11(a)所示阶梯状圆轴，AB 段直径 $d_1=120$ mm，BC 段直径 $d_2=100$ mm，外力偶矩 $M_A=22$ kN·m，$M_B=36$ kN·m，$M_C=14$ kN·m。试求该轴的最大切应力 τ_{max}。

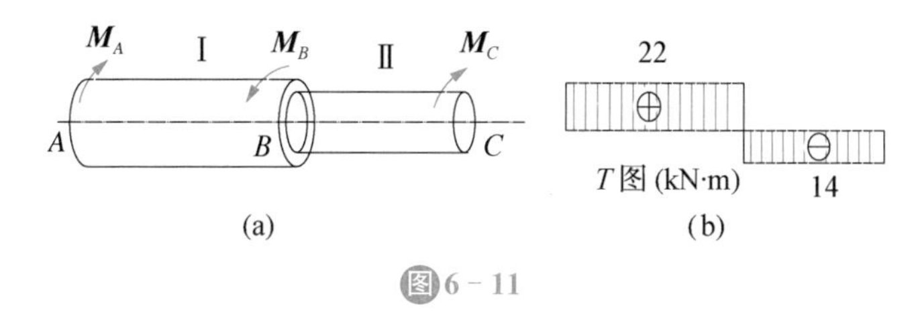

图 6-11

【解】（1）作扭矩图

用截面法求得 AB、BC 段的扭矩分别为：

$$T_1=M_A=22 \text{ kN}\cdot\text{m}$$

$$T_2=-M_C=-14 \text{ kN}\cdot\text{m}$$

（2）计算最大切应力

由扭矩图可以知道 AB 段的扭矩较 BC 段扭矩大。但是由于两段轴直径不同，因此需分别计算各段的最大切应力。由公式(6-5)可以得到：

AB 段内：$\tau_{1max}=\frac{T_1}{W_{t1}}=\frac{22\times10^3 \text{ N}\cdot\text{m}}{\frac{\pi}{16}\times0.12^3 \text{ m}^3}=64.84\times10^6 \text{ Pa}=64.84 \text{ MPa}$

BC 段内：$\tau_{2max}=\frac{T_2}{W_{t2}}=\frac{14\times10^3 \text{ N}\cdot\text{m}}{\frac{\pi}{16}\times0.1^3 \text{ m}^3}=71.3\times10^6 \text{ Pa}=71.3 \text{ MPa}$

比较上述计算结果可知，该轴的最大切应力位于 BC 段内任一截面的周边各点处。

文档

圆轴扭转实验

6.2.3 圆轴扭转时的强度条件及应用

为了保证圆轴在扭转时有足够的强度能正常工作，必须使全圆轴内的最大工作切应力 τ_{max} 不超过材料的许用扭转切应力。于是，可建立圆轴在扭转时的强度条件为：

$$\tau_{max} \leqslant [\tau] \tag{6-8}$$

由于等直圆轴的最大工作切应力 τ_{max} 发生在最大扭矩 T_{max} 所在横截面(危险截面)的周边上任一点处，因此上述强度条件也可写为：

$$\tau_{max} = \frac{T_{max}}{W_t} \leqslant [\tau] \tag{6-9}$$

式中，$[\tau]$ 为材料的许用扭转切应力，其值可查有关资料。

试验指出，在静荷载作用下，材料的许用切应力 $[\tau]$ 和许用拉应力 $[\sigma]$ 之间存在有一定关系，即对于塑性材料，$[\tau]=(0.5\sim0.6)[\sigma]$；对于脆性材料，$[\tau]=(0.8\sim1.0)[\sigma]$。

力娃：师父，我分别将低碳钢和铸铁进行扭转，其破坏的截面为何不一样呢？

力翁：虽然纯扭情况下，横截面上是切应力分布，但是斜截面上任一点的应力既有正应力，也有切应力，45 度方向，正应力最大。低碳钢类塑性材料[图 6-12(a)]抗剪切能力差，构件沿横截面因切应力而发生破坏；铸铁类脆性材料[图 6-12(b)]抗拉能力差，构件沿 45°斜截面因拉应力而破坏。

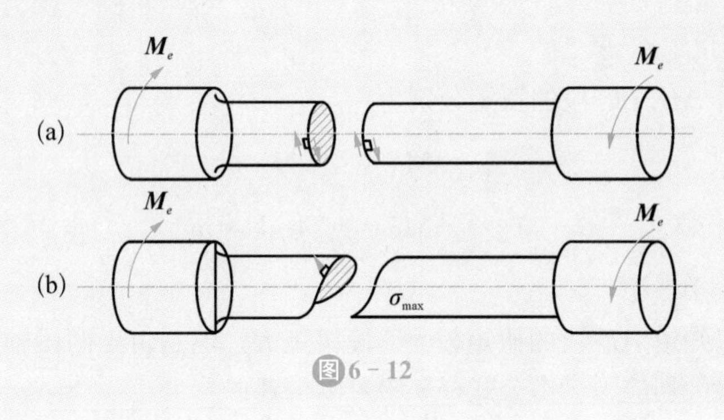

图 6-12

6.2.4 切应力互等定理

从圆轴某点处取出微小正六面体，如图 6-13 所示，其边长为 dx、dy、dz，称为单元体。由于单元体是研究这一点处的受力情况和变形情况，因此单元体每个面上的应力可视为均布，每对相对的面上的应力可视为相同。设以 x 轴为法线的面上有切应力 τ_x，则 τ_x 所在面上的剪力等于 $\tau_x dydz$，其对 z 轴的矩等于 $\tau_x dydzdx$，使得单元体有发生顺时针转动的趋势。但单元体实际上处于平衡状态，所以在单元体的以 y 轴为法线的面上必有切应力 τ_y，产生对 z 轴的大小为 $\tau_y dxdzdy$ 的逆时针力矩，以保持单元体的平衡。

根据平衡条件 $\sum M_z=0$，

即 $$\tau_x \mathrm{d}y\mathrm{d}z\mathrm{d}x-\tau_y \mathrm{d}x\mathrm{d}z\mathrm{d}y=0$$

可得出：

$$\tau_x=\tau_y \tag{6-10}$$

式(6-10)表明，在相互垂直的两个平面上，切应力必然成对存在，且数值相等；两者都垂直于两个平面的交线，方向则共同指向或共同背离这一交线。这就是切应力互等定理。

图6-13所示单元体的两对垂直面上只有切应力，没有正应力，另一对表面上没有任何应力，这种应力情况称为纯剪切状态。

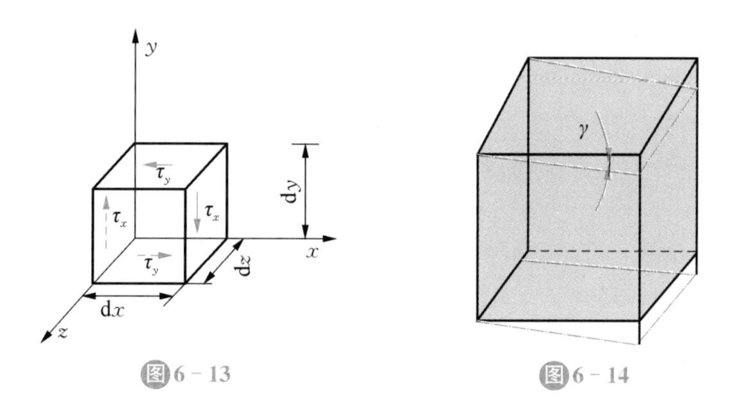

图6-13 图6-14

6.2.5 剪切胡克定律

如图6-13所示的微元体在切应力的作用下产生剪切变形，互相垂直的两侧边所夹直角发生了微小改变(图6-14)，直角的改变量称为切应变，用 γ 表示，其单位为 rad(弧度)。

从试验得知，当切应力 τ 不超过材料的剪切比例极限 τ_p 时，切应力 τ 与切应变 γ 成正比关系，可以表示为：

$$\tau=G\gamma \tag{6-11}$$

这就是剪切胡克定律。式中比例系数 G 称为材料的剪切弹性模量。它的单位与拉、压弹性模量 E 相同，常用单位为 GPa。对于不同材料，其 G 值不相同，可由试验测定。钢材的剪切弹性模量 G 约为 80 GPa。

另外，对于各向同性材料，可以证明三个弹性常量 E、G、μ 之间存在下列关系：

$$G=\frac{E}{2(1+\mu)} \tag{6-12}$$

所以，对于各向同性材料，在三个弹性常量中，只要用试验求得其中两个值，则另一个即可确定。

拓展提高

一、填空题

1. 圆轴扭转时的受力特点是：一对外力偶的作用面均________于轴的轴线，其转向________；圆轴扭转变形的特点是：轴的横截面积绕其轴线发生________。

2. 圆轴扭转时，横截面上任意点的剪应变与该点到圆心的距离成________；横截面上剪应力的大小沿半径呈________规律分布。

3. 横截面面积相等的实心轴和空心轴相比，虽材料相同，但________轴的抗扭承载能力要强些。

4. 直径和长度均相等的两根轴，其横截面扭矩也相等，而材料不同，因此它们的最大剪应力是________同的，扭转角是________同的。

5. 产生扭转变形的实心圆轴，若使直径增大一倍，而其他条件不改变，则扭转角将变为原来的________。

6. 两材料、重量及长度均相同的实心轴和空心轴，从利于提高抗扭刚度的角度考虑，以采用________轴更为合理些。

二、选择题

1. 根据圆轴扭转时的平面假设，可以认为圆轴扭转时横截面　　（　　）

A. 形状尺寸不变，直径线仍为直线　　B. 形状尺寸改变，直径线仍为直线

C. 形状尺寸不变，直径线不保持直线　　D. 形状尺寸改变，直径线不保持直线

2. 左端固定的直杆受扭转力偶作用，如图所示 在截面 1－1 和 2－2 处扭矩为　　（　　）

A. $T_{1-1}=12.5\ \text{kN}\cdot\text{m}, T_{2-2}=-3\ \text{kN}\cdot\text{m}$

B. $T_{1-1}=-2.5\ \text{kN}\cdot\text{m}, T_{2-2}=-3\ \text{kN}\cdot\text{m}$

C. $T_{1-1}=-2.5\ \text{kN}\cdot\text{m}, T_{2-2}=3\ \text{kN}\cdot\text{m}$

D. $T_{1-1}=2.5\ \text{kN}\cdot\text{m}, T_{2-2}=-3\ \text{kN}\cdot\text{m}$

3. 受扭圆轴，当横截面上的扭矩 T 不变，而直径减小一半时，该横截面的最大切应力与原来的最大切应力之比正确的是　　（　　）

A. 2 倍　　B. 4 倍　　C. 8 倍　　D. 16 倍

4. 一空心钢轴和一实心铝轴的外径相同，比较两者的抗扭截面系数，可知　　（　　）

A. 空心钢轴的较大　　B. 实心铝轴的较大

C. 其值一样大　　D. 其大小与轴的剪变模量有关

5. 直径为 D 的实心圆轴，两端受外力偶作用而产生扭转变形，横截面的最大许右载荷为 T，若将轴的横截面面积增加一倍，则其最大许可载荷为　　（　　）

A. $2T$　　B. $4T$　　C. $\sqrt{2}\,T$　　D. $2\sqrt{2}\,T$

6. 等截面圆轴扭转时的单位长度扭转角为 θ，若圆轴的直径增大一倍，则单位长度扭转角将变为　　（　　）

A. $\theta/16$　　B. $\theta/8$　　C. $\theta/4$　　D. $\theta/2$

三、判断题

1. 只要在杆件的两端作用两个大小相等、方向相反的外力偶，杆件就会发生扭转变形。 (　　)

2. 扭矩的正负号可按如下方法来规定：运用右手螺旋法则，四指表示扭矩的转向，当拇指指向与截面外法线方向相同时规定扭矩为正；反之，规定扭矩为负。 (　　)

3. 一空心圆轴在产生扭转变形时，其危险截面外缘处具有全轴的最大剪应力，而危险截面内缘处的剪应力为零。 (　　)

4. 实心圆轴材料和所承受的载荷情况都不改变，若使轴的直径增大一倍，则其单位长度扭转角将减小为原来的1/16。 (　　)

5. 两根实心圆轴在产生扭转变形时，其材料、直径及所受外力偶之矩均相同，但由于两轴的长度不同，所以短轴的单位长度扭转角要大一些。 (　　)

6. 受扭杆件横截面上扭矩的大小，不仅与杆件所受外力偶的力偶矩大小有关，而且与杆件横截面的形状、尺寸也有关。 (　　)

第 7 章
梁的弯曲

力娃：师父，你看，这两个和尚用扁担在挑水呢(图 7-1)，扁担为什么弯了呢？

图 7-1

力翁：因为扁担产生了弯曲变形。在工程中，主要受弯的构件，我们称为梁。这一章节，我们一起学习梁的弯曲，理解梁、弯曲、梁的强度和刚度的概念，运用所学知识，能够识别工程中的受弯构件、能够用截面法求解梁横截面上的内力、能够采取措施提高梁的承载能力。

学习目标

◆ 知识目标

★ 1. 理解梁的概念；

★ 2. 理解弯曲的概念；

★ 3. 理解梁的强度和刚度的概念。

◆ 能力目标

▲ 1. 会识别工程中的受弯构件；

▲ 2. 会用截面法求解梁横截面上的内力；

▲ 3. 会采取措施提高梁的承载能力。

◆ 素质目标

● 1. 具有安全生产的责任意识；

● 2. 具有勇于担当，奉献的精神；

● 3. 具有文明施工的职业素养。

7.1　梁的基本概念

梁：以弯曲为主要变形的构件称为梁。

受力特点：在轴线平面内受到外力偶或垂直于轴线方向的外力。

变形特点：杆件的轴线弯曲成曲线。这种形式的变形称为弯曲。

工程实例：厂房吊车梁、火车轮轴等（图7-2）。

(a) 厂房车梁

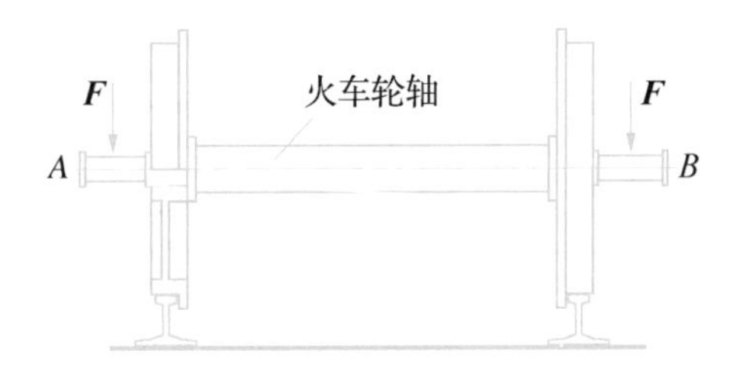

(b) 火车轮轴

图7-2　工程实例

平面弯曲：若所有的外力都作用在同一对称平面内，梁在变形时，其轴线也将在此对称平面内弯曲成一条光滑的平面曲线。这种弯曲称为平面弯曲。

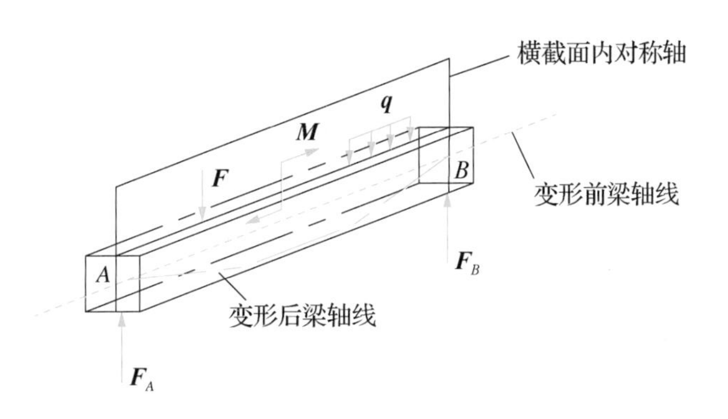

图7-3　平面弯曲

工程中常见的单跨静定梁按照支座情况分以下三种：

(1) 悬臂梁，梁的一端固定，而另一端是自由的[图7-4(a)]。

(2) 简支梁，其一端是固定铰支座，另一端是可动铰支座[图7-4(b)]

(3) 外伸梁，其支座形式与简支梁相同，但梁的一端或两端伸出支座之外[图7-4(c)]

我们本章节只研究矩形截面梁和梁的平面弯曲。

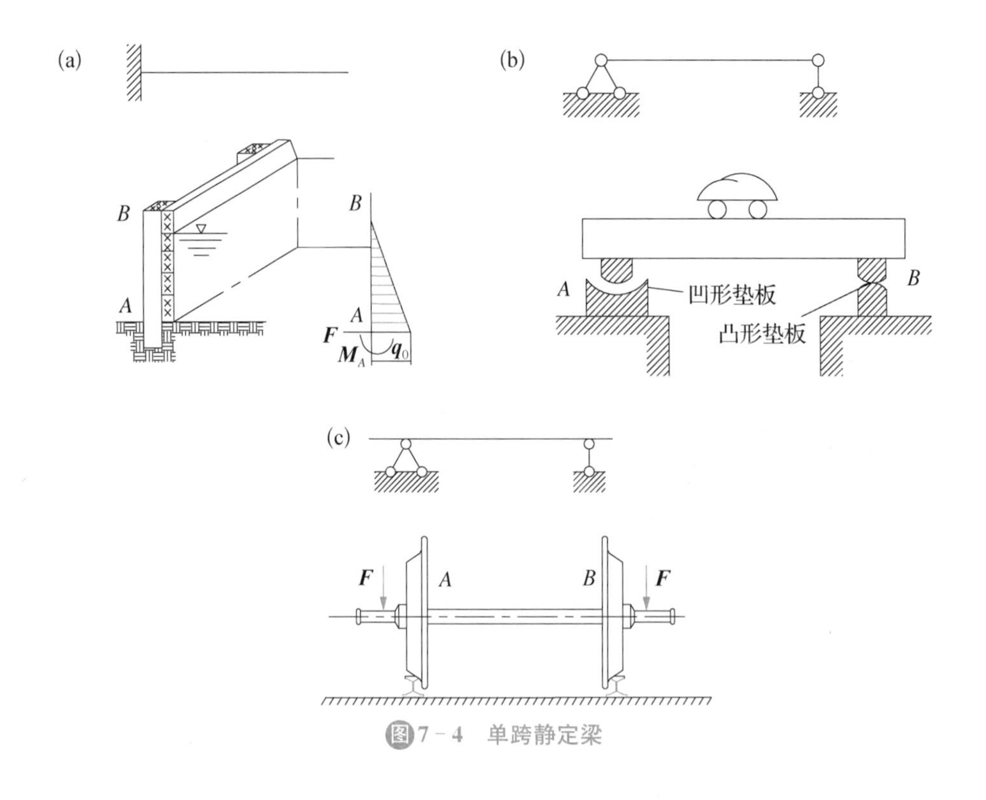

图7-4 单跨静定梁

7.2 梁的内力

微课

梁的弯曲内力

7.2.1 剪力和弯矩

1. 剪力和弯矩的概念

若所有的横向外力和外力偶都作用在梁的纵向对称平面内，在求得支座反力之后，利用截面法，由隔离体的平衡条件，可求得梁任一横截面上的内力。

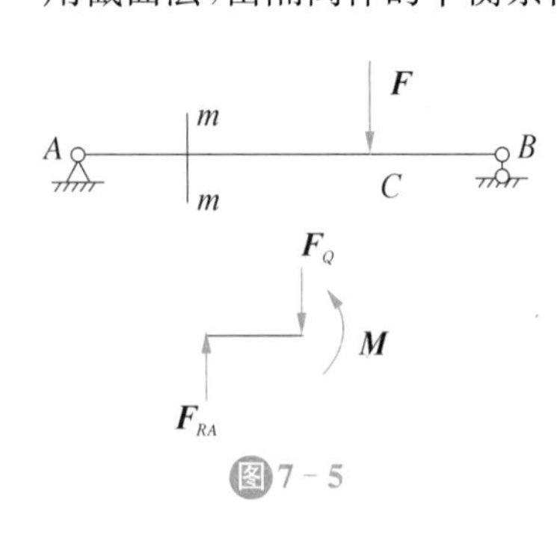

图7-5

在截面 $m-m$ 处假想地把梁切为两段取左端为研究对象，由于左端作用着外力 F_{RA}，则在截面上必有与 F_{RA} 大小相等，方向相反的力 F_Q，由于该内力与横截面平行，因此称为剪力(图7-5)。又由于 F_{RA} 与 F_Q 形成一个力偶，因此在截面处必存在一个内力偶 M 与之平衡，该内力偶称为弯矩(图7-5)。

$$F_Q = F_{RA}$$

$$M = F_{RA} \cdot x$$

截面的剪力等于截面任一侧的外力的代数和；截面的弯矩等于截面任一侧的外力对截

面形心的力矩的代数和。

2. 剪力和弯矩的正负号

使所取梁段(左段或右段)发生顺时针转动的剪力为正,反之为负(图 7-6);

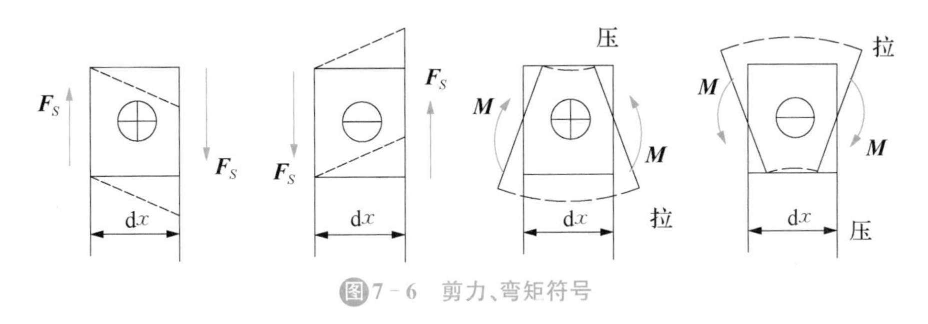

图 7-6　剪力、弯矩符号

使所取梁段(左段或右段)产生上凹下凸变形的弯矩为正,反之为负(图 7-6)。

3. 用截面法计算指定截面的剪力和弯矩的步骤和方法如下

(1) 计算支座反力;

(2) 用假想的截面在欲求内力处将梁切成左、右两部分,取其中一部分为研究对象;

(3) 画研究对象的受力图。画研究对象的受力图时,对于截面上未知的剪力和弯矩,均假设为正向;

(4) 建立平衡方程,求解剪力和弯矩。

计算出的内力值可能为正值或负值,当内力值为正值时,说明内力的实际方向与假设方向一致,内力为正剪力或正弯矩;当内力值为负值时,说明内力的实际方向与假设的方向相反,内力为负剪力或负弯矩。

【例 7-1】　一外伸梁如图 7-7 所示,试求 1-1、2-2、3-3 截面上的内力。

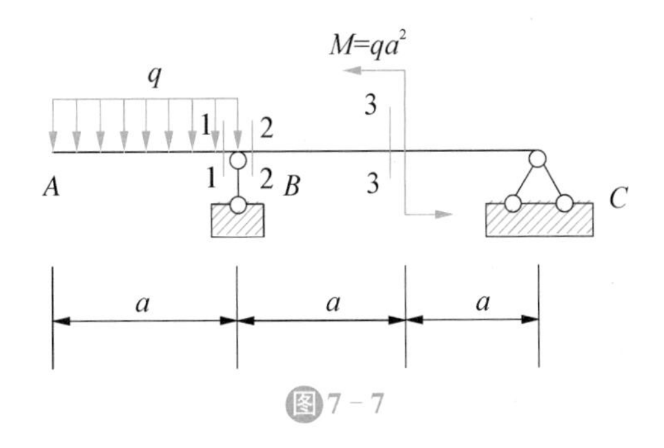

图 7-7

【解】　(1) 求出支座反力。

$$\sum F_y = 0, -qa + F_B - F_C = 0$$

$$\sum M_B = 0, qa \cdot \frac{a}{2} + qa^2 - F_C \cdot 2a = 0$$

解得:$F_B = \dfrac{7}{4}qa, F_C = \dfrac{3}{4}qa$

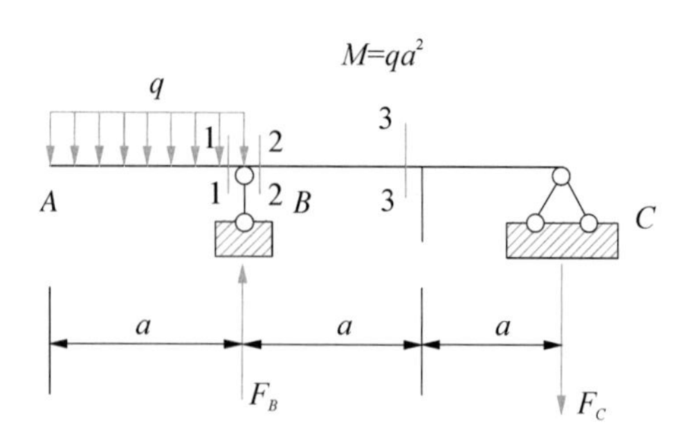

(2) 求 1－1 截面上的剪力和弯矩。

取该截面左段梁来计算，得：

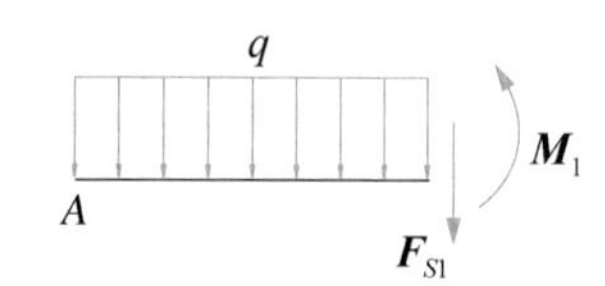

$$\sum F_y=0, F_{S1}+qa=0$$

$$\sum M_B=0, M_1+qa\cdot\frac{a}{2}=0$$

解得：

$$F_{S1}=-qa, M_1=-\frac{1}{2}qa^2$$

(3) 求 2－2 截面上的剪力和弯矩。

取该截面右段梁来计算，得：

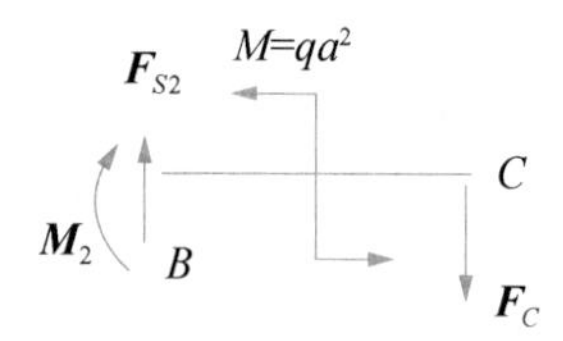

$$\sum F_y=0, F_{S2}-\frac{3}{4}qa=0$$

$$\sum M_B=0, -M_2+qa^2-\frac{3}{4}qa\cdot 2a=0$$

解得：

$$F_{S2}=\frac{3}{4}qa, M_2=-\frac{1}{2}qa^2$$

(4) 求 3－3 截面上的剪力和弯矩。

取该截面右段梁来计算，得：

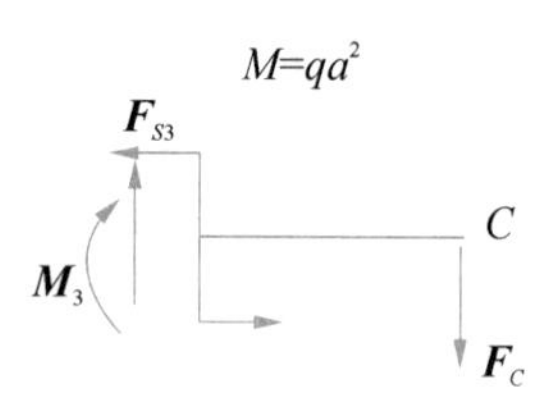

$$\sum F_y=0, F_{S3}-\frac{3}{4}qa=0$$

$$\sum M_D=0, -M_3+qa^2-\frac{3}{4}qa\cdot a=0$$

解得：

$$F_{S3}=\frac{3}{4}qa, M_3=\frac{1}{4}qa^2$$

通过计算梁的内力，可以看到，梁在不同位置的横截面上的内力值一般是不同的。即内力随梁横截面位置的变化而变化。进行梁的强度和刚度计算时，除要会计算指定面的内力外，还必须知道剪力和弯矩沿梁轴线的变化规律，并确定最大剪力和最大弯矩的(绝对)值以及它们所在的位置。

7.2.2　梁的内力图

1. 方程法

以横坐标 x 表示梁各横截面的位置，则梁横截面上的剪力和弯矩都可以表示为坐标的函数，即：

$$F_S=F_S(x)$$

$$M=M(x)$$

以上两函数表达式，分别称为梁的剪力方程和弯矩方程，统称为内力方程。剪力方程和弯矩方程表明了梁内剪力和弯矩沿梁轴线的变化规律。

为了形象地表示剪力和弯矩沿梁轴线的变化规律，可以根据剪力方程和弯矩方程分别画出剪力图和弯矩图。它的画法和轴力图、扭矩图的画法相似，即以沿梁轴的横坐标 x 表示梁横截面的位置，以纵坐标表示相应截面的剪力和弯矩。作图时，一般把正的剪力画在 x 轴的上方，负的剪力画在 x 轴的下方，并注明正负号；正弯矩画在 x 轴下方，负弯矩画在 x 轴的上方，即将弯矩图画在梁的受拉侧，而不必表明正负号。

【例 7－2】　悬臂梁受集中力作用，如图 7－8 所示，试列出该梁的剪力方程、弯矩方程并作出剪力图和弯矩图。

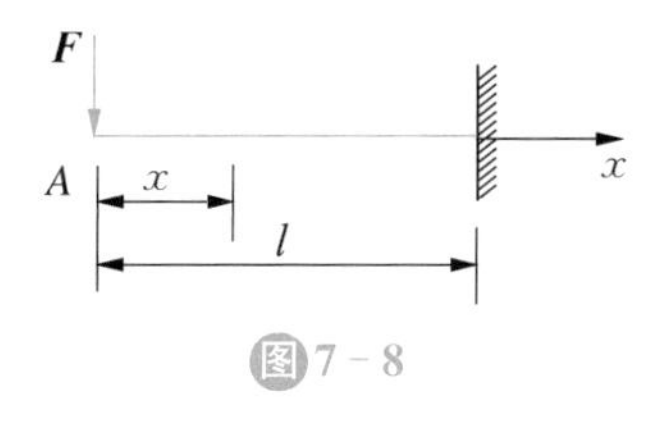

图 7－8

【解】　(1) 列剪力方程和弯矩方程。

设 x 轴沿梁的轴线，以 A 点为坐标原点，取距原点为 x 的截面左侧的梁段研究，得：

$$F_S(x)=-F(0\leqslant x<l)$$

$$M(x)=-Fx(0\leqslant x<l)$$

(2) 绘制剪力图和弯矩图。

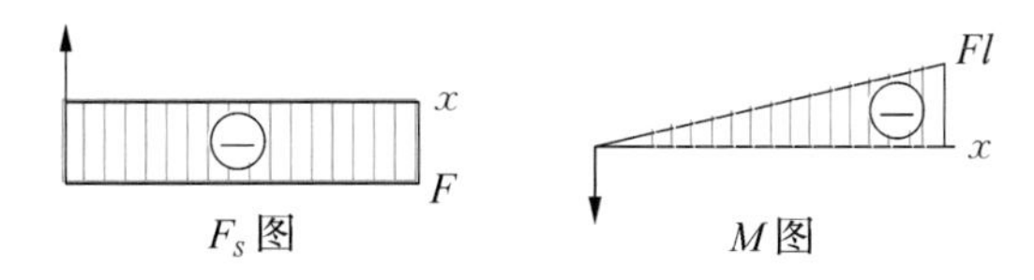

由上式知，梁上各截面的剪力均相同，其值为 $-F$，所以剪力图是一条平行于 x 轴的直线且位于 x 轴下方。$M(x)$是线性函数，因而弯矩图是一斜直线，只需确定其上两点即可。常用的简支梁、悬臂梁受集中荷载和均布荷载作用下的剪力图、弯矩图，如表 7－1 所示。

表 7－1

梁	剪力图	弯矩图

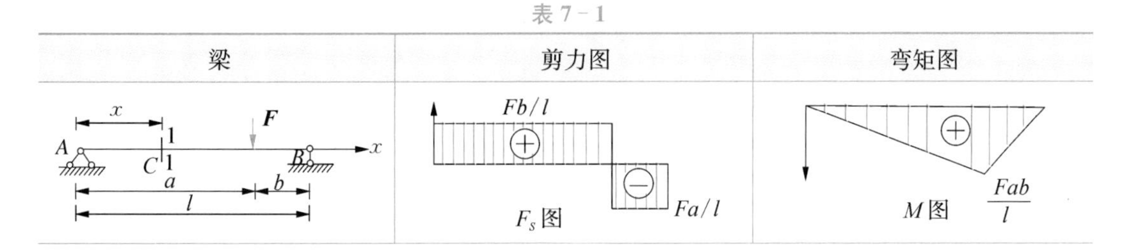

（续表）

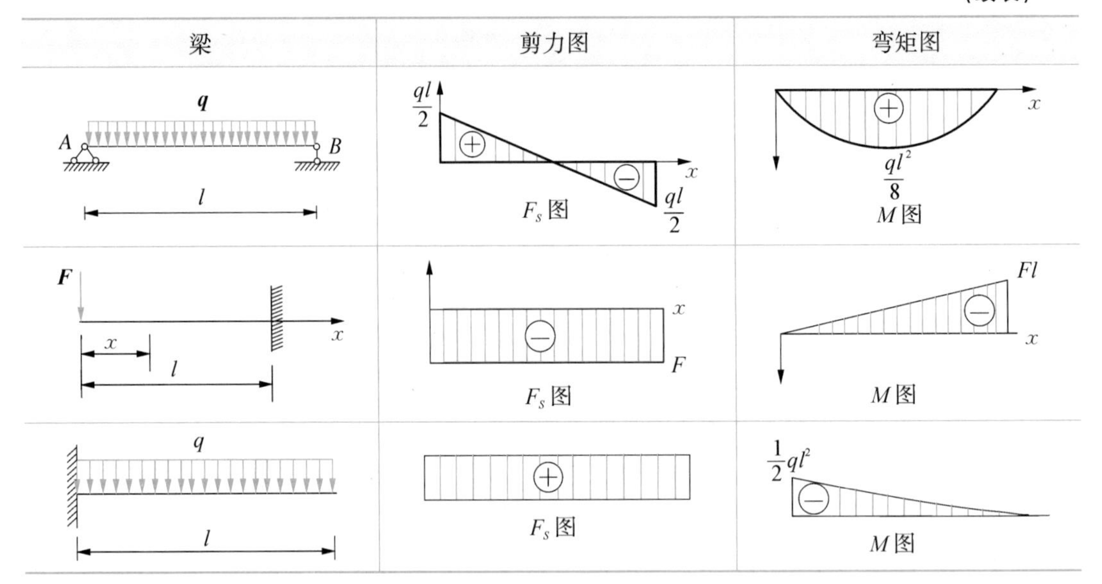

2. 微分关系法

设梁上有任意分布的荷载[图 7-9(a)]，规定向上为正。x 轴坐标原点取在梁的左端，在距截面 x 处取一微段梁 dx 如图 7-9(b)示，列出平衡方程，可以得到：

$$\frac{\mathrm{d}F_S(x)}{\mathrm{d}x}=q(x),\frac{\mathrm{d}M(x)}{\mathrm{d}x}=F_S(x),\frac{\mathrm{d}^2M(x)}{\mathrm{d}x}=q(x)$$

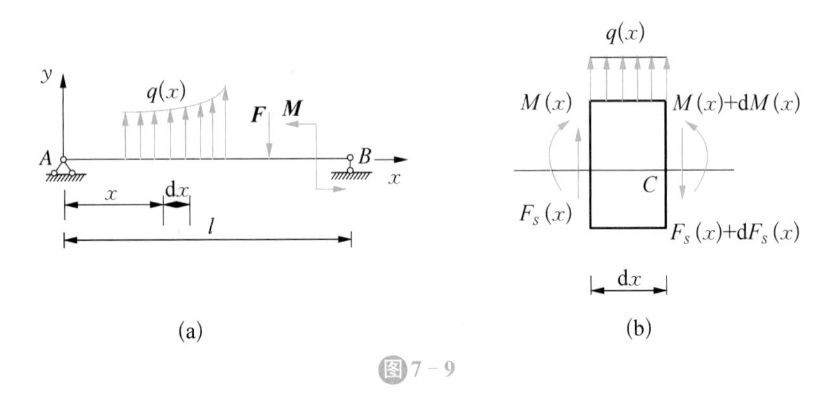

图 7-9

根据剪力、弯矩、分布荷载的微分关系可得到剪力图和弯矩图的规律：

(1) 梁上无均匀荷载时，剪力图为水平线，弯矩图为一斜直线，斜线方向由剪力的正负号决定。

(2) 梁上有均匀荷载作用时，剪力图为一斜直线，弯矩图为二次曲线。

(3) 若梁上某一截面的剪力为零，该截面的弯矩是一个极值。

(4) 梁上有集中力作用处，剪力图有突变，弯矩图有尖角。

(5) 集中力偶作用处，剪力图无变化，弯矩有突变。

为了方便记忆，可以将以上规律归纳如图 7 - 10 所示。

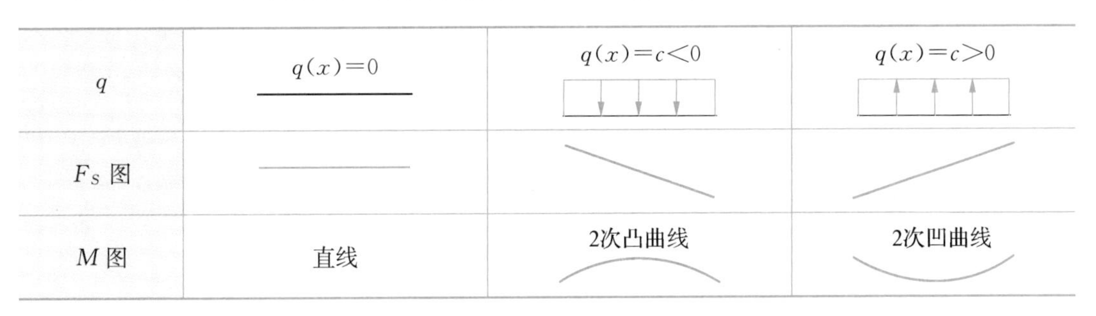

图 7 - 10

利用剪力图和弯矩图的图形规律，可不必列出剪力方程、弯矩方程，而能更简洁地绘制梁的剪力图和弯矩图。这种绘制剪力图和弯矩图的方法称为微分关系法。其绘制步骤如下：

(1) 反力：求梁的支座反力。

(2) 分段：凡外力不连续处均应作为分段点，如集中力和集中力偶作用处，均布荷载两端点等。

(3) 定点：据各梁段的内力图形状，选定控制截面。如集中力和集中力偶作用点两侧的截面、均布荷载起讫点等。用截面法求出这些截面的内力值，按比例绘出相应的内力竖标，便定出了内力图的各控制点。

(4) 连线：据各梁段的内力图形状，分别用直线和曲线将各控制点依次相连，即得内力图。

【例 7 - 3】　试绘图 7 - 11 所示梁的剪力图和弯矩图。

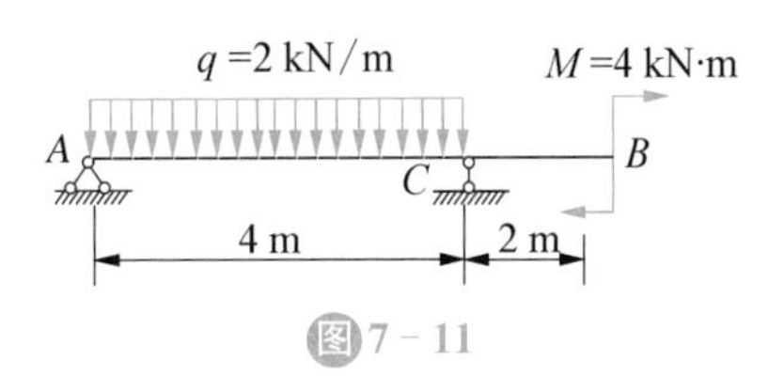

图 7 - 11

【解】　(1) 求支座反力

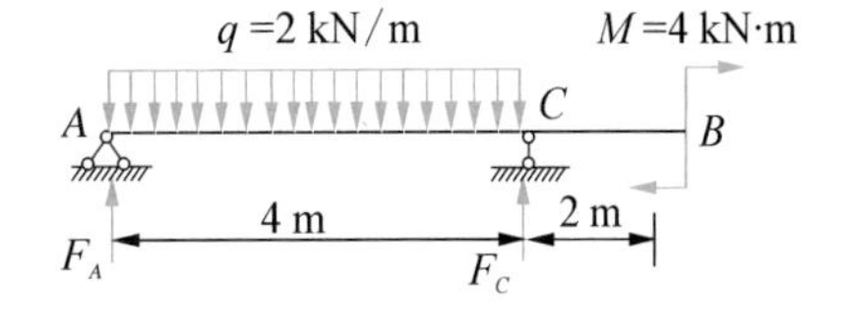

$$\sum M_A=0,\ -4\times2\times2+F_C\cdot4-4=0$$

$$\sum M_C=0,\ -F_A\cdot4+4\times2\times2-4=0$$

解得：

$$F_A=3\ \text{kN},F_C=5\ \text{kN}$$

(2) 画剪力图

AC 段为常量且小于零，所以 AC 段剪力图为向下斜的直线，CB 段 $q=0$ 且无集中力作用，所以为一水平线。

（3）画弯矩图

AC 段为抛物线，且抛物线下凸，$M_{x=1.25}=2.25\ \mathrm{kN\cdot m}$ 为该抛物线的顶点。*BC* 段为一水平线。且在 *B* 处有集中力偶，弯矩发生突变，突变值为该集中力偶矩的值。

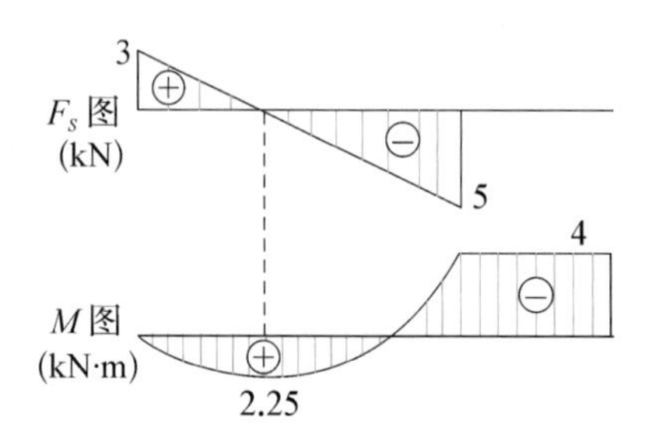

3. 区段叠加法

在小变形的情况下由几个外力所引起的某一参数（支座反力、内力、应力或位移）等于每个外力单独作用时所引起的该参数的总和。这个结论称为叠加原理。应该注意，叠加原理只有在参数与外力成线性关系时才能成立。利用叠加原理画内力图的方法称为叠加法。

在梁内取某一受均布荷载的杆段 *AB*，将其静力等效为简支梁如图 7－12(a)所示，二者弯矩图应相同。而对于简支梁，当梁两端受到力偶作用时，弯矩图为直线，当均布荷载 $\boldsymbol{q}$ 单独作用时，梁的弯矩图为一抛物线，如图 7－12(b)所示，利用叠加原理，将两弯矩图进行叠加，即为该梁段 *AB* 的弯矩图，如图 7－12(c)所示。这就是区段叠加法。

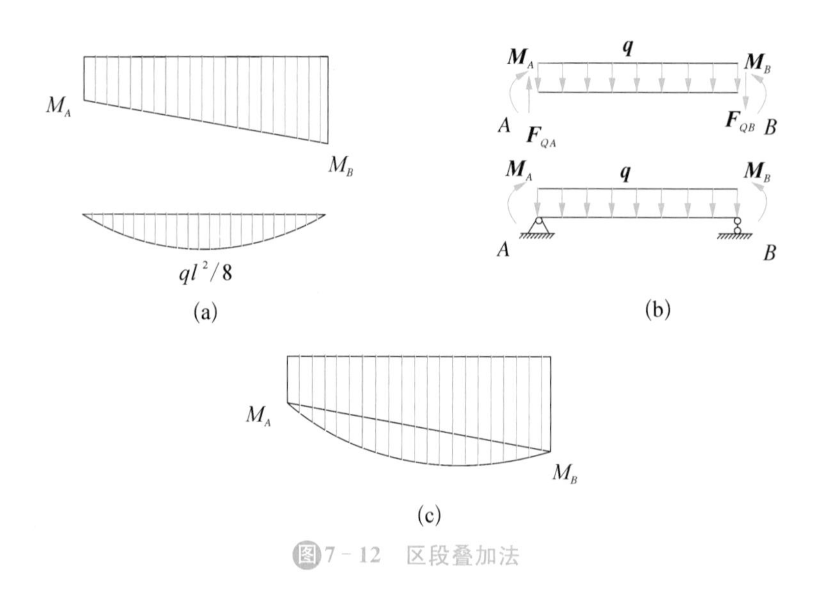

图7－12　区段叠加法

应用区段叠加法绘制梁的弯矩图的步骤如下：

（1）分段定点。选取梁上外力不连续点（例如集中力或集中力偶的作用点、分布荷载作用的起点和终点等）作为控制截面，并求出这些截面上的弯矩值，从而确定弯矩图的控制点。

（2）叠加绘图。如控制截面间无荷载作用时，用直线连接两控制点即得该段的弯矩图。如控制截面间有均布荷载作用时，先用虚直线连接两控制点，然后以它为基线，叠加上该段在均布荷载单独作用下的相应简支梁的弯矩图，即得该段的弯矩图。

在实际应用中，往往是将微分关系法和区段叠加法结合起来绘制梁的剪力图和弯矩图。

7.3　梁的应力

微课

平面弯曲梁截面上的正应力

7.3.1　梁纯弯曲时横截面上的正应力

横力弯曲：梁的横截面上即有剪力 F_Q 又有弯矩 M，这种弯曲称为横力弯曲。

纯弯曲：梁的横截面上，剪力 F_Q 为零，弯曲 M 是一个常数，这种弯曲称为纯弯曲。

AC 和 DB 段为横力弯曲段，CD 段为纯弯曲段（图 7－13）。

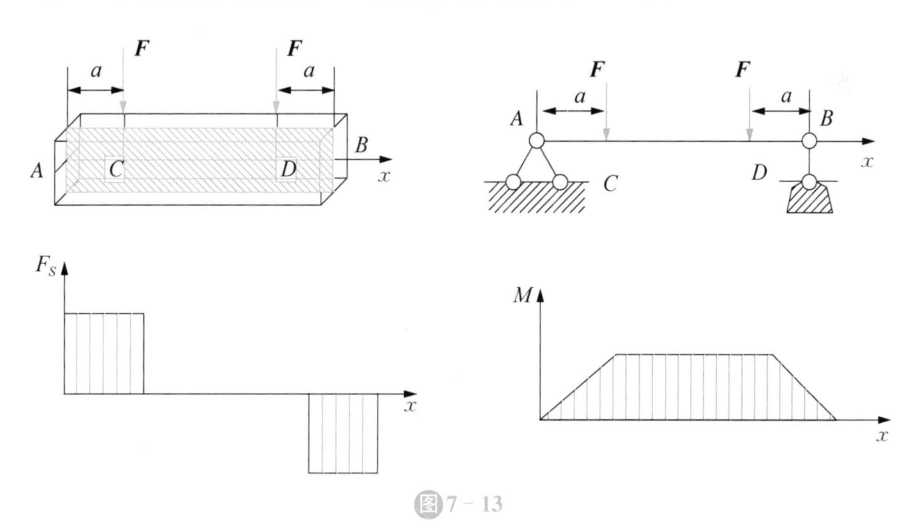

图7－13

通过实验观察纯弯曲段变形，有如下现象：

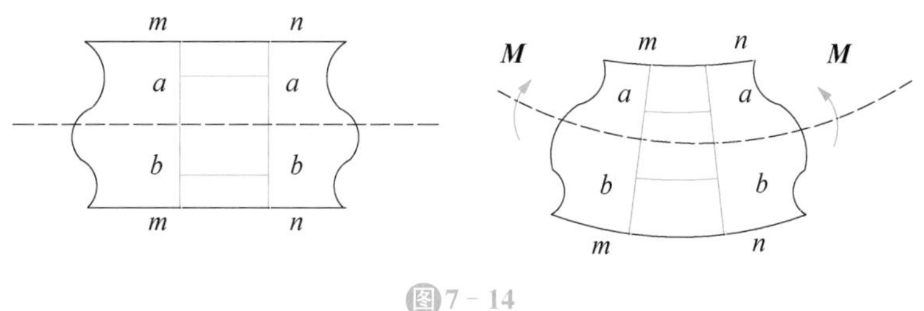

图7－14

纵向线（aa、bb）：变为弧线，凹侧缩短，凸侧伸长。

横向线（mm、nn）：仍保持为直线，发生了相对转动，仍与弧线垂直。

根据所看到的表面现象，由表及里地推断梁的内部变形，作出两个假设：

(1) **平面假设**：梁的横截面在弯曲变形后仍然保持平面，且与变形后的轴线垂直，只是绕截面的某一轴线转过了一个角度。

(2) **单向受力假设**：各纵向纤维之间相互不挤压。

设想梁由平行于轴线的众多纵向纤维组成，由底部纤维的伸长连续地逐渐变为顶部纤维的缩短，中间必定有一层纤维的长度不变。由胡克定律可以得出应力分布规律，如图7－15所示。

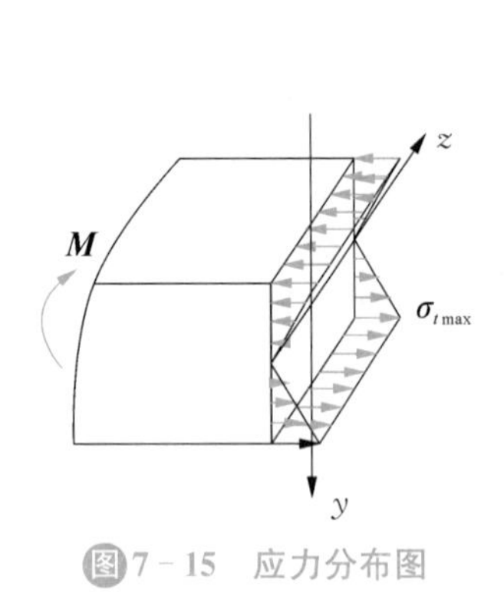

图7－15　应力分布图

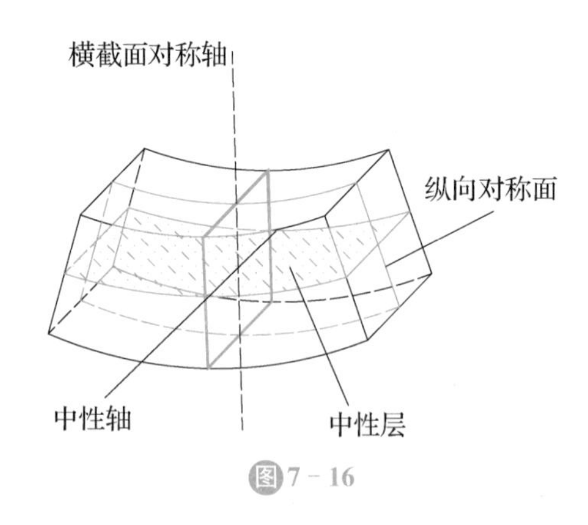

图7－16

中性层：中间既不伸长也不缩短的一层纤维。(图7－16)

中性轴：中性层与梁的横截面的交线，垂直于梁的纵向对称面(图7－16)，横截面绕中性轴转动。

梁的纯弯曲实验

弯曲时正应力的计算公式：$\sigma=\dfrac{My}{I_z}$

将弯矩 M 和 y 坐标按规定的正负代入，所得到的正应力若为正，即为拉应力，若为负则为压应力。

一点的应力是拉应力或压应力，也可由弯曲变形直接判定。以中性层为界，梁在凸出的一侧受拉，凹入的一侧受压。

只要梁有一纵向对称面，且载荷作用于这个平面内，上面的公式就可适用。

【例7－5】　一简支梁受力如图7－17所示。已知：$F=5$ kN。求 $m-m$ 截面上的点1、2的正应力。

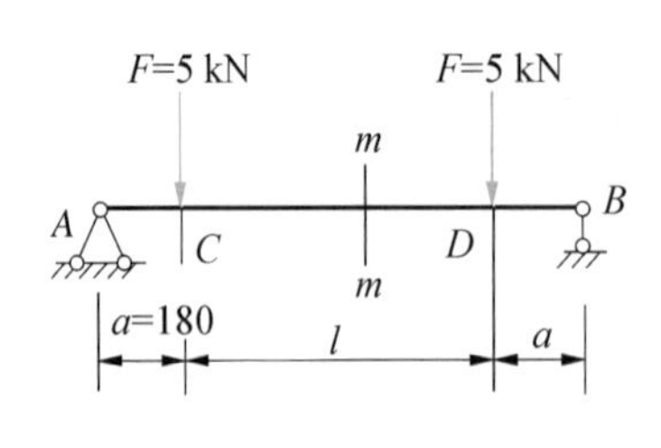

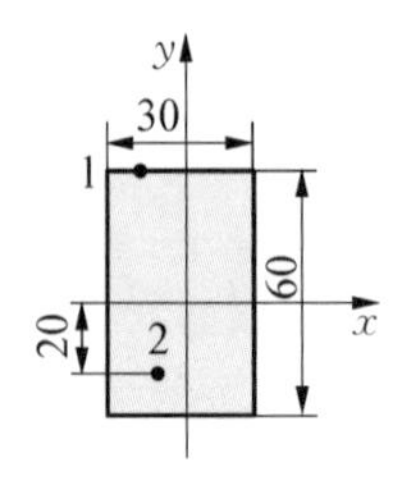

图7－17

【解】（1）作梁的弯矩图

（2）计算正应力

矩形截面对 z 轴的惯性矩为 $I_z=\frac{bh^3}{12}=5.4\times10^5\ \mathrm{mm}^4$

点1：$y=y_1=30\ \mathrm{mm}$，该点的正应力为 $\sigma_1=\frac{My_1}{I_z}=\frac{900\times30\times10^{-3}}{5.4\times10^5\times(10^{-3})^4}\ \mathrm{N/m^2}=50\ \mathrm{MPa}$

点2：$y=y_2=20\ \mathrm{mm}$，该点的正应力为 $\sigma_2=\frac{My_2}{I_z}=\frac{900\times20\times10^{-3}}{5.4\times10^5\times(10^{-3})^4}\ \mathrm{N/m^2}=33.3\ \mathrm{MPa}$

根据弯曲变形判断应力正负号：$m-m$ 截面上的弯矩为正值，梁在该处变形为凸向下。$\sigma_1=-50\ \mathrm{MPa}$（压应力），$\sigma_2=33.3\ \mathrm{MPa}$（拉应力）

➤ **思考**：如果横截面横放如图示，则最大正应力为多少？有何启示？

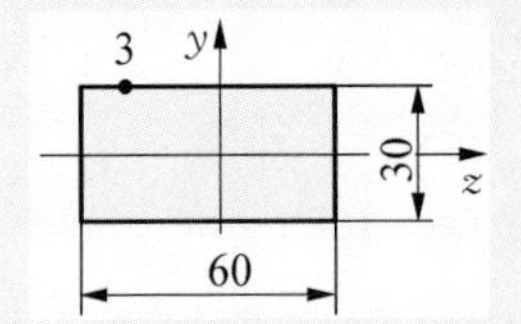

矩形截面对 z 轴的惯性矩为 $I_{z2}=\frac{30^3\times60}{12}=1.35\times10^5\ \mathrm{mm}^4$

最大拉压应力为：$\sigma_3=\frac{My_3}{I_{z2}}=\frac{900\times15\times10^{-3}}{1.35\times10^5\times(10^{-3})^4}\ \mathrm{N/m^2}=100\ \mathrm{MPa}$

由此可以看出，截面横放的最大应力比截面竖放的最大应力大很多，说明在承受相同荷载作用下，截面横放情况下更容易破坏，因此在设计梁矩形截面时都采用竖放形式（图7-18）。

图7-18

[课内实践]

小组任务：每小组分两块好板一块差板，分析在弯曲作用下板的应力分布；再利用这三块板制造成不同截面，阐述惯性矩对应力的影响。

7.3.2 梁弯曲时横截面上的切应力

1. 矩形截面梁的切应力

对于高度 h 大于宽度 b 的矩形截面梁，其横截面上的剪力 F_Q 沿 y 轴方向，如图 7－19 所示，现假设切应力的分布规律如下：

(1) 横截面上各点处的切应力 τ 都与剪力 F_Q 方向一致。

(2) 横截面上距中性轴等距离各点处切应力大小相等，即沿截面宽度为均匀分布。

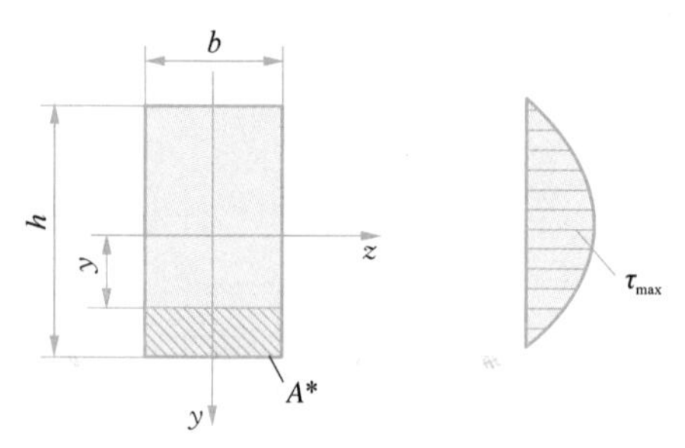

图7－19 矩形截面梁的切应力分布图

$$\tau=\frac{F_Q S_z^*}{I_z b} \tag{7-1}$$

上式(7－1)即为矩形截面梁横截面任一点的切应力计算公式。

式中，F_Q 为横截面上的剪力；S_z^* 为面积 A^* 对中性轴的静矩；I_z 横截面对中性轴的惯性矩；b 为截面的宽度。

2. 工字形截面梁的切应力

(1) 腹板上的切应力

$$\tau=\frac{F_Q S_z^*}{I_z d} \tag{7-2}$$

式中，F_Q 为横截面上的剪力；S_z^* 为欲求应力点到截面边缘间的面积对中性轴的静矩；I_z 为横截面对中性轴的惯性矩；d 为腹板的厚度。

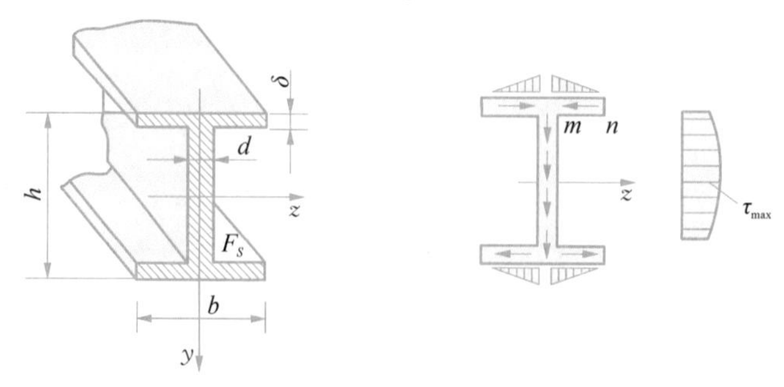

图7－20 工字形截面梁的切应力分布图

切应力沿腹板高度的分布规律如图7-20所示，仍是按抛物线规律分布，最大切应力τ_{max}仍发生在截面的中性轴上。

(2) 翼缘上的切应力

翼缘上的水平切应力可认为沿翼缘厚度是均匀分布的，其计算公式仍与矩形截面的切应力的形式相同，即：

$$\tau=\frac{F_Q S_z^*}{I_z\delta} \tag{7-3}$$

式中，F_Q为横截面上的剪力；S_z^*为欲求应力点到翼缘边缘间的面积对中性轴的静矩；I_z横截面对中性轴的惯性矩；δ为翼缘的厚度。

3. T字型截面梁的切应力

T字型截面可以看成是由两个矩形组成，下面的狭长矩形与工字形截面的腹板相似，该部分上的切应力仍用下式计算：

$$\tau=\frac{F_Q S_z^*}{I_z d} \tag{7-4}$$

最大切应力仍然发生在截面的中性轴上。

7.4　梁的变形

7.4.1　梁的弯曲变形

梁在外力作用下会产生变形，为了满足使用要求，工程上要求梁的变形不超过许用的范围，即要有足够的刚度。

如图7-21所示为一悬臂梁，取直角坐标系xAy，轴向右为正，y轴向下为正，xAy平面与梁的纵向对称平面是同平面。梁受外力作用后，轴线由直线变成连续而光滑的曲线，称为挠曲线或弹性曲线。

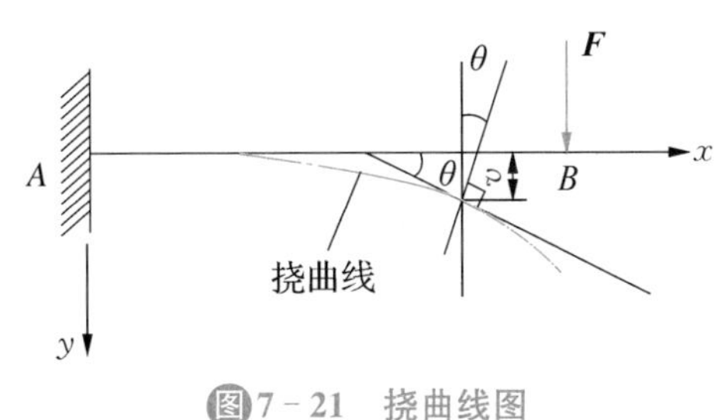

图7-21　挠曲线图

梁各点的水平位移略去不计。梁的变形可用下述两个位移来描述。

(1) 梁任一横截面的形心沿y轴方向的线位移，称为该截面的挠度，用y表示。y以向下为正，其单位是m或mm。

（2）梁任一横截面相对于原来位置所转过的角度，称为该截面的转角，用 θ 表示。θ 以顺时针转动为正，其单位是 rad。

梁在变形过程中，各横截面的挠度和转角都随截面位置 x 而变化，所以挠度 y 和转角可表示为 x 的连续函数。即：

$$y=y(x)$$

$$\theta=\theta(x)$$

上面两式分别称为梁的挠曲线方程和转角方程。

规定：挠度向下为正，向上为负；顺时针转角为正，逆时针转角为负。

由图 7－21 可知，在小变形的情况下，梁内任一截面的转角就等于挠曲线在该截面处的切线的斜率。即：

$$\theta\approx\tan\theta=\frac{dy}{dx}=y'$$

因此，只要求出梁的挠曲线方程 $y=y(x)$，就可求得梁任一截面的挠度 y 和转角 θ。

7.4.2　挠曲线近似微分方程

梁的纯弯曲变形中，其曲率 ρ 为 $\frac{1}{\rho}=\frac{M}{EI_z}$

数学上，平面曲线的曲率公式为：

$$\frac{1}{\rho(x)}=\left|\frac{d\theta}{dx}\right|=\frac{y''}{(1+y'^2)^{3/2}} \tag{7-5}$$

由于梁的变形很小，其挠曲线为一平坦曲线，y'^2 远小于 1，可忽略不计，改写为：

$$\frac{1}{\rho(x)}=\pm y''$$

综上，得：

$$\frac{d^2y}{dx^2}=-\frac{M(x)}{EI_z} \tag{7-6}$$

称为梁的挠曲线近似微分方程。

7.4.3　积分法求梁的变形

转角方程为：　$\theta=\frac{dy}{dx}=-\frac{1}{EI_z}\int M(x)dx+C$

挠度方程为：　$y=-\frac{1}{EI_z}\int\left[\int M(x)dx\right]dx+Cx+D$

积分常数由边界条件或梁的连续光滑条件确定。

(1) 连续条件(图 7 - 22)：

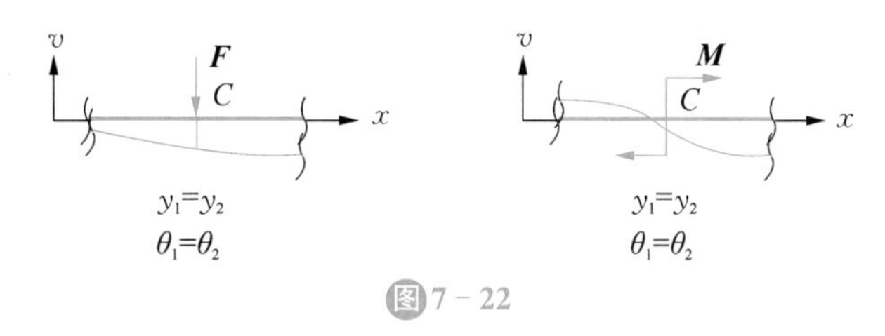

图 7 - 22

(2) 边界条件(图 7 - 23)：

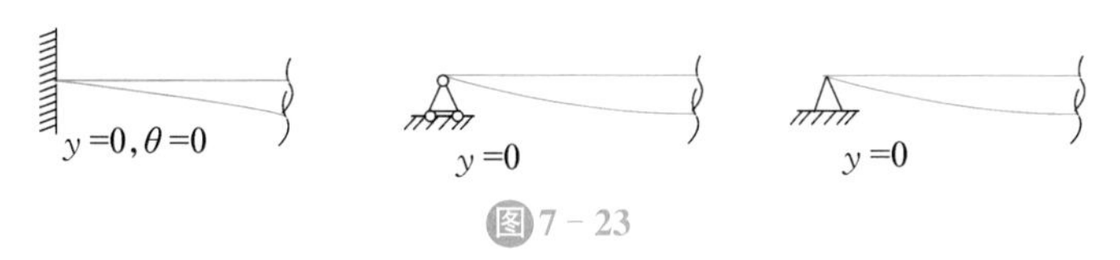

图 7 - 23

7.4.4　叠加法求梁的变形

在求解变形时，也可采用叠加法，即当梁上有几个荷载共同作用时，梁横截面的转角和挠度，等于每个荷载单独作用时引起该截面的转角和挠度的代数和。表 7 - 2 中列出了几种常用梁在简单荷载作用下的变形，以备查用。

表 7 - 2　梁在简单载荷作用下的变形

梁的简图	挠曲方程	端截面转角	最大挠度
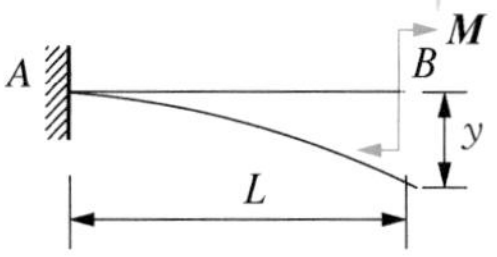	$y=\dfrac{Mx^2}{2EI}$	$\theta_B=\dfrac{ML}{EI}$	$y_B=\dfrac{ML^2}{2EI}$
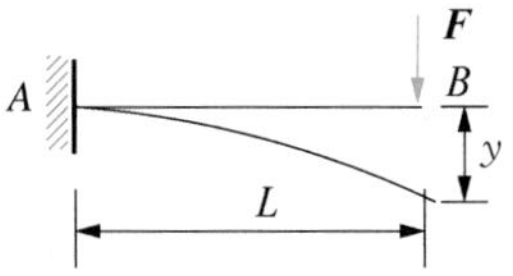	$y=\dfrac{Fx^3(3L-x)}{6EI}$	$\theta_B=\dfrac{FL^2}{2EI}$	$y_B=\dfrac{FL^3}{3EI}$
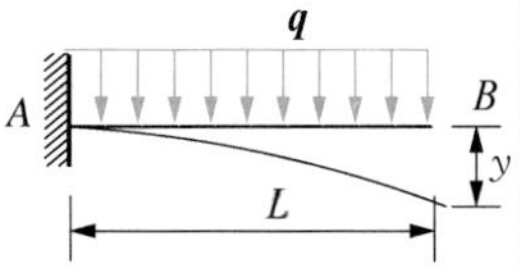	$y=\dfrac{qx^2(x^2-4Lx+6L^2)}{24EI}$	$\theta_B=\dfrac{qL^3}{6EI}$	$y_B=\dfrac{qL^4}{8EI}$
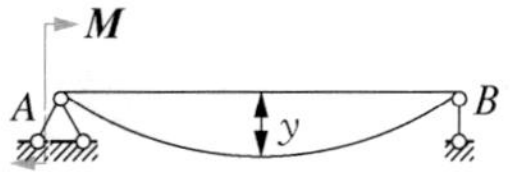	$y=\dfrac{Mx(2L^2-3Lx+x^2)}{6EIL}$	$\theta_A=\dfrac{ML}{3EI}$ $\theta_B=-\dfrac{ML}{6EI}$	$x=(1-1/\sqrt{3})L$ $y_{\max}=\dfrac{ML^2}{9\sqrt{3}EI}$ $x=0.5L$ $y_{\frac{1}{2}L}=\dfrac{ML^2}{16EI}$

（续表）

梁的简图	挠曲方程	端截面转角	最大挠度
	$y=\dfrac{Fbx(L^2-x^2-b^2)}{6EIL}$ $(0\leqslant x\leqslant a)$ $y=\dfrac{Fa(L-x)(2Lx-x^2-a^2)}{6EIL}$ $(a\leqslant x\leqslant L)$	$\theta_A=\dfrac{Fab(L+b)}{6EIL}$ $\theta_B=-\dfrac{Fab(L+a)}{6EIL}$	设 $a>b$ 在 $x=\sqrt{(L^2-b^2)/3}$ 处 $y_{\max}=\dfrac{Fb(L^2-b^2)^{3/2}}{9\sqrt{3}EIL}$ 在 $x=\dfrac{L}{2}$ 处 $y_{\frac{L}{2}}=\dfrac{Fb(3L^2-4b^2)}{48EI}$
	$y=\dfrac{qx(L^3-2Lx^2+x^3)}{24EI}$	$\theta_A=-\theta_B=\dfrac{qL^3}{24EI}$	$y_B=\dfrac{5qL^4}{384EI}$

【例 7-7】 图示简支梁 AB（图 7-24），受集中荷载 $\boldsymbol{F}$ 及均布荷载 $\boldsymbol{q}$ 作用。已知抗弯刚度为 EI，$F=ql/4$。用叠加法求梁的最大挠度。

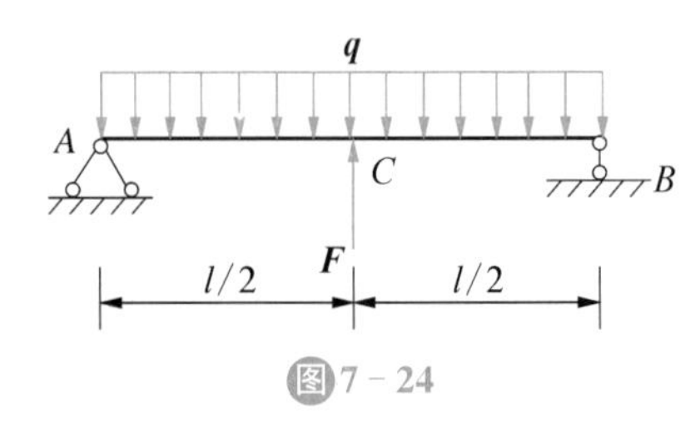

图 7-24

【解】 查表 7-2 知，简支梁在均布荷载 q 作用下跨中的最大挠度为：

$$y_q=\frac{5ql^4}{384EI}$$

在集中力 F 作用下，梁跨中的挠度为：

$$y_F=-\frac{Fl^3}{48EI}$$

应用叠加法计算梁在 q 和 F 共同作用下梁中点的挠度为：

$$y_{\max}=y_q+y_F=\frac{ql^4}{128EI}$$

微课

平面弯曲梁截面上的正应力

7.5 梁的强度和刚度条件

7.5.1 梁的强度条件

对于等直梁而言，截面对中性轴的惯性矩不变，所以弯矩 M 越大正应力就越大，y 越大正应力也越大。如果截面的中性轴同时又是对称轴(例如矩形、工字形等),则最大正应力发生在绝对值最大的弯矩所在的面,且离中性轴最远的点上,当梁受横力弯曲时,上面公式仍然适用,所以:

$$\sigma_{\max}=\frac{M_{\max}y_{\max}}{I_z}=\frac{M_{\max}}{W_z} \tag{7-7}$$

式中,$W_z=\dfrac{I_z}{y_{\max}}$称为抗弯截面系数。

梁内弯矩最大的截面距中性轴最远的点正应力最大。由于该点为单向应力状态,可仿照杆件轴向拉(压)杆的强度条件形式建立梁的正应力强度条件,即:

$$\sigma_{\max}=\frac{M_{\max}}{W_z}\leqslant[\sigma] \tag{7-8}$$

而对于抗拉抗压能力不同的脆性材料,其正应力强度条件分别为:

$$\sigma_{\max}\leqslant[\sigma_t],\sigma_{\max}\leqslant[\sigma_c] \tag{7-9}$$

利用正应力的强度条件可以解决与强度有关的三类问题:强度校核、设计截面尺寸和确定许用荷载。

力娃:师父,很多工程项目会采用钢筋混凝土材料,在混凝土中放置钢筋,这是为什么呢?

力翁:混凝土是脆性材料,抗压性能好,钢筋是塑性材料,抗拉性能好。以梁为例,根据梁截面正应力分布,有受压侧和受拉侧,把钢筋布置在受拉侧就可以解决混凝土抗拉性能差的缺点。

【例7-8】 如图7-25所示,T形截面铸铁梁,若许用拉应力$[\sigma_t]=30$ MPa,许用压应力$[\sigma_c]=60$ MPa,试按正应力校核该梁的强度。

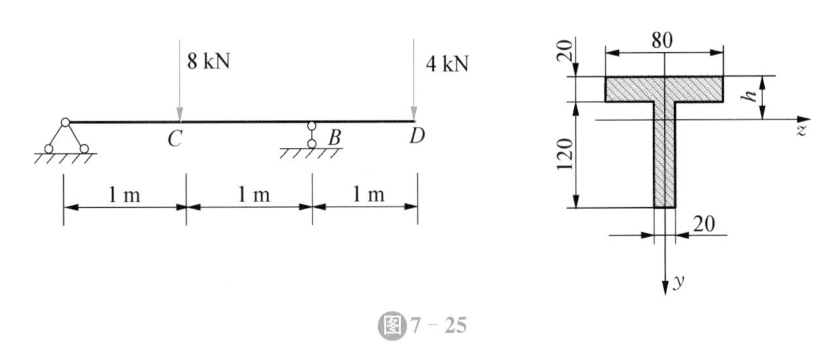

图7-25

【解】 由图示截面的几何尺寸可确定中性轴位置,设中性轴距上边缘距离为h,则:

$$h=\frac{8\times2\times1+12\times2\times8}{8\times2+12\times2}=5.2\text{ cm}$$

截面对中性轴的惯性矩:

$$I_z=\frac{8\times2^3}{12}+2\times8\times(5.2-1)^2+\frac{2\times12^3}{12}+2\times12\times(8-5.2)^2=763\ \text{cm}^4$$

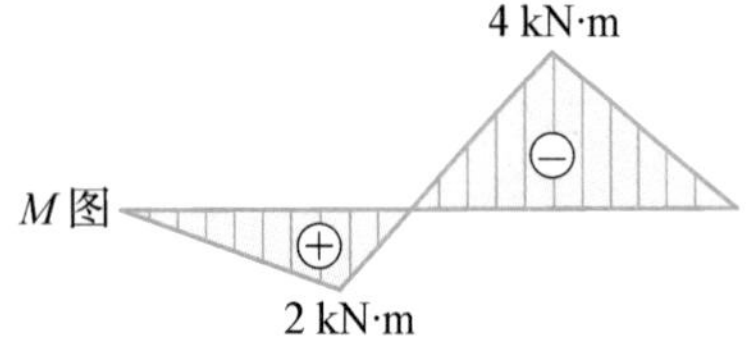

由弯矩图可知最大弯矩发生在 B 截面，该截面的最大拉应力和最大压应力分别为：

$$\sigma_{t\max}=\frac{M_{\max}y_t}{I_z}=\frac{4\times10^3\times5.2\times10^{-2}}{763\times10^{-8}}pa=27.3\ \text{MPa}<[\sigma_t]$$

$$\sigma_{c\max}=\frac{M_{\max}y_c}{I_z}=\frac{4\times10^3\times8.8\times10^{-2}}{763\times10^{-8}}pa=46.1\ \text{MPa}<[\sigma_t]$$

B 截面最大拉应力和最大压应力都小于许用应力，但还不能说该梁是安全的。因为 C 截面弯矩值虽小，但下边缘受拉，下边缘各点距中性轴的距离比上边缘各点距中性轴的距离大，产生拉应力有可能大于 B 截面的拉应力，所以需校核。

$$\sigma'_{c\max}=\frac{My_{t\max}}{I_z}=\frac{2\times10^3\times8.8\times10^{-2}}{763\times10^{-8}}pa=23.1\ \text{MPa}<[\sigma_t]$$

该截面的压应力不需再校核。

综上计算，该梁是安全的。

【例 7－9】 如图 7－26 所示的工字型截面外伸梁，梁上作用均布荷载 $q=20\ \text{kN/m}$，许用应力 $[\sigma]=140\ \text{MPa}$，试选择工字钢型号。

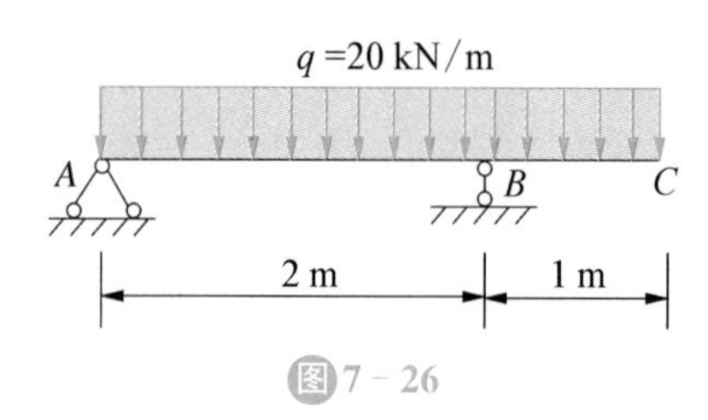

图7－26

【解】 (1) 绘制弯矩图

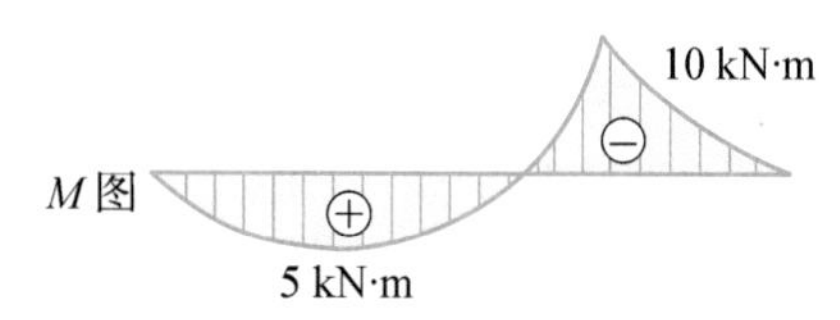

(2) 根据强度条件计算截面的抗弯截面系数

$$W_z=\frac{M_{\max}}{[\sigma]}=\frac{10\times10^3}{140\times10^6}=71.43\ \text{cm}^3$$

由此值在型钢表上查得型号为 I12.6，$W_z=77.5\ \text{cm}^3$。

根据选择型号计算 σ 值，$\sigma_{\max}$ 不超过 $[\sigma]$ 的 5％即可。

【例 7－10】 图示为一受均布荷载的梁(图 7－27)，其跨度 $l=2$ m，梁截面的直径 $d=10$ cm，许用应力 $[\sigma]=160\ \text{MPa}$，试确定梁能承受的最大荷载集度 q 值为多少？

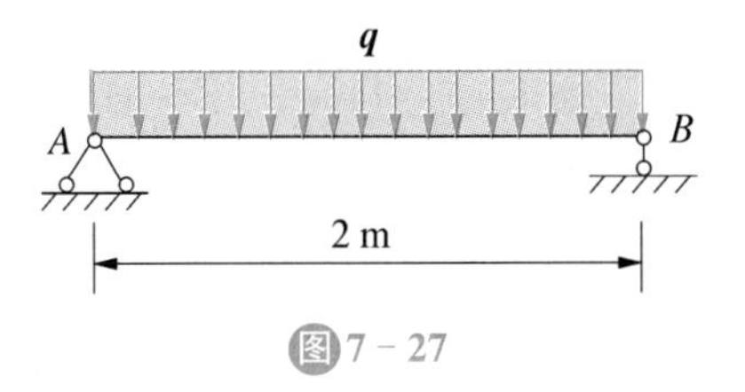

图 7 - 27

【解】（1）绘制弯矩图

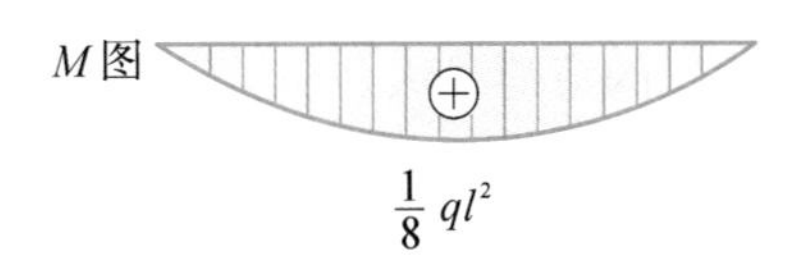

（2）计算截面的抗弯截面系数

由梁的正应力强度条件：

$\sigma_{max}=\frac{M_{max}}{W_z}\leqslant[\sigma]$，得 $M_{max}\leqslant W_z[\sigma]$，即$\frac{ql^2}{8}\leqslant W_z[\sigma]$

圆截面的抗弯截面系数　　$W_z=\frac{\pi d^3}{32}=100\ \text{cm}^3$

故该梁能承受的最大均布荷载集度为 $q\leqslant\frac{8W_z[\sigma]}{l^2}=\frac{8\times100\times10^{-6}\times160\times10^3}{4}=32\ \text{N/m}$

一般情况下，梁的设计是由正应力强度条件决定的，而利用切应力强度条件进行校核。实际上梁的截面根据正应力强度条件选择后，通常不再需要进行切应力强度校核，只有以下情况需要校核梁的切应力：

（1）梁的跨度较小或支座附近作用有较大的集中荷载时可能出现弯矩较小而剪力较大的情况。

（2）木材顺纹方向的切应力强度。

（3）组合截面，当腹板的宽度与梁高之比小于型钢截面的相应比值时，需要校核切应力强度。

7.5.2　梁的刚度条件

同使用条件下的梁，刚度要求一般也不相同，土建工程中以挠度和跨长的比值，即梁的相对挠度$\frac{y}{l}$作为标准。

梁的刚度条件可表达为：　　$\frac{y_{max}}{l}\leqslant\left[\frac{y}{l}\right]$

式中$\frac{y_{max}}{l}$为梁的最大挠跨比；$\left[\frac{y}{l}\right]$为梁的许用挠跨比。梁的许用挠跨比可从设计规范中查得，一般规定在$\frac{1}{1\ 000}\sim\frac{1}{200}$之间。

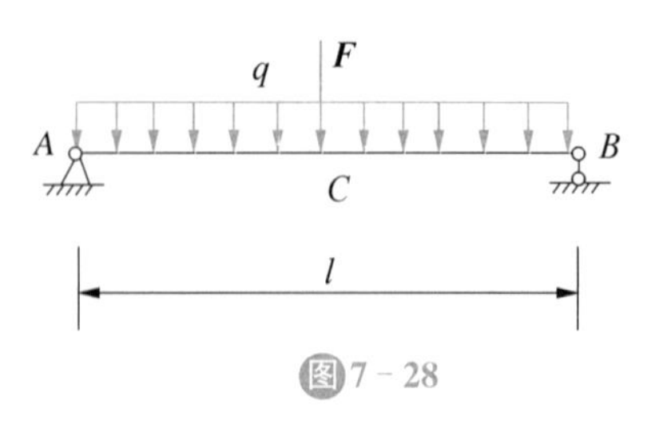

图7-28

【例7-11】 起重量为50 kN的单根桥式起重机梁，由型号为I45a工字钢制成。已知电葫芦重5 kN，桥式起重机梁跨度 $l=10$ m，材料的许用应力 $[\sigma]=170$ MPa，$[y/l]=1/500$，材料的弹性模量 $E=210$ GPa，试校核桥式起重机梁的强度和刚度。

【解】 梁的自重简化为均布荷载 q，电葫芦及起重量可简化为集中荷载 $\boldsymbol{F}$。当集中荷载作用在跨中时，梁的弯矩最大。

M图 ⊕ 147.55 kN·m

集中荷载 $F=50+5=55$ kN

查表知，I45a工字钢的自重为 $q=804$ N/m，

惯性矩 $I_z=32\ 200\ \text{cm}^4$，抗弯截面系数 $W_z=1\ 430\ \text{cm}^4$

最大正应力 $\sigma_{\max}=\dfrac{M_{\max}}{W_z}=103.18\ \text{MPa}<[\sigma]$

故桥式起重机梁满足强度要求。

由叠加法计算梁跨中的挠度：

$$y_C=y_F+y_q=\frac{Fl^3}{48EI}+\frac{5ql^4}{384EI}=0.018\ 5\ \text{m},\ \frac{y_C}{l}=0.018\quad 5<\left[\frac{y}{l}\right]=\frac{1}{500}$$

所以，桥式起重机梁也满足刚度要求。此梁安全

7.6 提高梁承载能力的措施

微课

提高梁承载力的措施

按强度条件设计梁时，主要是根据梁的弯曲正应力强度条件：

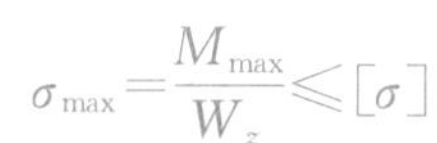

$$\sigma_{\max}=\frac{M_{\max}}{W_z}\leqslant[\sigma]$$

由上式可见，要提高梁的弯曲强度，即降低最大正应力，可以从两个方面来考虑，一是合理安排梁的受力情况，以降低最大弯矩 $M_{\max}$ 的数值；二是采用合理的截面形状，以提高弯曲截面系数 W 的数值。

1. 降低最大弯矩 $M_{\max}$ 的数值

(1) 合理安排作用在梁上的荷载，可以降低梁的最大弯矩(图7-29)。

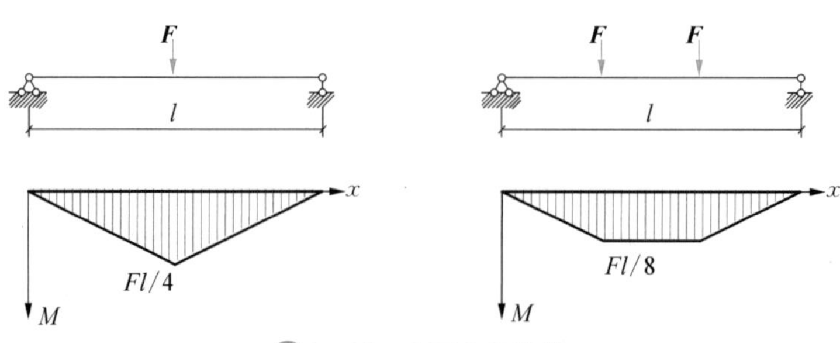

图7-29 合理安排荷载

右图将力分散作用在两点，最大弯矩仅为左图集中作用在一点最大弯矩的 1/2。

(2) 合理布置梁的支座，同样也可以降低梁的最大弯矩。

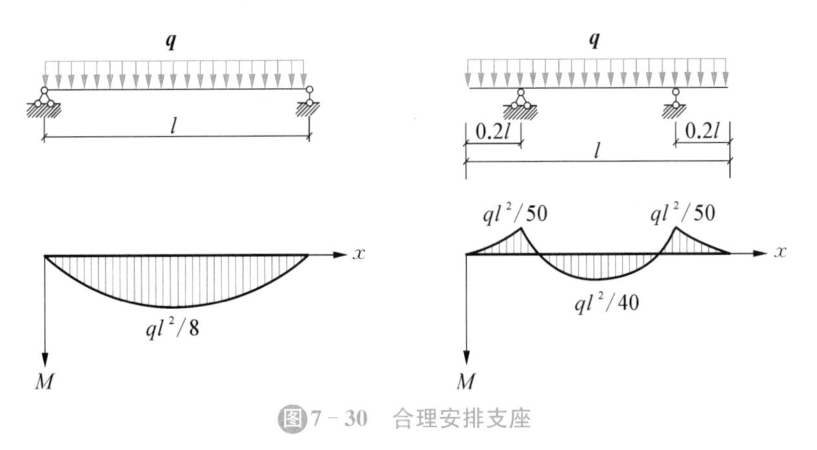

图 7-30　合理安排支座

右图外伸梁仅为原简支梁最大弯矩值的 20%。

在工程实际中，图示的门式起重机的大梁，图示的圆柱形容器，其支撑点都略向中间移动，就考虑了降低由荷载和自重所产生的最大弯矩。

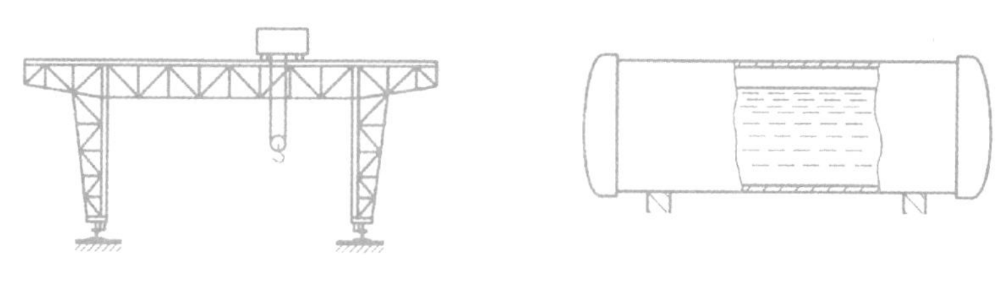

图 7-31　工程应用

2. 采用合理的截面形状

当弯矩值一定时，横截面上的最大正应力与弯曲截面系数成反比，即弯曲截面系数 W 越大越好。另一方面，横截面面积越小，梁使用的材料越少，自重越轻，即横截面面积 A 越小越好。

因此，合理的横截面形状应该是截面面积 A 较小，而弯曲截面系数 W 较大。我们可以用比值 W/A 来衡量截面形状的合理性。所以，在截面面积一定时，环形截面比圆形截面合理，矩形截面比圆形截面合理，矩形截面竖放比平放合理，工字形截面比矩形截面合理。另外，截面是否合理，还应考虑材料的特性。

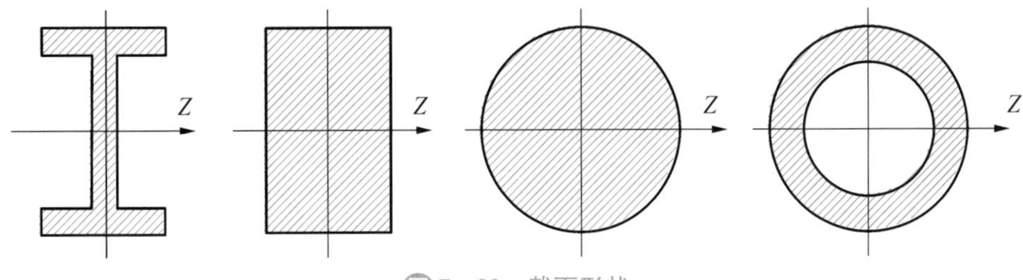

图 7-32　截面形状

3. 合理设计梁的外形

在一般情况下，梁的弯矩沿轴线是变化的。因此，在按最大弯矩所设计的等截面梁中，除最大弯矩所在的截面外，其余截面的材料强度均未能得到充分利用。

为了减轻梁的自重和节省材料，常常根据弯矩的变化情况，将梁设计成变截面的。在弯矩较大处，采用较大的截面；在弯矩较小处，采用较小的截面。这种截面沿轴线变化的梁，称为变截面梁。例如：鱼腹梁(图 7 - 33)等。

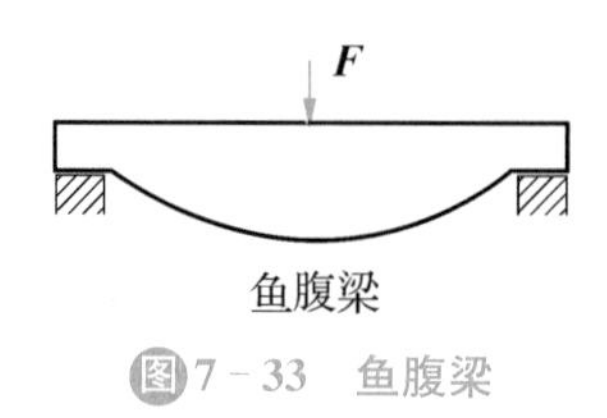

图 7 - 33　鱼腹梁

从弯曲强度考虑，理想的变截面梁应该使所有截面上的最大弯曲正应力均相同，且等于许用应力，即 $\sigma_{max}=\dfrac{M(x)}{W(x)}=[\sigma]$，这种梁称为等强度梁。

拓展提高

一、填空题

1. 一般弯曲正应力由________引起。

2. 在图示简支梁中 C 点左侧截面的剪力 $F_S=$________，弯矩 $M_C=$________。

3. 矩形截面梁，若截面高度和宽度都增加 1 倍，则其强度将提高到原来的________倍。

二、选择题

1. 下列哪个不是提高梁弯曲刚度的措施　　(　　)

A. 增大荷载　　B. 减少梁长

C. 增大惯性矩　　D. 选用较大参数的材料

2. 梁的剪力图与弯矩图中，在集中荷载作用处有　　(　　)

A. 剪力图无变化，弯矩图有折角

B. 剪力图有折角，弯矩图有突变

C. 剪力图有突变，弯矩图无变化

D. 剪力图有突变，弯矩图有折角

3. 梁发生平面弯曲时，其横截面绕________旋转　　(　　)

A. 梁的轴线　　B. 截面对称轴

C. 中性轴　　D. 截面形心

4. 梁受力如图示，则其最大弯曲正应力公式：$\sigma_{\max}=My_{\max}/I_z$ 中，$y_{\max}$ 为　　（　　）

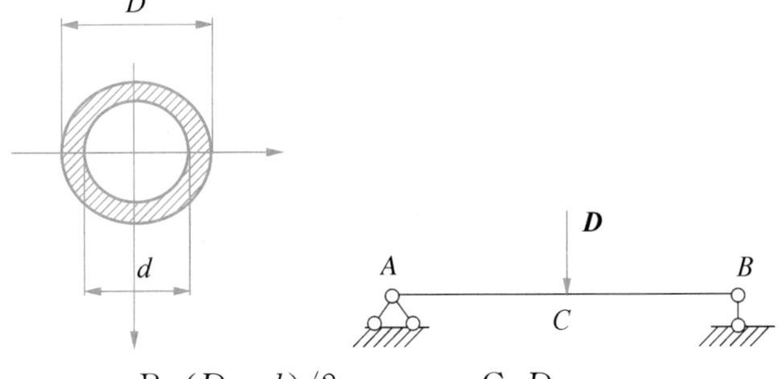

A. d　　B. $(D-d)/2$　　C. D　　D. $D/2$

5. 一悬臂梁及其所在坐标系如图所示。其自由端的　　（　　）

A. 挠度为正，转角为负

B. 挠度为负，转角为正

C. 挠度和转角都为正

D. 挠度和转角都为负

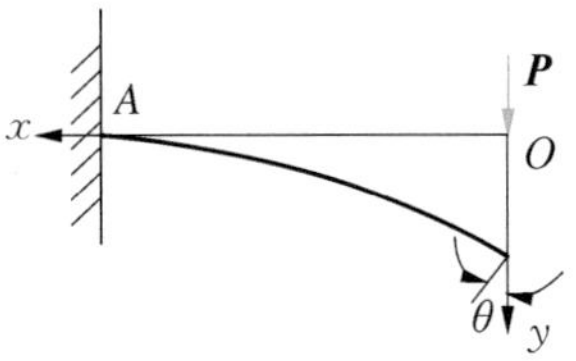

三、判断题

1. 梁在横向力作用下发生平面弯曲时，横截面上最大正应力作用点剪应力一定为零。　　（　　）

2. 设某段梁承受正弯矩作用，则靠近顶面和靠近底面的纵向纤维分别是伸长的和缩短的。　　（　　）

3. 梁在纯弯曲时，横截面上任一点处的轴向线应变的大小与该点到中性轴的距离成正比。　　（　　）

四、课外实践

请用 1 张 A4 纸，设计出承载能力最好的梁截面。

第 8 章 组合变形

力娃：前面几章中，我们学习了拉伸、压缩、扭转与弯曲时杆件的强度问题。可是工程上还有一些构件在复杂载荷作用下，这类强度问题该如何分析呢？

力翁：在复杂荷载作用下，构件横截面上将同时产生两个或两个以上内力分量的组合作用，例如两个不同平面内的平面弯曲组合、轴向拉伸(或压缩)与平面弯曲的组合、平面弯曲与扭转的组合。这些情形统称为组合受力与变形。本章节，我们一起来分学习组合变形。组合受力与变形时，杆件的危险截面和危险点的位置以及危险点的应力状态都与基本受力与变形时有所差别。因此对组合受力与变形的杆件进行强度计算，首先需要综合考虑各种内力分量的内力图，确定可能的危险截面；进而根据各个内力分量在横截面上所产生的应力分布确定可能的危险点以及危险点的应力状态；从而选择合适的强度理论进行强度计算。

学习目标

◆ 知识目标

★ 1. 掌握组合变形形式的概念；

★ 2. 掌握拉(压)弯、斜弯曲应力叠加原理。

◆ 能力目标

▲ 1. 能够正确区分组合变形类型；

▲ 2. 能够判断危险截面和危险点。

◆ 素质目标(德育)

● 1. 具有严谨的工作态度；

● 2. 具有化繁为简的能力。

在前面各章中分别讨论了杆件在拉伸(或压缩)、剪切、扭转和弯曲(主要是平面弯曲)四种基本变形时的内力、应力及变形计算，并建立了相应的强度条件。但在实际工程中杆件的受力有时是很复杂的，如图 8-1 所示的一端固定另一端自由的悬臂杆，若在其自由端截面上作

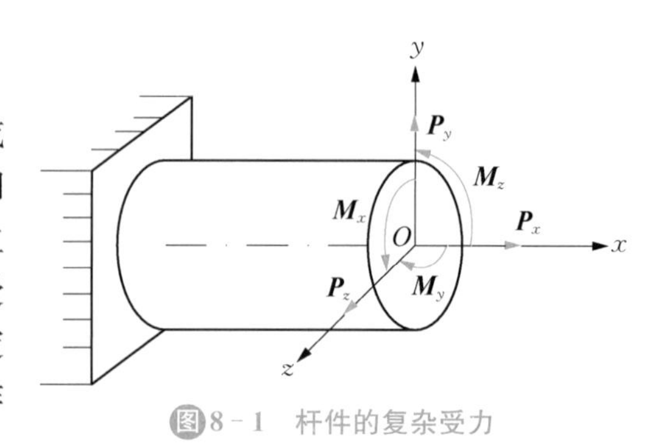

图8-1 杆件的复杂受力

用有一空间任意的力系，我们总可以把空间的任意力系沿截面形心主惯性轴 $xOyz$ 简化，得到向 x,y,z 三坐标轴上投影 $\boldsymbol{P}_x,\boldsymbol{P}_y,\boldsymbol{P}_z$ 和对 x,y,z 三坐标轴的力矩 $\boldsymbol{M}_x,\boldsymbol{M}_y,\boldsymbol{M}_z$。当这六种力(或力矩)中只有某一个作用时，杆件产生基本变形。

8.1　组合变形和叠加原理

微课

组合变形概念和偏心压缩

杆件同时有两种或两种以上的基本变形的组合时，称为组合变形，例如：若六种力只有 $\boldsymbol{P}_x$ 和 $\boldsymbol{M}_z$(或 $\boldsymbol{M}_y$)二个作用时，杆件既产生拉(或压)变形又产生纯弯曲，简称为拉(压)纯弯曲的组合，又可称它为偏心拉(压)，如图 8－2(a)。

若六种力中只有 $\boldsymbol{M}_z$ 和 $\boldsymbol{M}_y$ 二个作用时，杆件产生两个互相垂直方向的平面弯曲(纯弯曲)的组合，如图 8－2(b)。

若六种力中只有 $\boldsymbol{P}_z$ 和 $\boldsymbol{P}_y$ 二个作用时，杆件也产生两个互相垂直方向的平面弯曲(横力弯曲)的组合，如图 8－2(c)。

若六种力中只有对 $\boldsymbol{P}_y$ 和 $\boldsymbol{M}_x$ 二个作用时，杆件产生弯曲和扭转的组合，如图 8－2(d)。

若六种力中有 $\boldsymbol{P}_x,\boldsymbol{P}_y$ 和 M_x 三个作用时，杆件产生拉(压)与弯曲和扭转的组合，如图 8－2(e)。

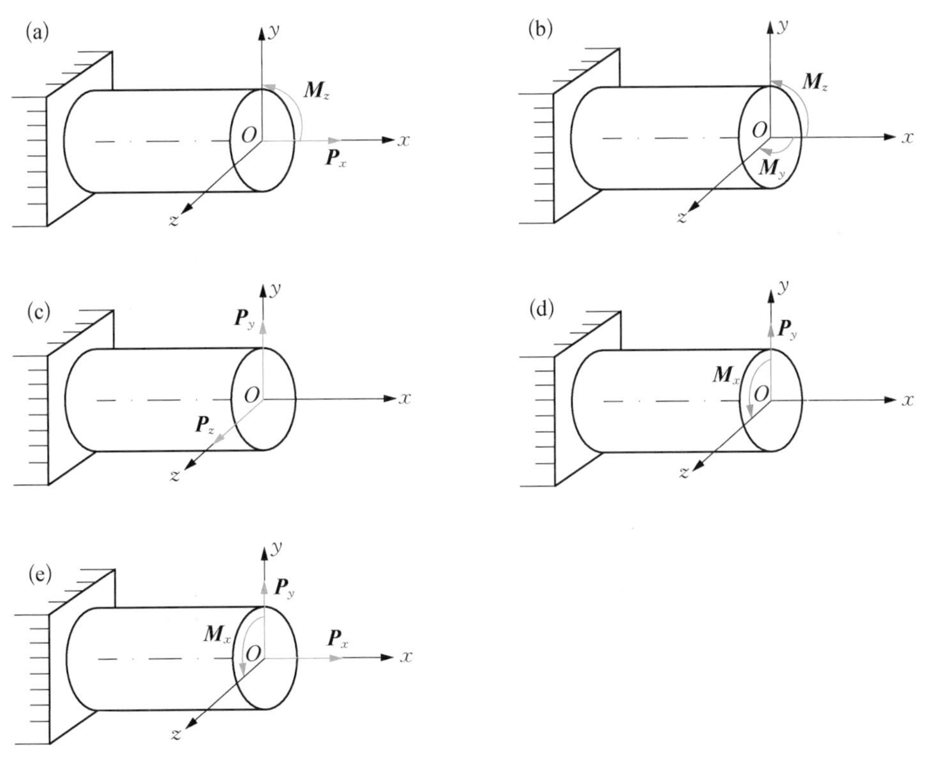

图 8－2　几种组合变形

组合变形的工程实例是很多的，例如，图 8－3(a)所示屋架上檩条的变形，是由檩条在

y,z 二方向的平面弯曲变形所组合的斜弯曲;图 8-3(b)表示一悬臂吊车,当在横梁 AB 跨中的任一点处起吊重物时,梁 AB 中不仅有弯矩作用,而且还有轴向压力作用,从而使梁处在压缩和弯曲的组合变形情况下;图 8-3(c)中所示的空心桥墩(或渡槽支墩),图 8-3(d)中所示的厂房支柱,在偏心力 $\boldsymbol{P}_1$,$\boldsymbol{P}_2$ 作用下,也都会发生压缩和弯曲的组合变形;图 8-3(e)中所示的卷扬机机轴,在力 $\boldsymbol{P}$ 作用下,则会发生弯曲和扭转的组合变形。

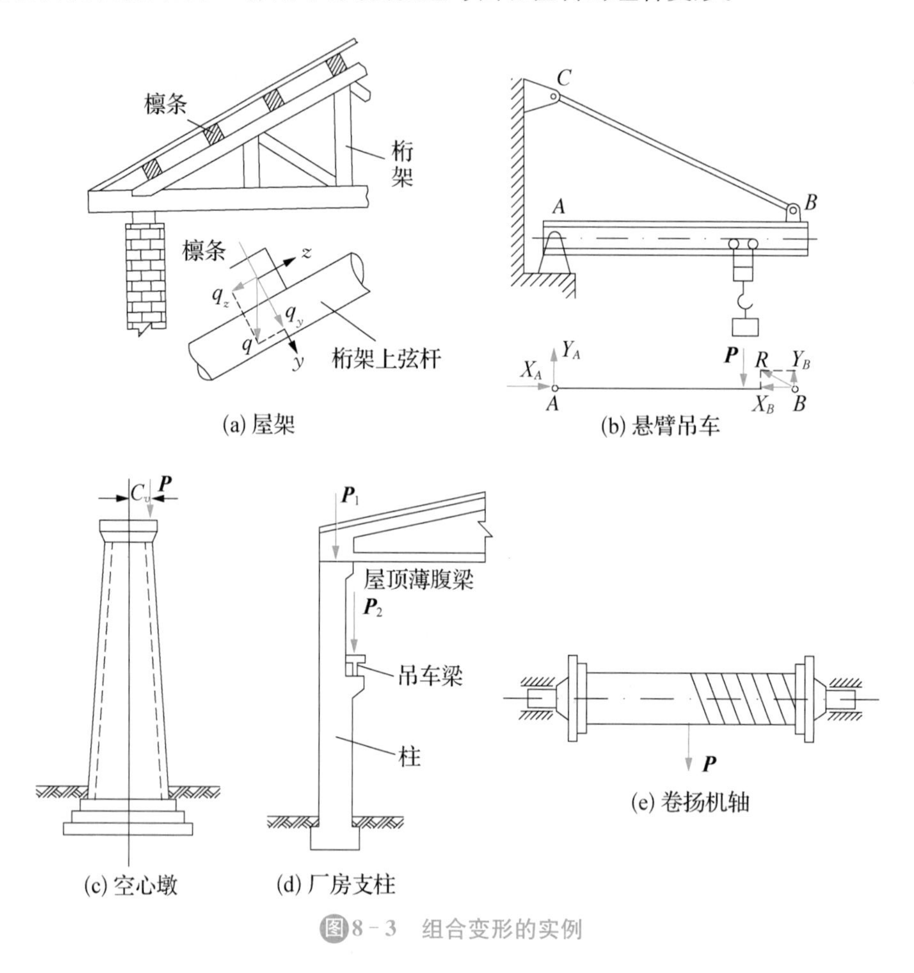

图8-3 组合变形的实例

小变形假设和胡克定律有效的情况下可根据叠加原理来处理杆件的组合变形问题。即首先将杆件的变形分解为基本变形,然后分别考虑杆件在每一种基本变形情况下所发生的应力、应变或位移,最后再将它们叠加起来,即可得到杆件在组合变形情况下所发生的应力、应变或位移。

为了便于读者研究杆件的组合变形问题,表 8-1 列出了杆件在四种基本变形情况下的外力、内力、应力和变形的计算公式以及强度条件,作为前面内容的小结。

在本章中,将着重介绍工程实际中遇到较多的两种种组合变形问题,即:(1) 拉伸或压缩与弯曲的组合;(2) 斜弯曲。

表 8-1 杆件在四种基本变形情况下的外力、内力、应力和变形的计算公式以及强度条件

基本变形类型	拉伸(压缩)	剪切	扭转	弯曲	
受力特点					
横截面内力	N(轴力)	Q(剪力)	M_n(扭矩)	M(弯矩)	Q(剪力)
横截面上的应力分布情况	(均布)	(假设均布)	(线性分布)	(线性分布)	(抛物线分布)
应力计算公式	$\sigma=\frac{N}{A}$	$\tau=\frac{Q}{A}$	$\tau_\rho=\frac{M_n\rho}{I_\rho}$	$\sigma=\frac{My}{I}$	$\tau=\frac{QS}{bI}$
变形计算公式	$\Delta l=\frac{Nl}{EA}$		$\varphi=\frac{M_n l}{GI_p}$	$\theta=\frac{\mathrm{d}y}{\mathrm{d}x}=-\frac{1}{EI}\left[\int M(x)\mathrm{d}x+C\right]$ $y=-\frac{1}{EI}\left[\int\left(\int M(x)\mathrm{d}x\right)\mathrm{d}x+Cx+D\right]$	
危险截面上最大应力计算公式	$\sigma_{\max}=\frac{N_{\max}}{A}$		$\tau_{\max}=\frac{M_{n\max}}{W_p}$	$\sigma_{\max}=\frac{M_{\max}}{W}$	$\tau_{\max}=\frac{Q_{\max}S_{\max}}{bI}$
强度条件	$\sigma_{\max}=\frac{N_{\max}}{A}\leqslant[\sigma]$	$\tau\leqslant[\tau]$	$\tau_{\max}=\frac{M_{n\max}}{W_p}\leqslant[\tau]$	$\sigma_{\max}=\frac{M_{\max}}{W}\leqslant[\sigma]$	$\tau_{\max}=\frac{Q_{\max}S_{\max}}{bI}\leqslant[\tau]$

8.2 拉伸或压缩与弯曲的组合

若作用在杆上的外力除轴向力外，还有横向力，则杆将发生拉伸(若压缩)与弯曲的组合变形。

如图 8-4(a)、(b)所示的矩形等截面石墩。它同时受到水平方向的土压力和竖直方向的自重作用。显然土压力会使它发生弯曲变形，而自重则会使它发生压缩变形。

因石墩的横截面积 A 和惯性矩 I 都比较大，在受力后其变形很小，故可以忽略其压缩变形和弯曲变形间的相互影响，并根据叠加原理求得石墩任一截面上的应力。

现研究距墩顶端的距离为 x 的任意截面上的应力。由于自重作用，在此截面上将引起均匀分布的压应力：

$$\sigma_N=\frac{N(x)}{A}$$

由于土压力的作用，在同一截面上离中性轴 Oz 的距离为 y 的任一点处的弯曲应力为：

$$\sigma_q=\frac{M(x)y}{I_z}$$

根据叠加原理，在此截面上离中性轴的距离为 y 的点上的总应力为：

$$\sigma=\sigma_N+\sigma_q=\frac{N(x)}{A}+\frac{M(x)y}{I_z}$$

应用上式时注意将 $N(x)$、$M(x)$、y 的大小和正负号同时代入。

石墩横截面上应力 σ_N、σ_q 和 σ 的分布情况一般如图 8-4(c)、(d)、(e)所示。由于土压力和自重大小的不同，总应力 σ 的分布也可能有如图 8-4(f)或(g)所示的情况。

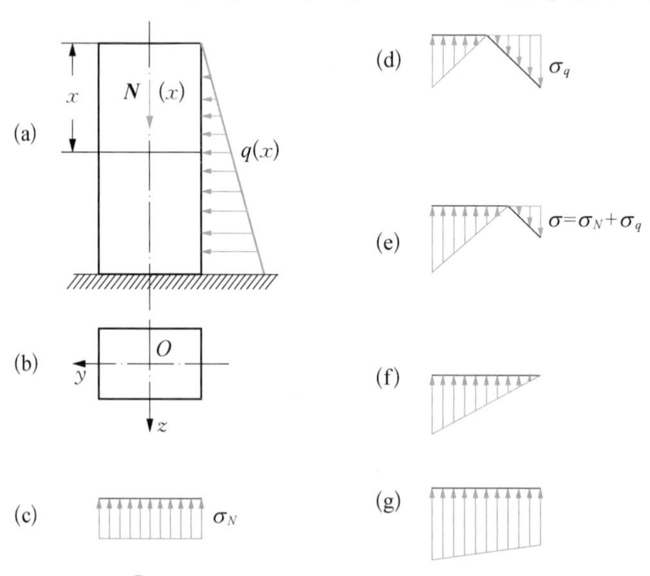

图8-4 在自重和土压力作用下的石墩

石墩的最大正应力 $\sigma_{\max}$ 及最小正应力 $\sigma_{\min}$，都发生在最大弯矩 $M_{\max}$ 及最大轴力 $N_{\max}$ 所在的截面上离中性轴最远处。故石墩的强度条件为：

$$\sigma_{\max}=\left|\frac{N_{\max}}{A}+\frac{M_{\max}}{W_z}\right|\leqslant[\sigma]$$

式中的 $W_z=\dfrac{I_z}{y_{\max}}$ 是石墩矩形横截面对 z 轴的抗弯截面模量。

上面我们以石墩为例介绍了怎样计算杆在拉伸（或压缩）与弯曲组合变形情况下的应力。也可用同样方法求解其他有类似情况的问题。

微课

斜弯曲

8.3　斜弯曲

8.3.1　梁在斜弯曲情况下的应力

如图 8－5 所示的悬臂梁，当在其自由端作用有一与截面纵向形心主轴成一夹角 φ 的集中荷载 $\boldsymbol{P}$ 时（为了便于说明，设外力 $\boldsymbol{P}$ 的作用线处在 yOz 坐标系的第一象限内），梁发生了斜弯曲。若要求在此悬臂梁中距固定端距离为 x 的任一截面上，坐标为 (y,z) 的任一点 A 处的应力，可按照如下步骤进行。

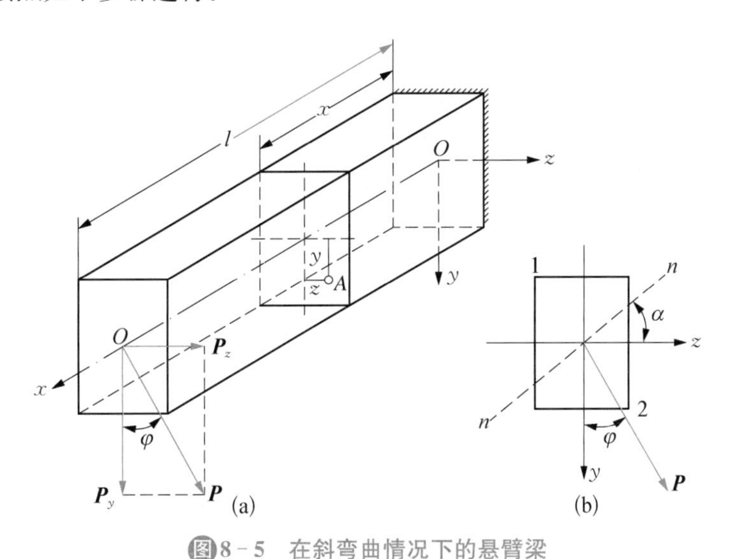

图 8－5　在斜弯曲情况下的悬臂梁

将荷载 $\boldsymbol{P}$ 设 y，z 两个形心主轴方向进行分解，得到：

$$P_y=P\cos\varphi \text{ 和 } P_z=P\sin\varphi$$

$\boldsymbol{P}_y$ 和 $\boldsymbol{P}_z$ 将分别使梁在 xOy 和 xOz 两个主惯性平面内发生平面弯曲，它们在任意截面上产生的弯矩为：

$$\left.\begin{aligned}M_y=P_z(l-x)=P(l-x)\sin\varphi=M\sin\varphi\\M_z=P_y(l-x)=P(l-x)\cos\varphi=M\cos\varphi\end{aligned}\right\}\tag{8-1}$$

其中的 M 表示斜向荷载 P 在任意截面上产生的弯矩。

点 A 处的正应力，可根据叠加原理求出：

$$\sigma=\frac{M_y z}{I_y}+\frac{M_z y}{I_z}=\frac{M\sin\varphi}{I_y}z+\frac{M\cos\varphi}{I_z}y$$

$$=M\left(\frac{\sin\varphi}{I_y}z+\frac{\cos\varphi}{I_z}y\right)\tag{8-2}$$

上式是计算梁在斜弯曲情况下其横截面上正应力的一般公式，它适用于具有任意支承形式和在通过截面形心且垂直于梁轴的任意荷载作用下的梁。但在应用此公式时，要注意随着支承情况和荷载情况的不同，正确地根据弯矩 $\boldsymbol{M}$ 确定其分量 $M_y=M\sin\varphi$，$M_z=M\cos\varphi$ 的大小和正负号。对弯矩的正负号规定是：凡能使梁横截面上，在选定坐标系的第一象限内的各点产生拉应力的弯矩为正，反之为负。

同样，荷载 P 使梁发生斜弯曲时，在梁横截面上所引起的剪应力，也可将由 P_y、P_z 分别引起的剪应力 τ_y 和 τ_z 进行叠加而求得。但应注意，因 τ_y 与 τ_z 的指向互相垂直，故叠加时是几何叠加，即 $\tau=\sqrt{\tau_y^2+\tau_z^2}$。

8.3.2 梁在斜弯曲情况下的强度条件

在工程设计计算中，通常认为梁在斜弯曲情况下的强度仍是由最大正应力来控制。因横截面上的最大正应力发生在离中性轴最远处，故要求得最大正应力，必须先确定中性轴的位置。由于在中性轴上的正应力为零，故可用将 $\sigma=0$ 代入式(8－2)的办法得到中性轴的方程并确定它在横截面上的位置。为此，设在中性轴上任一点的坐标为 y_0 和 z_0，代入式(8－2)，则有：

$$\sigma=M\left(\frac{\sin\varphi}{I_y}z_0+\frac{\cos\varphi}{I_z}y_0\right)=0$$

或

$$\frac{z_0}{I_y}\sin\varphi+\frac{y_0}{I_z}\cos\varphi=0\tag{8-3}$$

式(8－3)就是中性轴[图 8－5(b)中的 $n-n$]线的方程。不难看出，它是一条通过截面形心($y_0=0$，$z_0=0$)且穿过二、四象限的直线，故在此直线上，除截面形心外，其他各点的坐标 y_0 和 z_0 的正负号一定相反。中性轴与 z 轴间的夹角 α[见图 8－5(b)]可用式(8－3)求出，即：

$$\tan=\alpha\left|\frac{y_0}{z_0}\right|=\frac{I_z}{I_y}\tan\varphi\tag{8-4}$$

在一般情况下，$I_y\neq I_z$，故 $\alpha\neq\varphi$，即中性轴不垂直于荷载作用平面。只有当 $\varphi=0°$，$\varphi=90°$或 $I_y=I_z$ 时，才有 $\alpha=\varphi$，中性轴才垂直于荷载作用平面。显而易见，$\varphi=0°$或 $\varphi=90°$的

情况就是平面弯曲情况，相应的中性轴就是 z 轴或 y 轴。对于矩形截面梁来说，$I_z=I_y$ 说明梁的横截面是正方形，而通过正方形截面形心的任意坐标轴都是形心主轴，故无论荷载所在平面的方向如何，都只会引起平面弯曲。

梁的最大正应力显然会发生在最大弯矩所在截面上离中性轴最远的点处，例如图 8-6(b)中的 1、2 两点处，且点 1 处的正应力为最大拉应力，点 2 处的正应力为最大压应力。将最大弯矩 $\boldsymbol{M}_{\max}$和点 1、点 2 的坐标(y_1,z_1)，(y_2,z_2)代入式(8-3)可以得到：

$$\left.\begin{aligned}\sigma_{\max}&=M_{\max}\left(\frac{\sin\varphi}{I_y}z_1+\frac{\cos\varphi}{I_z}y_1\right)\\\sigma_{\min}&=-M_{\max}\left(\frac{\sin\varphi}{I_y}z_2+\frac{\cos\varphi}{I_z}y_2\right)\end{aligned}\right\}\tag{8-5}$$

对于具有凸角而又有两条对称轴的截面（如矩形、工字形截面等），因 $|y_1|=|y_2|=y_{\max}$，$|z_1|=|z_2|=z_{\max}$，故 $\sigma_{\max}=|\sigma_{\min}|$。这样，当梁所用材料的抗拉、抗压能力相同时，其强度条件就可写为：

$$\begin{aligned}\sigma_{\max}&=\left|M_{\max}\left(\frac{z_{\max}\sin\varphi}{I_y}+\frac{y_{\max}\cos\varphi}{I_z}\right)\right|\\&=\left|\frac{M_{\max}}{W_z}\left(\cos\varphi+\frac{W_z}{W_y}\sin\varphi\right)\right|\leqslant[\sigma]\end{aligned}\tag{8-6}$$

式中的 $W_z=\dfrac{I_z}{y_{\max}}$，$W_y=\dfrac{I_y}{z_{\max}}$。

8.3.3　梁在斜弯曲情况下的变形

梁在斜弯曲情况下的变形，也可根据叠加原理求得。例如图 8-5(a)所示悬臂梁在自由端的挠度就等于斜向荷载 P 的分量$\boldsymbol{P}_y$、$\boldsymbol{P}_z$ 在各自弯曲平面内的挠度的几何叠加，因：

$$f_y=\frac{P_yl^3}{3EI_z}=\frac{Pl^3}{3EI_z}\cos\varphi$$

$$f_z=\frac{P_zl^3}{3EI_y}=\frac{Pl^3}{3EI_y}\sin\varphi$$

故梁在自由端的总挠度：

$$f=\sqrt{f_y^2+f_z^2}\tag{8-7}$$

总挠度 f 的方向线与 y 轴之间的夹角 β 可由下式求得：

$$\tan\beta=\frac{f_z}{f_y}=\frac{I_z}{I_y}\frac{\sin\varphi}{\cos\varphi}=\frac{I_z}{I_y}\tan\varphi\tag{8-8}$$

将式(8-8)与式(8-4)比较，可知：

$$\tan\beta=\tan\alpha\ 或\ \beta=\alpha$$

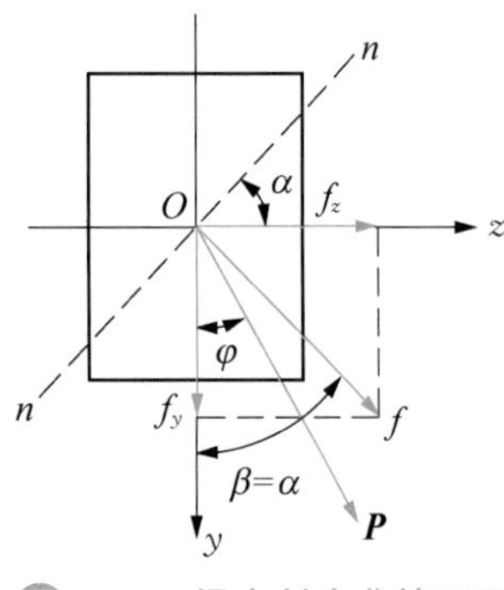

图8-6　梁在斜弯曲情况下的弯形

这就说明，梁在斜弯曲时其总挠度的方向是与中性轴垂直的，即梁的弯曲一般不发生在外力作用平面内，而发生在垂直于中性轴 $n-n$ 的平面内，如图 8-6 所示。

从式(8-8)可以看出，当$\frac{I_z}{I_y}$值很大时(例如梁横截面为狭长矩形时)，即使荷载作用线与 y 轴间的夹角 φ 非常微小，也会使总挠度 f 对 y 轴发生很大的偏离，这是非常不利的。因此，在较难估计外力作用平面与主轴平面是否能相当准确地重合的情况下，应尽量避免采用 I_z 和 I_y 相差很大的截面，否则就应采用一些结构上的辅助措施，以防止梁在斜弯曲时所发生的侧向变形。

【例 8-1】　有一屋桁架结构如图 8-7(a)所示。已知：屋面坡度为 1∶2，二桁架之间的距离为 4 m，木檩条的间距为 1.5 m，屋面重(包括檩条)为 1.4 kN/m²。若木檩条采用 120 mm×180 mm 的矩形截面，所用松木的弹性模量为 $E=10$ GPa，许用应力$[\sigma]=$10 MPa，许可挠度$[f]=\frac{l}{200}$，试校核木檩条的强度和刚度。

【解】　(1) 确定计算简图

屋面的重量是通过檩条传给桁架的。檩条简支在桁架上，其计算跨度等于二桁架间的距离 $l=4$ m，檩条上承受的均布荷载 $q=1.4\times1.5=2.1$ kN/m，其计算简图如图 8-7(b)和(c)所示。

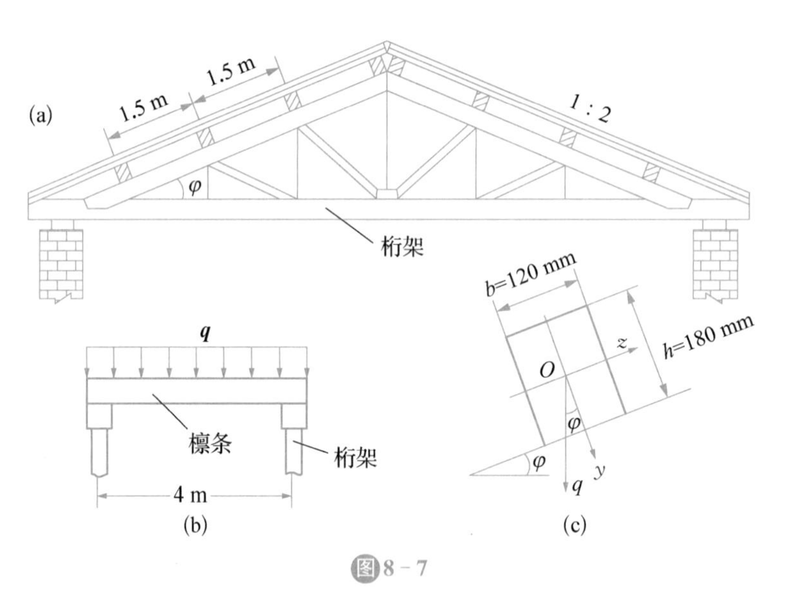

图8-7

(2) 内力及有关数据的计算

$$M_{\max}=\frac{ql^2}{8}=\frac{2.1\times10^3\times4^2}{8}=4\ 200\ \text{N}\cdot\text{m}$$

$$=4.2\ \text{kN}\cdot\text{m}(\text{发生在跨中截面})$$

屋面坡度为 1∶2，即 $\tan\varphi=\dfrac{1}{2}$ 或 $\varphi=26°34'$。故：

$$\sin\varphi=0.447\ 2,\cos\varphi=0.894\ 4$$

另外算出：

$$I_z=\frac{bh^3}{12}=\frac{120\times180^3}{12}=0.583\ 2\times10^8\ \text{mm}^4$$

$$=0.583\ 2\times10^{-4}\ \text{m}^4$$

$$I_y=\frac{hb^3}{12}=\frac{180\times120^3}{12}=0.259\ 2\times10^8\ \text{mm}^4$$

$$=0.259\ 2\times10^{-4}\ \text{m}^4$$

$$y_{\max}=\frac{h}{2}=90\ \text{mm},z_{\max}=\frac{b}{2}=60\ \text{mm}$$

(3) 强度校核

将上列数据代入式(8－6)，可得：

$$\sigma_{\max}=\left|M_{\max}\left(\frac{z_{\max}}{I_y}\sin\varphi+\frac{y_{\max}}{I_z}\cos\varphi\right)\right|$$

$$=4\ 200\times\left(\frac{60\times10^{-3}}{0.259\ 2\times10^{-4}}\times0.447\ 2+\frac{90\times10^{-3}}{0.583\ 2\times10^{-4}}\times0.894\ 4\right)$$

$$=4\ 200\times(1\ 035+1\ 380)=10.14\times10^6\ \text{N/m}^2$$

$$=10.14\ \text{MPa}$$

$\sigma_{\max}=10.14$ MPa 虽稍大于$[\sigma]=10$ MPa，但所超过的数值小于$[\sigma]$的 5%，故满足强度要求。

(4) 刚度校核

最大挠度发生在跨中：

$$f_y=\frac{5(q\cos\varphi)l^4}{384EI_z}=\frac{5\times2.1\times10^3\times0.894\ 4\times4^4}{384\times10\times10^9\times0.583\ 2\times10^{-4}}$$

$$=0.010\ 7\ \text{m}=10.7\ \text{mm}$$

$$f_z=\frac{5(q\sin\varphi)l^4}{384EI_y}=\frac{5\times2.1\times10^3\times0.447\ 2\times4^4}{384\times10\times10^9\times0.259\ 2\times10^{-4}}$$

$$=0.012\ 1\ \text{m}=12.1\ \text{mm}$$

总挠度 $f=\sqrt{f_y^2+f_z^2}=\sqrt{10.7^2+12.1^2}=16.2\ \text{mm}<[f]=\dfrac{4\ 000}{200}=20\ \text{mm}$，满足刚度要求。

拓展提高

一、填空题

1. 计算组合变形的基本原理是________。

2. 位于空旷地带的烟囱，受荷载作用后可能的组合变形形式是________。

二、单选题

1. 下图中，梁的最大拉应力发生在(　　)点。　　(　　)

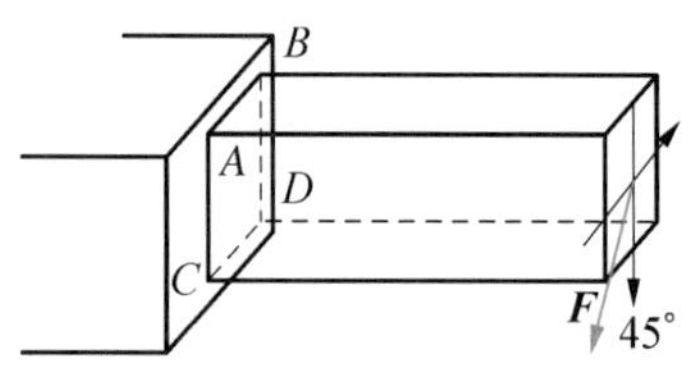

A. A　　B. B　　C. C　　D. D

2. 图示矩形截面拉杆中间开一深度为 $h/2$ 的缺口，与不开口的拉杆相比，开中处的最大应力的增大倍数有四种答案　　(　　)

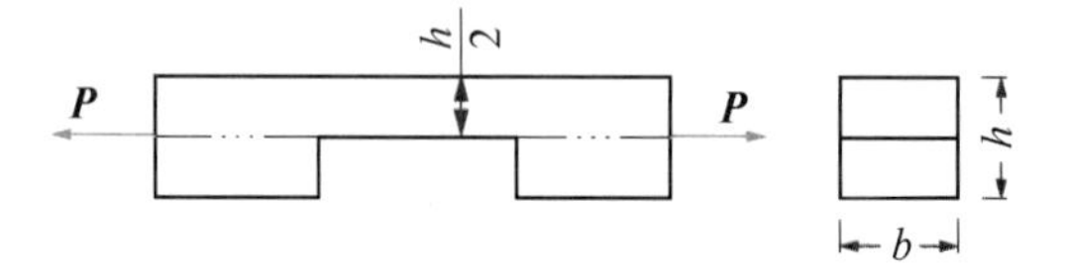

A. 2 倍　　B. 4 倍　　C. 8 倍　　D. 16 倍

3. 三种受压杆件如图，设杆 1、2、和杆 3 中的最大压应力(绝对值)分别用 $\sigma_{\max1}$、$\sigma_{\max2}$ 和 $\sigma_{\max3}$ 表示，它们之间的关系有四种答案　　(　　)

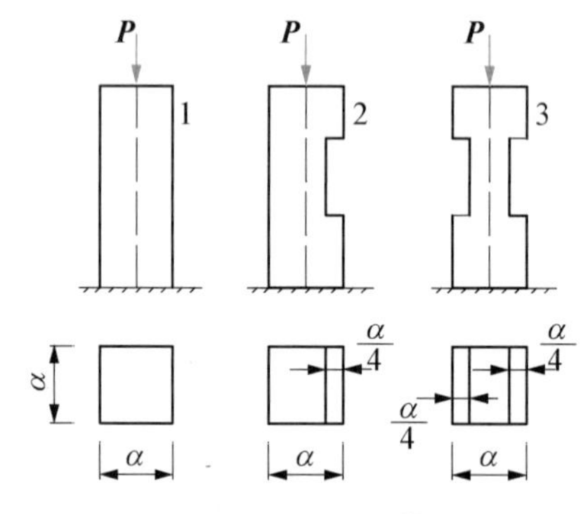

A. $\sigma_{\max1}<\sigma_{\max2}<\sigma_{\max3}$　　B. $\sigma_{\max1}<\sigma_{\max2}=\sigma_{\max3}$

C. $\sigma_{\max1}<\sigma_{\max3}<\sigma_{\max2}$　　D. $\sigma_{\max1}=\sigma_{\max3}<\sigma_{\max2}$

三、判断题

1. 斜弯曲区别于平面弯曲的基本特征是斜弯曲问题中荷载是沿斜向作用的。　　(　　)

2. 拉(压)与弯曲组合变形中，若不计横截面上的剪力则各点的应力状态为单轴应力。　　(　　)

3. 梁发生斜弯曲变形时，挠曲线不在外力作用面内。　　(　　)

第 9 章 压杆稳定

力娃：相同截面、相同材料的两根木杆(图 9-1)，为什么短的比长的能承受更大的压力呢？

动画

压杆稳定

力翁：工程中有很多压杆(如图 9-2)，对于细长的压杆来说，影响其承载能力的不再是强度而是其稳定性，这一章节，我们一起来了解压杆稳定性的概念，掌握临界压力的计算方法，并且通过所学的知识，能够判定工程中压杆是否有失稳的危险，并且能够采取措施提高压杆的稳定性。

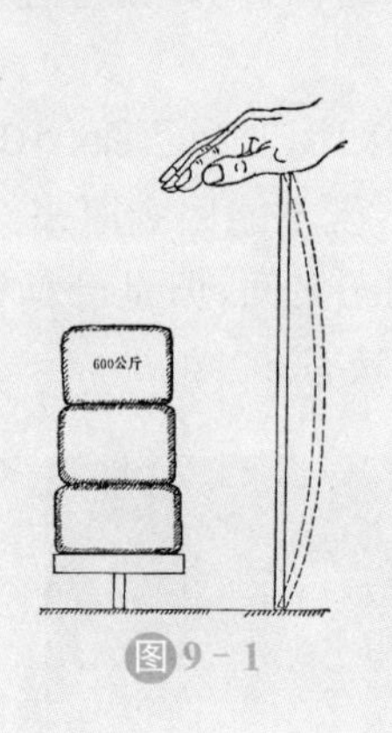

图 9-1

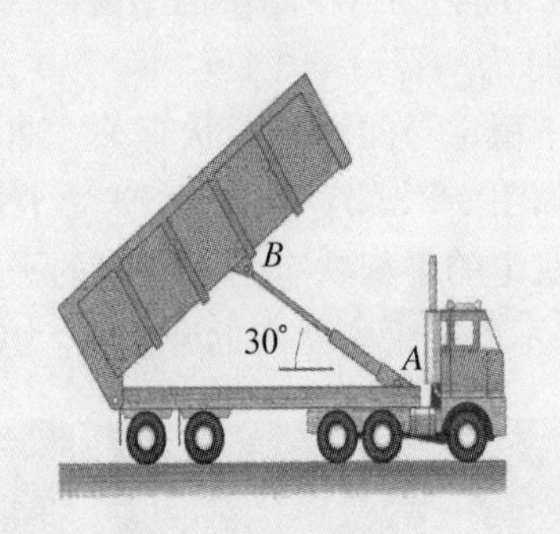

图 9-2

学习目标

知识目标

★ 1. 理解压杆稳定的概念；

★ 2. 掌握临界压力欧拉公式。

能力目标

▲ 1. 会判断压杆失稳的危险；

▲ 2. 会采取措施提高压杆稳定性。

素质目标

● 1. 具有安全生产的责任意识；

● 2. 具有勇于担当，奉献的精神；

● 3. 具有文明施工的职业素养。

9.1 压杆稳定的概念

微课

压杆稳定及欧拉公式

1. 平衡的三种形态

如图 9－3 所示的小球，小球在 A、B、C 三个位置虽然都可以保持平衡，但这些平衡却具有不同的性质。

（1）如图 9－3(a)所示小球在曲面槽内 B 的位置保持平衡，这时若有一微小干扰力使小球离开 B 的位置，则当干扰力消失后，小球能自己回到原来的位置 B，继续保持平衡。小球在 B 处的平衡状态称为稳定的平衡状态。

（2）如图 9－3(b)所示的小球，在平面 B 处平衡，若此时受微小干扰力干扰，小球从 B 处移到 A 处，当干扰力消失后，小球既不能回到原来的位置，又不会继续移动，而是在受干扰后的新位置 A 处，保持了新的平衡。小球在 A 处的平衡状态称为临界平衡状态。

（3）如图 9－3(c)所示小球在凸面上 B 的位置保持平衡，此时只需有一个微小的干扰力使小球离开 B 的位置，则当干扰力消失后，小球不但不能回到原来的位置 B，而且还会继续下滚。小球在 B 处的平衡状态称为不稳定的平衡状态。

显然小球平衡状态的稳定或不稳定与曲面的形状有关。曲面由凹面变为凸面，小球的平衡状态由稳定变为不稳定。而如图 9－3(b)所示的小球受干扰后，既不能回到原来 C 的平衡位置，又不会继续移动，介于稳定的平衡状态与不稳定的平衡状态之间，但是已具有不稳定平衡状态的特点，可以认为是不稳定平衡状态的开始，称为临界状态。

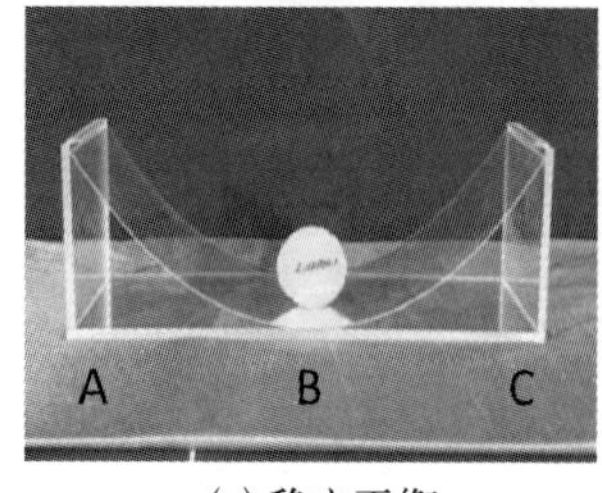

(a) 稳定平衡

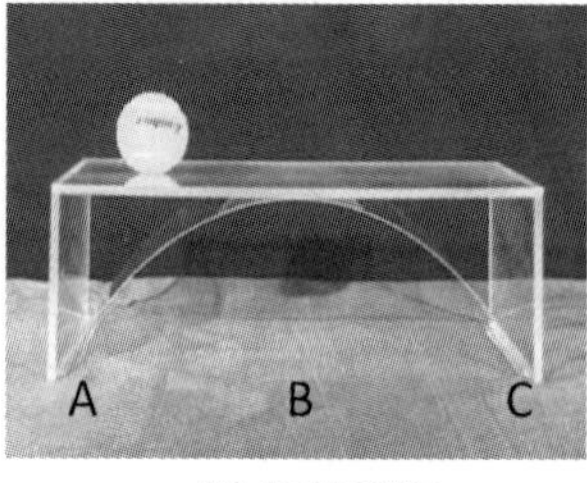

(b) 临界平衡

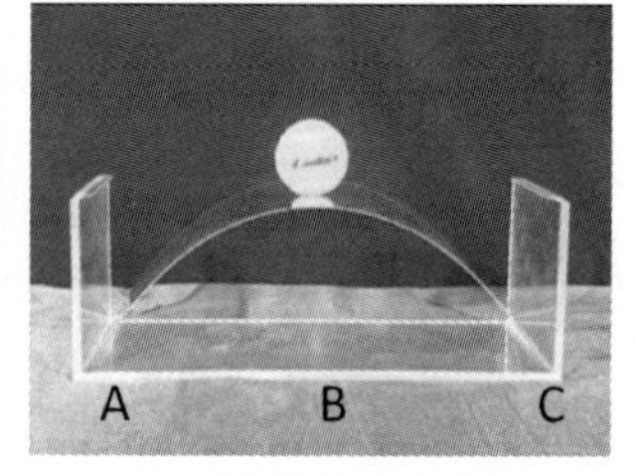

(c) 不稳定平衡

图 9－3

2. 受压直杆平衡的三种形式

（1）轴向压力较小时，杆件能保持稳定的直线平衡状态；

（2）轴向压力较大时，压杆不再保持直线平衡状态。

压杆的稳定性就是在轴向压力作用下保持原有直线平衡状态的能力或性能。

➢ **注意：**临界载荷 F_{cr} 是压杆保持稳定平衡时所能承受的最大载荷，或使压杆失稳时的最小载荷。

失稳导致构件失效具有突发性，给工程带来的后果也是灾难性的。因此，结构设计除了保证足够的强度和刚度外，还需保证结构具有足够的稳定性。

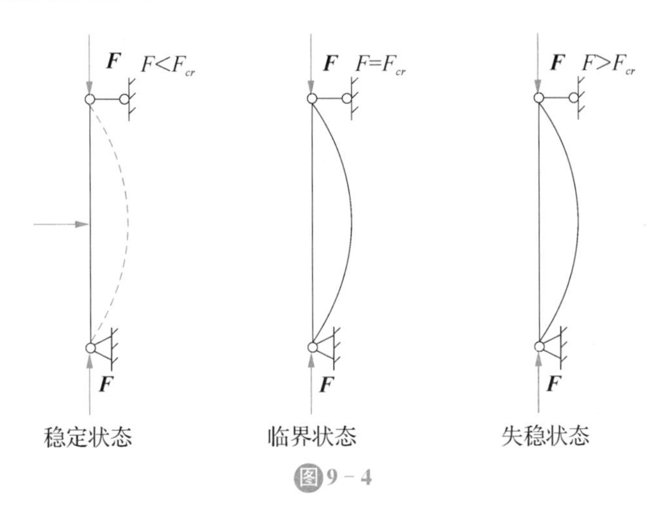

图9-4

2000年10月25日上午10时许南京电视台演播厅工程封顶(图9-5),由于脚手架失稳,模板倒塌,造成6人死亡,35人受伤,其中一名死者是南京电视台的摄像记者。

图9-5

1900年,魁北克大桥开始修建,横贯圣劳伦斯河(图9-6)。为了建造当时世界上最长的桥梁,原本可能成为不朽杰作的桥梁被工程师在设计时将主跨的净距由497.7米忘乎所以地增长到了549.6米。1907年9月29日下午5点32分,当桥梁即将竣工之际,发生了垮塌,造成桥上的96名工人中75人丧生,11人受伤。事故调查显示,这起悲剧是由工程师在设计中一个小的计算失误导致桁架中压杆失稳造成的。

图9-6

图9－7

工程师之戒(图9－7)，是一枚仅仅授予北美几所顶尖大学工程系毕业生的戒指，用以警示以及提醒他们，谨记工程师对于公众和社会的责任与义务。这枚戒指被誉为“世界上最昂贵的戒指”，其意义与军人的勋章一样重大，在整个西方世界，铁戒已经成为一个出类拔萃的工程师的杰出身份和崇高地位的象征。戒指外表面上下各有10个刻痕。惨痛的教训引起了人们的沉思，于是自彼时起，垮塌桥梁的钢筋便被重铸为一枚枚戒指，至今约100年时间，无时无刻不提醒着每一位身为工程师的义务与职责。

9.2 临界压力欧拉公式

➢ **讨论**：压杆稳定性和哪些因素有关？

9.2.1 细长压杆临界力计算公式

两端铰支细长压杆的临界力计算公式为：

$$F_{cr}=\frac{\pi^2 EI}{(\mu l)^2} \tag{9-1}$$

式(9－1)称为欧拉公式。

式中，E——材料的弹性模量；

I——截面的惯性矩，取两轴惯性矩较小的；

μ——长度系数，与压杆两端约束有关。

四种典型的杆端约束下的细长压杆(图9－8)的长度因素如下：

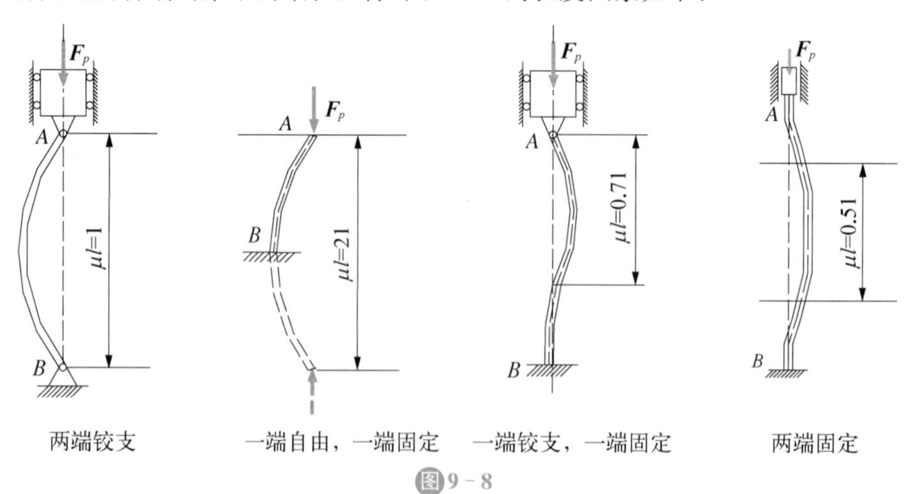

图9－8

一端自由，一端固定：$\mu=2.0$；两端固定：$\mu=0.5$

一端铰支，一端固定：$\mu=0.7$；两端铰支：$\mu=1.0$

【例 9－1】　图 9－9 所示细长圆截面连杆，长度 $l=800$ mm，直径 $d=20$ mm，材料为 Q235 钢，$E=200$ GPa 试计算连杆的临界载荷 F_{cr}。

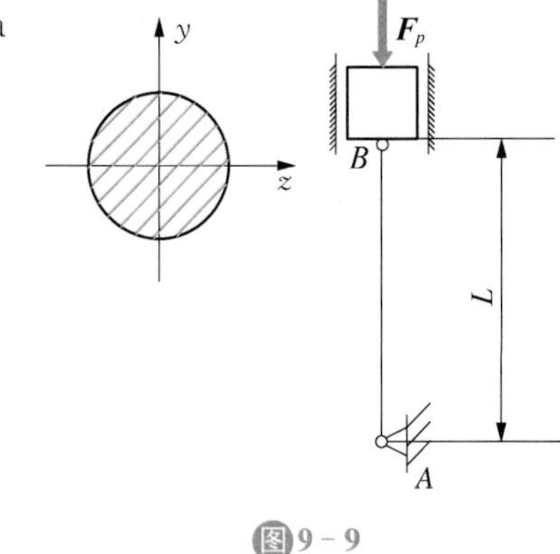

图 9－9

【解】（1）细长压杆的临界荷载

$$F_{cr}=\frac{\pi^2 EI_{\min}}{(\mu l)^2}=\frac{\pi^2 E}{l^2}\cdot\frac{\pi d^4}{64}$$

$$=\frac{\pi^3\times 200\times 10^9\times(0.02)^4}{64\times 0.8^2}=24.2\ \text{kN}$$

（2）强度分析

$$\sigma_s=235\ \text{MPa}$$

$$F_s=A\sigma_s=\frac{\pi\times 0.02^2}{4}\times 235\times 10^6=73.8\ \text{kN}>F_{cr}$$

9.2.2　欧拉公式的适用范围

1. 临界应力与柔度

$$\sigma_{cr}=\frac{F_{cr}}{A}\tag{9-2}$$

将式(9－1)带入，可写成：

$$\sigma_{cr}=\frac{\pi^2 EI}{(\mu l)^2 A}\tag{9-3}$$

若将压杆的惯性矩 I 写成 $I=i^2A$ 或 $i=\sqrt{\frac{I}{A}}$。

式中，i——压杆横截面的惯性半径。

于是临界应力可写成：

$$\sigma_{cr}=\frac{\pi^2 Ei^2}{(\mu l)^2}=\frac{\pi^2 E}{\left(\frac{\mu l}{i}\right)^2}\tag{9-4}$$

令 $\lambda=\frac{\mu l}{i}$，则：

$$\sigma_{cr}=\frac{\pi^2 E}{(\lambda)^2}\tag{9-5}$$

式(9－5)为计算压杆临界应力的欧拉公式，式中 λ 称为压杆的柔度(也称长细比)。柔度λ是一个无量纲的量，其大小与压杆的长度系数μ杆长l及惯性半径i有关。由于压杆的长度系数μ决定于压杆的支承情况，惯性半径i决定于截面的形状与尺寸，所以，从物理意义上看，柔度综合地反映了压杆的长度、截面的形状与尺寸以及支承情况对临界力的影响。如果压杆的柔度值越大，则其临界应力越小，压杆就越容易失稳。

2. 欧拉公式的适用范围

欧拉公式是根据挠曲线近似微分方程导出的，而应用此微分方程时，材料必须服从胡克定律。因此，欧拉公式的适用范围应当是压杆的临界应力σ_{cr}不超过材料的比例极限σ_p，即$\sigma_{cr}=\frac{\pi^2 E}{\lambda^2}\leqslant\sigma_p$，则有$\lambda\geqslant\pi\sqrt{\frac{E}{\sigma_p}}$。

若设λ_p为压杆的临界应力达到材料的比例极限时的柔度值，即：

$$\lambda_p=\pi\sqrt{\frac{E}{\sigma_p}} \tag{9-6}$$

则欧拉公式的适用范围为$\lambda\geqslant\lambda_p$。

上式表明，当压杆的柔度不小于时，才可以应用欧拉公式计算临界力或临界应力。这类压杆称为大柔度杆或细长杆，欧拉公式只适用于较细长的大柔度杆。从式(9-6)可知，λ_p的值取决于材料性质，不同的材料都有自己的E值和σ_p值，所以，不同材料制成的压杆，其λ_p也不同。例如Q235钢，$\sigma_p=200$ MPa，$E=200$ GPa由式(9-6)即可求得，$\lambda_p=100$。

9.2.3 中长杆的临界力计算——经验公式、临界应力总图

1. 中长杆的临界力计算经验公式

上面指出，欧拉公式只适用于较细长的大柔度杆，即临界应力不超过材料的比例极限处于弹性稳定状态。当临界应力超过比例极限时，材料处于弹塑性阶段，此类压杆的稳定属于弹塑性稳定(非弹性稳定)问题，此时，欧拉公式不再适用对这类压杆，各国大都采用经验公式计算临界力或者临界应力，经验公式是在试验和实践资料的基础上，经过分析归纳而得到的。各国采用的经验公式多以本国的试验为依据，因此计算不尽相同。我国比较常用的经验公式有直线公式和抛物线公式等，本书只介绍直线公式，其表达式为：

$$\sigma_{cr}=a-b\lambda \tag{9-7}$$

式中，a和b是与材料有关的常数，其单位为MPa一些常用材料的a、b值如表9-1所示。

表9-1 常用材料的a、b值

材料	a/MPa	b/MPa	λ_p	λ_s
Q235钢	304	1.12	100	62
硅钢	577	3.74	100	60

（续表）

材料	a/MPa	b/MPa	λ_p	λ_s
硬铝	372	2.14	50	0
铸铁	331.9	1.453		
松木	39.2	0.199	59	0

应当指出，经验公式也有其适用范围，它要求临界应力不超过材料的受压极限应力。这是因为当临界应力达到材料的受压极限应力时，压杆已因为强度不足而破坏。因此，对于由塑性材料制成的压杆，其临界应力不允许超过材料的屈服应力 σ_s，即：

$$\sigma_{cr}=a-b\lambda\leqslant\sigma_s$$

则有

$$\lambda\geqslant\frac{a-\sigma_s}{b}$$

令

$$\lambda_s=\frac{a-\sigma_s}{b}$$

得 $\lambda\geqslant\lambda_s$。

式中表示当临界应力等于材料的屈服应力 σ_s 时压杆的柔度值。与 λ_p 一样，它也是一个与材料的性质有关的常数。因此，直线经验公式的适用范围为 $\lambda_p\leqslant\lambda\geqslant\lambda_s$。

计算时，一般把柔度值介于 λ_s 与 λ_p 之间的压杆称为中长杆或中柔度杆，而把柔度小于 λ_s 的压杆称为短粗杆或小柔度杆。对于柔度小于的短粗杆或小柔度杆，其破坏则是因为材料的抗压强度不足而造成的，如果将这类压杆也按照稳定问题进行处理，则对塑性材料制成的压杆来说，可取临界应力 $\sigma_{cr}=\sigma_s$。

2. 临界应力总图

综上所述，压杆按照其柔度的不同，可以分为三类，并分别由不同的计算公式计算其临界应力。当 $\lambda\geqslant\lambda_p$ 时，压杆为细长杆（大柔度杆），其临界应力用欧拉公式来计算；当 $\lambda_s\leqslant\lambda\leqslant\lambda_p$ 时，压杆为中长杆（中柔度杆），其临界应力用经验公式来计算；$\lambda<\lambda_s$，压杆为短粗杆（小柔度杆），其临界应力等于杆受压时的极限应力。如果把压杆的临界应力根据其柔度不同而分别计算的情况，用一个简图（9－10）来表示，该图称为压杆的临界应力总图。

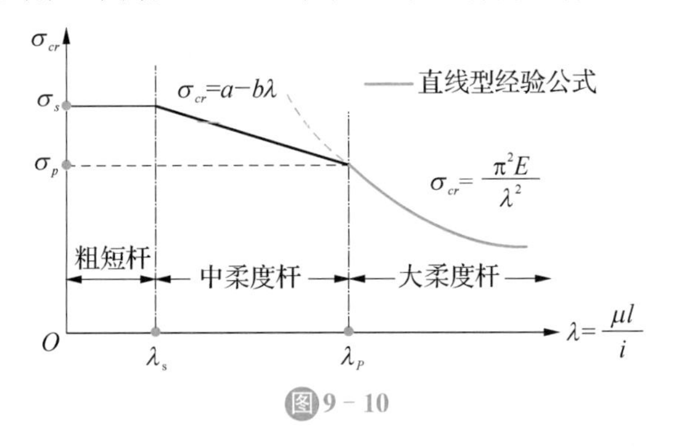

图 9－10

【例 9-2】 两端铰支压杆的长度 $L=1.2\text{m}$，材料为 Q235 钢，$E=200\ \text{GPa}$，$\sigma_s=240\ \text{MPa}$，$\sigma_p=200\ \text{MPa}$。已知截面的面积 $A=900\ \text{mm}^2$，若截面的形状分别为圆形、正方形、$\frac{d}{D}=0.7$ 的空心圆管。试分别计算各杆的临界力。

【解】 (1) 圆形截面

$$\text{直径}\ D=\sqrt{\frac{4A}{\pi}}=\sqrt{\frac{4\times900}{\pi}}=33.85\ \text{mm}$$

惯性半径 $$i=\sqrt{\frac{I}{A}}=\sqrt{\frac{\pi D^4/64}{\pi D^2/4}}=\frac{D}{4}=\frac{33.85\times10^{-3}}{4}=8.46\times10^{-3}\ \text{m}$$

柔度 $$\lambda=\frac{\mu l}{i}=\frac{1\times1.2}{8.46\times10^{-3}}=142,\lambda_p=\pi\sqrt{\frac{E}{\sigma_p}}=\pi\sqrt{\frac{200\times10^9}{200\times10^6}}=99.3$$

因为 $\lambda=142>\lambda_p=99.3$，所以属细长压杆，用欧拉公式计算临界力：

$$F_{cr}=\frac{\pi^2EI}{(\mu l)^2}=\frac{\pi^3\times200\times10^9\times(33.85\times10^{-3})^4}{64\times1.2^2}=88.3\ \text{kN}$$

(2) 正方形截面

截面边长 $$a=\sqrt{A}=\sqrt{900}=30\ \text{mm}$$

惯性半径 $$i=\sqrt{\frac{I}{A}}=\sqrt{\frac{a^4/12}{a^2}}=\frac{a}{\sqrt{12}}=\frac{30\times10^{-3}}{\sqrt{12}}=8.66\times10^{-3}\ \text{m}$$

柔度 $$\lambda=\frac{\mu l}{i}=\frac{1\times1.2}{8.66\times10^{-3}}=138$$

因为 $\lambda=138>\lambda_p=99.3$，所以属细长压杆，用欧拉公式计算临界力：

$$F_{cr}=\frac{\pi^2EI}{(\mu l)^2}=\frac{\pi^2\times200\times10^9\times\frac{(30\times10^{-3})^4}{12}}{1.2^2}=92.5\ \text{kN}$$

(3) 空心圆管截面

因为 $\frac{d}{D}=0.7$，所以 $\frac{\pi}{4}(D^2-d^2)=\frac{\pi}{4}[D^2-(0.7D)^2]=A$

得 $$D=47.4\times10^{-3}\ \text{m},d=33.8\times10^{-3}\ \text{m}$$

惯性半径 $$i=\sqrt{\frac{I}{A}}=\sqrt{\frac{\pi(D^4-d^4)/64}{A}}=\sqrt{\frac{1.88\times10^{-7}}{900\times10^{-6}}}=1.45\times10^{-2}\ \text{m}$$

柔度 $$\lambda=\frac{\mu l}{i}=\frac{1\times1.2}{1.45\times10^{-2}}=82.7$$

因为 $\lambda_s<\lambda<\lambda_p$，所以属中长压杆，用直线公式计算临界力。

$$F_{cr}=\sigma_{cr}A=(a-b\lambda)A=(304-1.12\times82.7)\times900\times10^{-6}=190\ \text{kN}$$

9.3　压杆的稳定计算

当压杆中的应力达到(或超过)其临界应力时,压杆会丧失稳定。所以,正常工作的杆,其横截面上的应力应小于临界应力。在工程中,为了保证压杆具有足够的稳定性,还须考虑一定的安全储备,这就要求横截面上的应力,不能超过压杆的临界应力的许用值$[\sigma_{cr}]$,即:

微课

压杆稳定条件及计算

$$\frac{F_N}{A} \leqslant [\sigma_{cr}] \tag{9-8}$$

$[\sigma_{cr}]$为临界应力的许用值,其值为$[\sigma_{cr}]=\dfrac{\sigma_{cr}}{n_{st}}$。

式中,n_{st}——稳定安全系数。

稳定安全系数一般都大于强度计算时的安全系数,这是因为在确定稳定安全系数时,除了应遵循确定安全系数的一般原则以外,还必须考虑实际压杆并非理想的轴向压杆这一情况。例如,在制造过程中,杆件不可避免地存在微小的弯曲(即存在初曲率);另外,外力的作用线也不可能绝对准确地与杆件的轴线相重合(即存在初偏心)等等,这些因素都应在稳定安全系数中加以考虑。

【例9-3】　一等直压杆长$l=3.4\text{m}$,$A=14.72\ \text{cm}^2$,$I=79.95\ \text{cm}^4$,$E=210\ \text{GPa}$,$F=60\ \text{kN}$,$n_{st}=2$,材料为A3钢,两端为铰支座。试进行稳定校核。

【解】

$$\lambda=\frac{\mu l}{i}=\frac{1\times 3.4}{\sqrt{\dfrac{79.95}{14.72}}}=145.9>\lambda_p$$

$$F_{cr}=\frac{\pi^2 EI}{(\mu l)^2}=\frac{\pi^2\times 210\times 10^9\times 79.95\times 10^{-8}}{(1\times 3.4)^2}=143.3\ \text{kN}$$

$$[F]=\frac{F_{cr}}{n_{st}}=\frac{143.3}{2}=71.65\ \text{kN}>F$$

因此,该压杆是稳定的。

9.4　提高压杆的稳定的措施

提高压杆稳定性的措施,可从决定压杆临界力的各种因素去考虑。

微课

提高压杆稳定性的措施

1. 材料方面

对于细长压杆,临界应力由于各种钢材的E大致相等,所以选用优质钢材与普通钢材并无很大差别。

采用高强度优质钢在一定程度上可以提高中长压杆的稳定性。

对于短粗杆，本身就是强度问题，采用高强度材料则可相应提高强度，其优越性自然是明显的。

2. 柔度方面

柔度越小，稳定性就越好，为了减小柔度，在可能的情况下可采取如下一些措施：

(1) 改善支承情况

压杆两端固定得越牢固，临界应力就大。所以采用长度因素的支承情况，可以提高压杆的稳定性。

(2)减小杆的长度

两端铰支[图 9－11(a)]的细长压杆，若在杆件中点增加一支承[(图 9－11(b)]，则计算长度为原来的一半，柔度相应减小一半，而其临界应力则是原来的 4 倍。

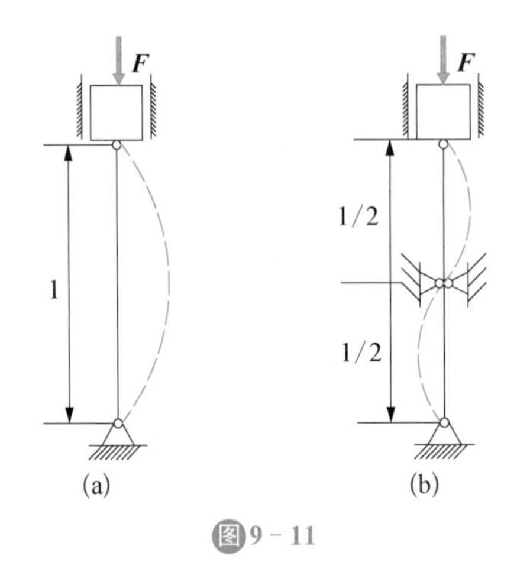

图9－11

(3) 选择合理的截面

如果截面面积一定时，应设法增大惯性矩 I。工程中的压杆常采用空心截面或组合截面。例如，同样截面的实心圆杆改成空心圆杆。又如，由四根角钢组成的立柱，角钢应分散放置在截面的四个角[图 9－12(a)]，而不是集中放置在截面的形心附近[图 9－12(b)]。

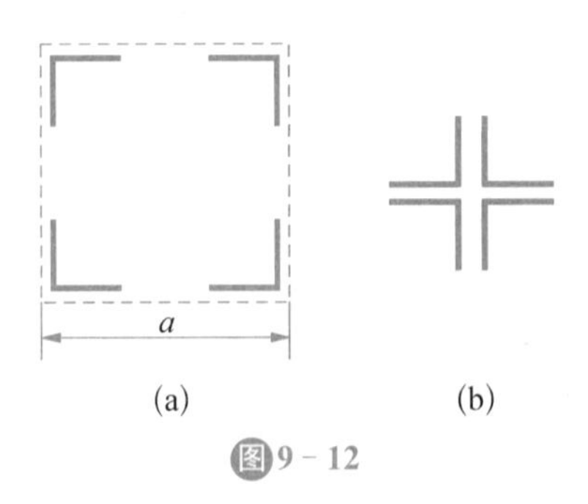

图9－12

3. 整个结构的综合考虑

当压杆在各个弯曲平面内的约束条件相同时，则压杆的失稳发生在最小刚度平面内。

因此，当截面面积一定时，应使 $I_z = I_y$，而且还要尽量使 I 值大些(例如空心圆等)，从而提高其抗失稳的能力。如压杆在两个弯曲平面内的约束条件不同，这就要求在两个弯曲平面内的柔度相等或相近，从而达到在两个方向上抵抗失稳的能力一样或相近的目的。

拓展提高

一、填空题

1. 圆截面细长压杆的杆长、材料和杆端约束保持不变，若仅将其直径缩小一半，则压杆的临界压力为原压杆的________。

2. 大柔度压杆和中柔度压杆一般是因________而失效，小柔度压杆是因________而失效。

二、判断题

1. 压杆的临界压力(或临界应力)与作用载荷大小有关。　(　　)

2. 两根材料、长度、截面面积和约束条件都相同的压杆，其临界压力也一定相同。　(　　)

3. 压杆的临界应力值与材料的弹性模量成正比。　(　　)

4. 细长压杆，若其长度系数增加一倍，P_{cr} 增加到原来的 4 倍。　(　　)

三、选择题

1.细长压杆，若其长度系数增加一倍，则　(　　)

A. F_{cr} 增加一倍　　B. F_{cr} 增加到原来的 4 倍

C. F_{cr} 为原来的二分之一倍　　D. F_{cr} 增为原来的四分之一倍

2. 在杆件长度、材料、约束条件和横截面等条件完全相同的情况下，压杆采用图示的截面形状，其稳定性最好________，最差是________。　(　　)(　　)

A　　B　　C　　D

3. 下列结论中哪些是正确的?　(　　)

(1) 若压杆中的实际应力不大于该压杆的临界应力，则杆件不会失稳；

(2) 受压杆件的破坏均由失稳引起；

(3) 压杆临界应力的大小可以反映压杆稳定性的好坏；

(4) 若压杆中的实际应力大于 σ_{cr}，则压杆必定破坏。

A. (1),(2)　　B. (2),(4)　　C. (1),(3)　　D. (2),(3)

4. 提高水稻抗倒伏性能的可能措施包括　(　　)

A. 选用茎秆强壮品种

B. 选用节间较短的矮秆品种

C. 使用植物生长调节剂，以调控节间长度与株高等

D. 以上都是

第 10 章
平面体系的几何组成分析

力娃：脚手架在工地上随处可见，为什么有这么多杆件呢？

力翁：杆件组成的脚手架必须是几何不变体系。本章节，我们一起来学习平面杆件体系的几何性质。脚手架中斜着的杆件叫斜撑，其必不可少，保证脚手架是几何不变体系才能使用哦！

学习目标

◆ 知识目标

★ 1. 掌握刚片、自由度的概念；
★ 2. 掌握平面几何体系的性质；
★ 3. 掌握平面几何不变体系的组成规则。

◆ 能力目标

▲ 1. 能够运用规则分析体系的几何组成性质；
▲ 2. 能够判断工程中体系的几何性质。

◆ 素质目标(思政)

● 1. 具有安全生产的责任意识；
● 2. 具有勇于担当，奉献的精神；
● 3. 具有文明施工的职业素养。

脚手架倒塌事故警示！

脚手架和模板支架坍塌警示录

在施工现场，会看到竹子或钢管搭建成的脚手架，在新闻中，关于脚手架坍塌的事故也经常引起社会的关注，在一起起安全事故中，工人受伤、死亡的案例令我们无限悲痛！

建筑工地上常见的扣件式钢管脚手架，一般都需要搭成如图 10－1(a)所示的形式，即脚手架不但要有竖直杆和水平杆，还必须要有一些斜杆(剪刀撑)才能稳当可靠。如果将架子搭成如图 10－1(b)所示的形式，则会很容易倒塌。

脚手架坍塌的事故，所有的建筑工地都应该警惕，同学们更应该提高安全生产的意识！

图10-1

若干根杆件以一定的方式相互联结，并与基础相连，则构成杆件体系，判定杆件体系能否作为结构使用时，须对其进行几何组成分析，以确定几何体系的组成是否合理、结构能否承受荷载作用。

杆系结构是由若干杆件按一定规律互相连接在一起而组成的，用来承受荷载，起骨架作用的体系，如图10-2所示。

数学桥

干海子特大桥

浦江体育中心体育馆

图10-2

微课/动画

1. 平面体系的几何组成分析
2. 几何可变与几何不变体系

10.1　几何组成分析的概念

10.1.1　什么是几何组成分析

若不考虑由于材料的应变所产生的变形，如体系受到任意荷载作用后能保持其形状和位置不变，则称为几何不变体系，如图10-3(a)所示；如体系尽管只受到很小的荷载作用，也会发生几何形状或位置的改变，则称为几何可变体系，如图10-3(b)所示。显然，结构必须是几何不变体系，几何可变体系（可称为机构）是不能作为结构的。因此，在结构设计和计算之前，必须确定是否几何不变，这一过程称为几何组成分析。

对体系进行几何组成分析的目的如下：

(1) 判别某一体系是否几何不变，以决定是否可以作为结构。

(2) 研究几何不变体系的组成规律，改善和提高结构的性能，以便设计出合理的结构。

(3) 根据结构的组成规则确定它是静定结构或是超静定结构，以指导结构的内力计算。

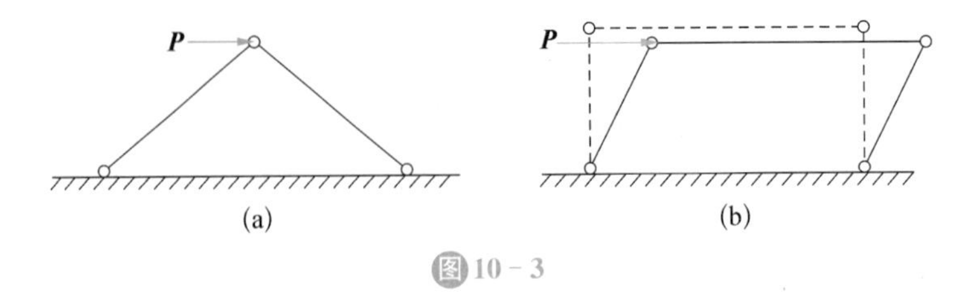

图10-3

➢ 思考：在生活中如何巧妙应用和转换几何可变体系和几何不变体系呢？

如图10-4所示，这种衣架为了携带方便，做成的就是可变体系。如果增加一些简单的连杆，就可以变成几何不变体系，动手试试吧！

如图10-5所示，古代的外撑木窗是几何不变体系，但是离开了撑杆就是几何可变的机构，就不能保持不变状态。

图10-4　　图10-5

10.1.2　刚片、自由度与约束

1. 刚片

体系中任何几何不变的部分都可视为一个刚体，它在平面体系中简称刚片。因此，一根梁、一根链杆或者在体系中已经肯定为几何不变的某个部分，以及支承结构的地基，都可视为一个刚片。

2. 自由度

确定体系的位置所需的独立坐标的数目，称为自由度，即该体系运动时可以独立出来的运动方式或独立变化的几何参数的数目。

3. 约束

在实际结构体系中，各杆件之间及体系与基础之间是通过一些装置互相联系在一起的。这些联结装置使体系内各构件(刚片)之间的相对运动受到了限制。能使体系减少自由度的装置称为约束,也称为联系。能使体系减少一个自由度的装置称为一个约束,如果一个装置能使体系减少 N 个自由度,则称为 N 个约束。

值得注意的是,并不是多有的约束都能减少体系的自由度。如果在体系中增加一个约束,体系的自由度并未减少,则所增加的约束称为多余约束。

下面我们一起来做一个小实验,一起探究几何组成性质对脚手架的影响,如何才能搭建出安全牢靠的脚手架呢?

【小实验】

实验名称:从一个小试验看剪刀撑对脚手架稳定性起的作用。

实验目的:弄懂脚手架设置剪刀撑(或称十字撑、斜撑)的作用。

工具:剪刀。

材料:30～50 cm 长的木棍 6 根,橡皮筋。

步骤:

(1) 将 4 根木棍用橡皮筋扎成一正方形如图 10-6(a)所示。

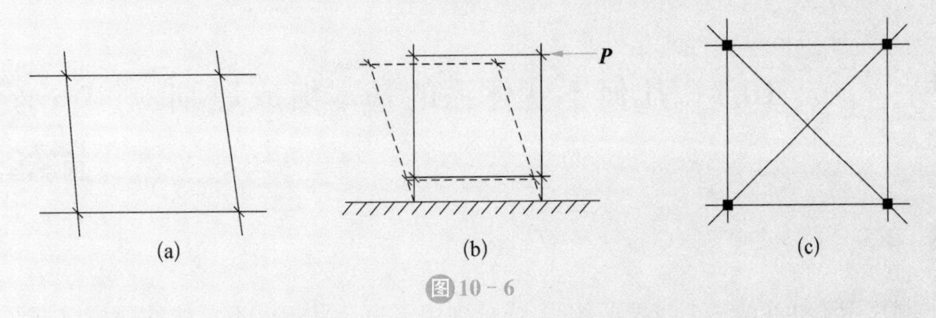

图 10-6

(2) 把方形木架直立在地面上,用一手指从左(或右)做水平方向推力试验,如图 10-6(b)所示,发现它在较小推力的作用下,即发生倾斜,说明木架平面内侧向稳定性较差。

(3) 双手水平拿方形木架两边,将发现它极易发生平面外侧向变形。

(4) 再在方形木架上扎上两道斜撑,如图 10-6(c)所示。

(5) 重做第(2)、(3)项实验,发现方形木架平面内侧向稳定性很好,用劲推也不能使它变形。同时,水平放置后,也不易发生平面外的侧向变形了。

【分析】

从上面的实验可知,仅用立柱和横杆搭成的脚手架,构成了一个平行四边形结构。平行四边形有一个特点,这就是不稳定性,即容易改变形状。加了斜撑或剪刀撑以后,就构成了几个三角形结构。三角形也有一个特点,这就是它的稳定性,具有固定不变的形状。因此,脚手架设置剪刀撑或斜撑后,将大大加强纵向和横向的稳固性。三角形的稳定性原理在建筑施工中是经常用得到的。在搭设模板支架中,也应十分重视在支架立杆之间设置剪刀撑,以使搭设的支架稳定坚固(如图 10-7)。很多工程在浇筑混凝土时,发生模板支架倒塌伤人事故，其中很重要的一个原因是剪刀撑设置数量不足或设置得不够合理。

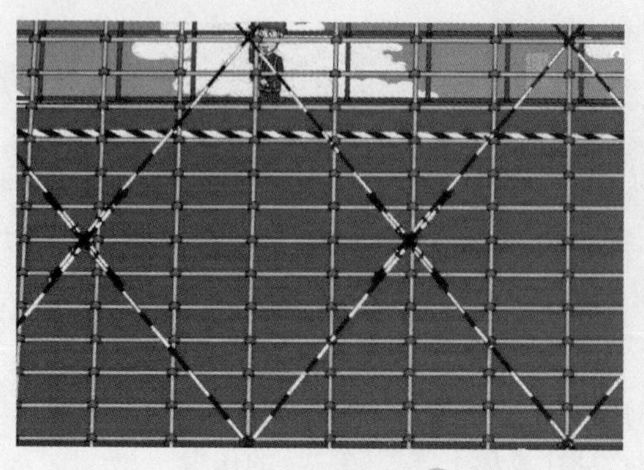

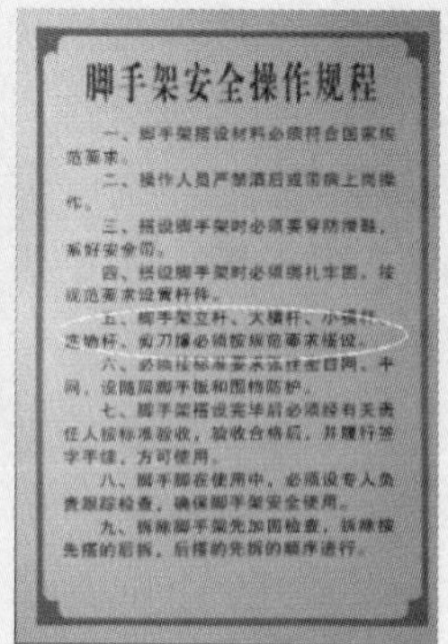

图 10 - 7

事故教训是镜子，安全经验是明灯！让事故远离你的工地！在脚手架拆除的过程中，整个体系逐渐从几何不变体系变为几何可变体系，一定要注意安全！

搭拆脚手架安全术语“造屋步步紧，拆屋步步松！”

微课/动画

10.2 几何不变体系的基本组成规则

1. 平面几何不变体系的组成规则
2. 三刚片规则

10.2.1 三刚片规则

三刚片用不共线的三个铰两两相联，或分别用不完全平行也不共线的两根链杆两两相联，这样组成的体系是几何不变体系，且没有多余约束，这就是三刚片规则。

如图 10 - 8(a)所示，刚片Ⅰ、Ⅱ、Ⅱ用不在同一直线上的 A、B、C 三个铰两两相联，这样组成的体系是几何不变的。而在图 10 - 8(b)中，由于两根链杆的作用相当于一个单铰，故可将任一单铰改为两根链杆所构成的虚铰，只要三个铰(实铰或虚铰)不在同一直线上，组成这样的体系就是几何不变的。

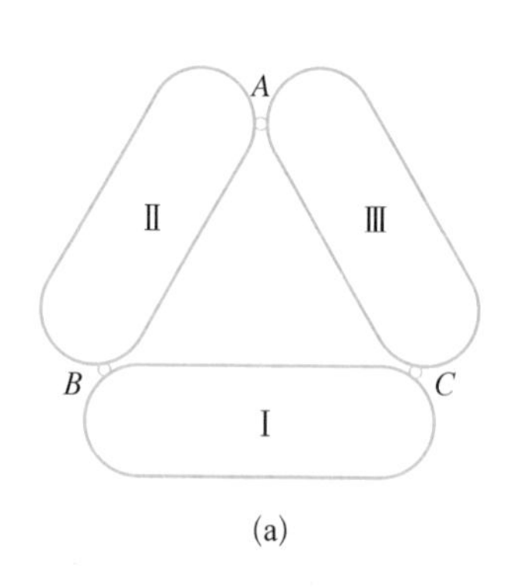

(a)

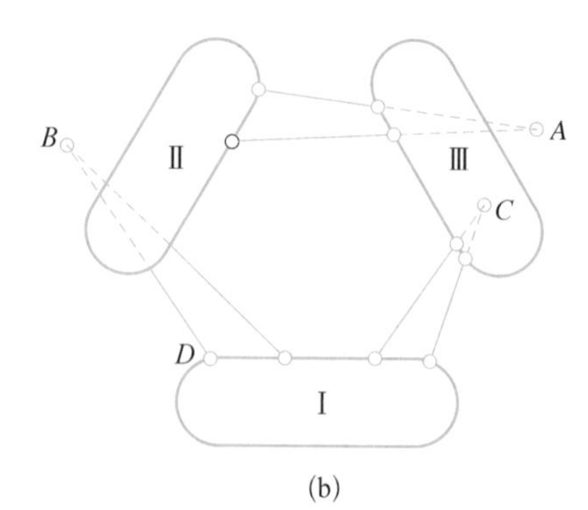

(b)

图 10 - 8

10.2.2　两刚片规则

两刚片用一个铰和一根不通过该铰链中心的链杆联结，或用不全交于一点也不全平行的三根链联结，这样组成的体系是几何不变的，并且没有多余约束，这就是两刚片规则。生活中的人字梯(如图 10－9)利用的就是这个原理。

图 10－9

如图 10－10(a)所示，若刚片Ⅰ和Ⅱ用一个铰 A 和一根不通过该铰链中心的链杆 CB 联结，这样组成的体系是几何不变的，且无多余联系。而在图 10－10(b)中，刚片Ⅰ和Ⅱ用三个不交于一点的链杆联结，链杆 AD 和 BC 的延长线交于 O 点，O 为一虚铰，则两刚片相当于用一个铰 O 和一根不通过该铰链中心的链杆 EF 联结，体系几何不变。

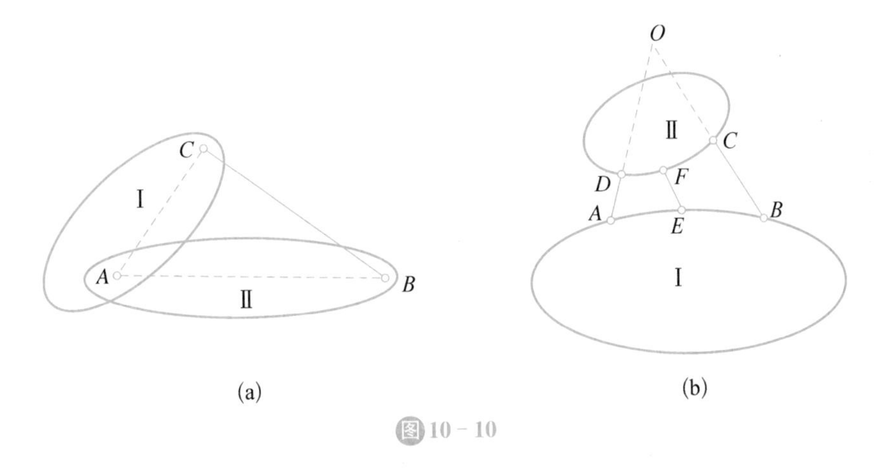

图 10－10

10.2.3　二元体规则

用两根不在同一直线上的链杆联结一个新结点的装置即为二元体。如图 10－11 所示，刚片Ⅰ原有三个自由度，增加一个点 C 将增加二个自由度，而这两个自由度恰好为新增加的两根不共线的链杆约束所减去。因此，在一个平面

体系上增加(或拆除)若干个二元体,不会改变原体系的几何组成性质,此规则为二元体规则。

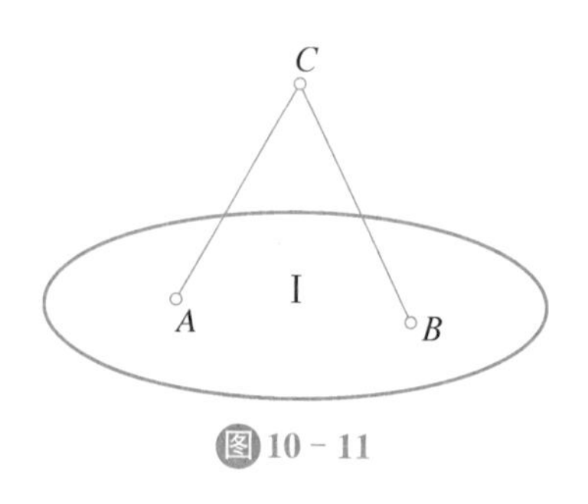

图10-11

原始社会时,为了遮风挡雨用树枝草木搭建房子,如图 10-12(a)所示,左右两根棍子形成的就是二元体构件,与大地基础相连,从而形成了无多余约束的几何不变体系,可以作为结构使用,这就是我们最古老的房子结构。图 10-12(b)右图所示的空调外机的支撑架也是利用的二元体规则。

(a)　(b)

图10-12

10.2.4　瞬变体系

用上述二刚片规则分析体系的组成时,曾提出了一些限制条件,如要求联结两刚片三根链杆不交于一点且不完全平行,联结三刚片的三个铰不在一条直线上,二元体结构中的两根杆不共线等,当体系的组成不满足这些限制条件时,体系将发生如下变化。

动画

瞬变体系

如图 10-13(a)所示,两刚片用交于一点 O 的三根杆相联,此时两刚片可以绕 O 点转动,体系是几何可变的。但是,当发生一微小转动后,三根杆就不再交于一点,因此刚片将不再发生相对转动,体系就成为几何不变体系。一个几何可变体系发生微小位移后成为几何不变体系,则称为瞬变体系,如图 10-13(b)所示,刚片Ⅰ和Ⅱ之间由三根不等长但相互平行的链杆 1、2、3 相联结,两刚片可以发生相对移动,体系在这一瞬间是几何可变的,但经微小水平位移后,由于各杆长度不等,所以各杆的转角不相等,三根杆不再互相平行,体系则成为几何不变的,即这种体系也是瞬变体系。但如果互相平行的三根杆等长,两刚片生相对移动后,三杆仍然平行,体系仍为几何可变的。

图 10-13(c)表示由位于同一直线上的三铰 A、B、C 相联结的三个刚片Ⅰ、Ⅱ、Ⅱ。设

刚片Ⅰ固定不动，则刚片Ⅱ和刚片Ⅲ作相对运动时，应分别绕 B 点及 C 点转动，此时 A 点将在以 BA 和 AC 为半径的两个圆弧的公共切线上作微小的移动。但在发生一微小运动后，三个铰就不再位于同一直线上，公切线也不再存在，体系即成为几何不变的，因此该体系也是一个瞬变体系。

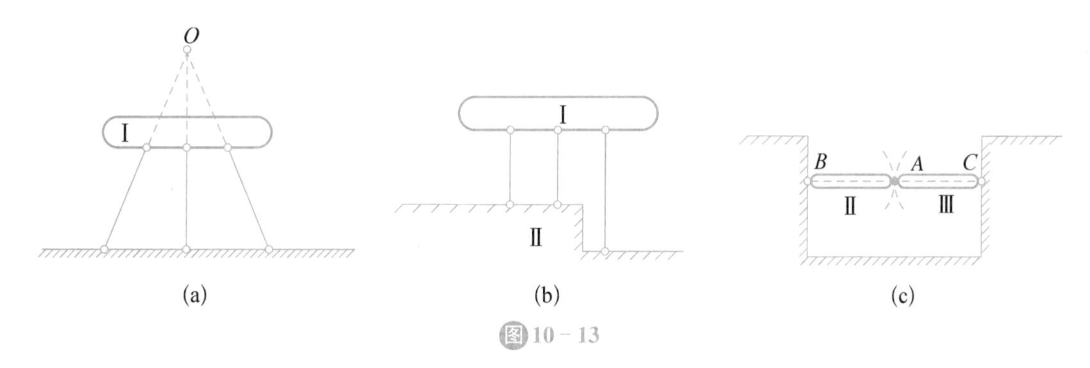

图10－13

瞬变体系不能作为结构，不仅如此，对于接近于瞬变体系的几何构造在实际结构布置时也不容许出现，这在设计中必须注意。如图10－14所示，根据结点 A 的平衡条件，杆件的内力 $F_N=P/2\sin\theta$，当 θ 很小时，F_N 将很大；当 θ 趋近零时，内力 F_N 将趋于无穷大。因此，瞬变体系是不能承担荷载的体系，不能作为结构。

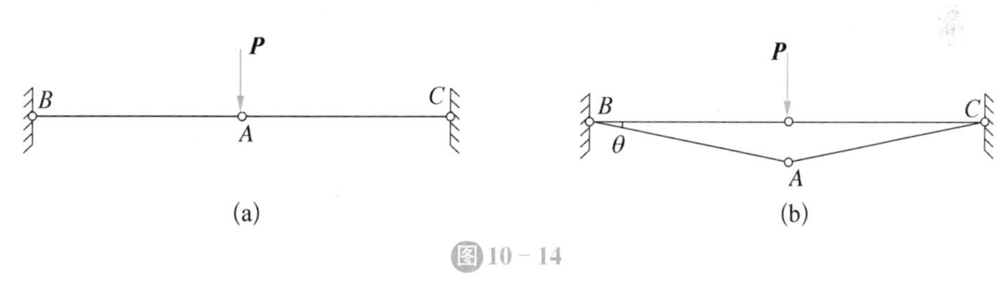

图10－14

10.3　应用几何不变体系的基本组成规则分析示例

【例10－1】　试对图10－15(a)所示杆件体系进行几何组成分析

【解】　(1) 部分拆除，简化分析对象

上部体系与地基基础通过不互相平行，也不交于一点三根链杆相连，只需分析上部体系的几何组成；

(2) 合理进行等效变换，确定刚片与约束

将已知为几何不变的部分视为刚片Ⅰ、Ⅱ[如图10－15(b)]；

(3) 选择合适的规则进行解释

由观察可知刚片Ⅰ、Ⅱ由铰 C 和链杆 ED 相连，且铰 C 和链杆 ED 不共线，符合二刚片规则。

(4) 准确地描述结论

① 是几何不变体系；

② 没有多余约束。

微课

应用几何不变体系的基本组成规则分析示例

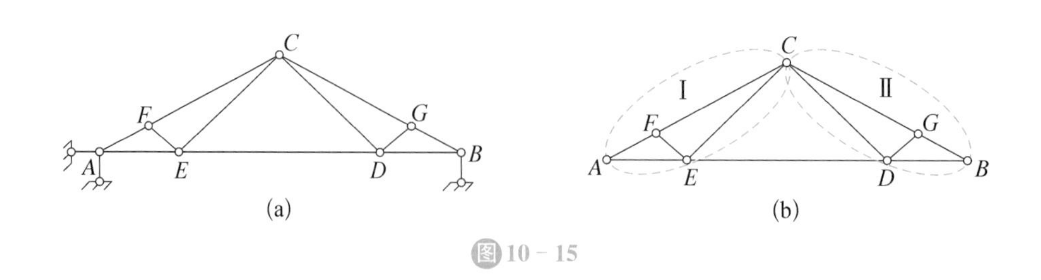

图 10－15

微课
静定结构与超静定结构

10.4 静定结构与超静定结构

在工程上，只有几何不变体系才能用作结构，如图 10－16(a)所示，当无多余约束的几何不变体系作为结构时就是静定结构；如图 10－16(a)所示，当有多余约束的体系作为结构时就是超静定结构，其中多余约束的数目称为超静定次数。

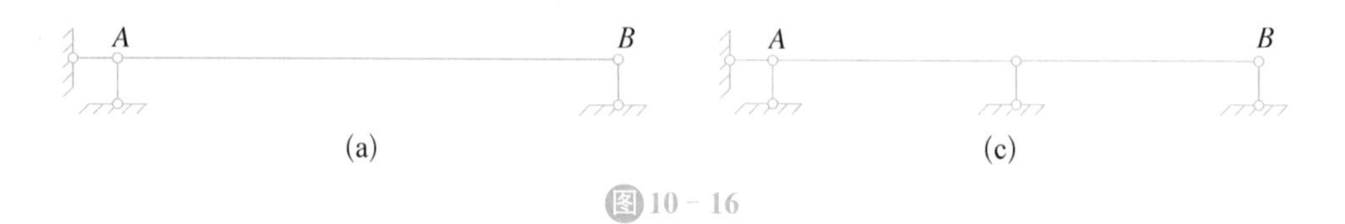

图 10－16

静定结构与超静定结构有很大的区别。对静定结构进行受力计算时，只用静力平衡条件就可以求得全部未知力；而对超静定结构进行受力计算时，要求得全部未知力，不但要考虑静力平衡条件，还需考虑变形协调条件(或位移条件)。对体系进行几何组成分析，有助于正确区分静定结构和超静定结构，以便选择恰当的结构受力计算方法。下一章，我们共同来学习静定结构的内力！

> 庄子的“人皆知有用之用，而莫知无用之用也”，解释超静定结构的多余约束。多余约束并不是无用约束！
>
> 要辩证看待事物本质！

拓展提高

一、填空题

1. 通过几何组成分析，将体系分为________和________，只有________才能作为结构使用。

2. 根据有无多余约束，几何不变体系分为________和________。

3. 连接 N 个刚片的复铰，相当于________个单铰。

4. 一个单铰相当于________个约束，一个刚结点相当于________个约束。

二、单选题

1. 静定结构的几何特征是 (　　)

A. 无多余的约束　　B. 几何不变体系

C. 有多余的约束　　D. 几何不变且无多余约束

2. 试分析图中所示体系的几何组成。　　(　　)

A. 无多余约束的几何不变体系　　B. 有多余约束的几何不变体系

C. 瞬变体系　　D. 常变体系

3. 当两个刚片用三链杆相连时，有下列________情形时，属于几何不变体系。　　(　　)

A. 三链杆交于一点

B. 三链杆完全平行

C. 三链杆完全平行，但不等长

D. 三链杆不完全平行，也不全交于一点

三、判断题

1. 瞬变体系经过微小位移后，体系由几何不变体系变为不变体系，因此其可作为结构使用。　　(　　)

2. 有多余约束的体系一定是几何不变体系。　　(　　)

3. 超静定结构的几何特征是有多余约束的几何不变体系。　　(　　)

四、课外实践

请运用几何组成分析的三个基本规则设计出一个屋架。

第 11 章
静定结构的内力分析

力娃：《建筑力学》的研究对象是杆系结构，如何对工程中常见的平面杆系结构如梁、刚架、拱、桁架进行力学分析呢？

力翁：平面杆系结构分为静定结构和超静定结构，静定结构内力分析是超静定结构内力分析的基础。本章节，我们一起来分析静定结构的内力。在工程中需要根据实际荷载正确选用合理的结构形式。因此需要掌握平面杆系结构的内力分析方法，能够定性判断静定结构的危险截面。

学习目标

◆ 知识目标

★ 1. 熟悉常见静定结构的类型及其对应的内力；

★ 2. 掌握多跨静定梁、静定刚架、三铰拱、桁架的内力分布规律。

◆ 能力目标

▲ 1. 能够运用结构力学求解器对静定结构的内力进行定量分析；

▲ 2. 能够定性判断静定结构的危险截面。

◆ 素质目标(思政)

● 1. 具有一丝不苟的工作态度；

● 2. 解决工程实际问题的能力。

工程结构的组成是很复杂的，不可能完全按照结构的实际情况进行力学分析，事实证明也是没有必要的。因此，对实际结构进行力学分析之前，须将实际结构加以简化，略去次要的因素，显示其基本特征。《建筑力学》主要研究杆系结构，本书主要介绍平面杆系结构，其常见的形式可分为四种：梁、刚架、拱、桁架。

图11-1　多跨静定梁

多跨静定梁是指若干根梁用中间的铰连接在一起，并以若干支座与基础相连，或者搁置于其他构件上而组成的静定梁，在实际工程应用中，常用来跨越几个相连的跨度，多用于公路或者城市桥梁中。在房屋建筑结构中的木檩条，也是多跨静定梁的结构形式。

平面刚架是由若干根直杆(梁和柱)用刚性节点所组成的平面结构。经常应用于加油站或者火车站站台的雨棚，雨棚通常成 T 字形，由三根直杆用刚性结点相连接所组成，柱子固定于基础中。在房屋建筑中，刚架结构的应用比较广泛，但静定刚架在工程应用中不多见，大多为超静定刚架，如房屋建筑结构中的多层多跨刚架，在结构设计中习惯称之为框架结构。

图 11－2　站台雨篷

拱的形式有三铰拱、两铰拱和无铰拱。拱在桥梁和房屋建筑工程中，多适用于宽阔的大厅，如礼堂、展览馆、体育馆和商场。

图 11－3　浙江义乌丹溪大桥

桁架结构是指各杆两端都是用铰相连接的结构。这种结构在桥梁和房屋建筑中应用也是比较广泛的，如南京长江大桥、钢筋混凝土和钢木屋架等常用桁架结构。

图 11－4　南京长江大桥

11.1 多跨静定梁

11.1.1 什么是多跨静定梁

多跨静定梁是由若干单跨静定梁用铰连接而成的静定结构。它是房屋工程及桥梁工程中广泛使用的一种结构形式，一般要跨越几个相连的跨度。该梁的特点是第一跨无中间铰，其余各跨各有一个中间铰，在几何组成上，第一根梁用支座与基础连接后，是几何不变的，以后都用一个铰和一根支座链杆增加一根一根的梁，其计算简图如图 11－5(a)所示。

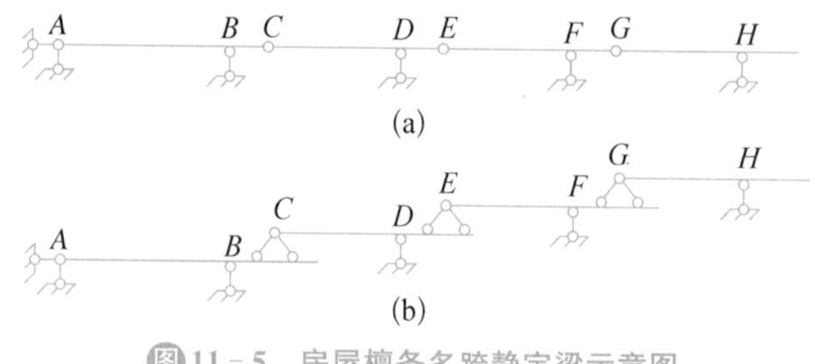

图11－5 房屋檩条多跨静定梁示意图

图 11－6(a)所示为常见的公路桥梁，该梁的特点是无铰跨和双铰跨交替出现，在几何组成上，无铰跨可以认为是几何不变的，其计算简图如图 11－6(a)所示。

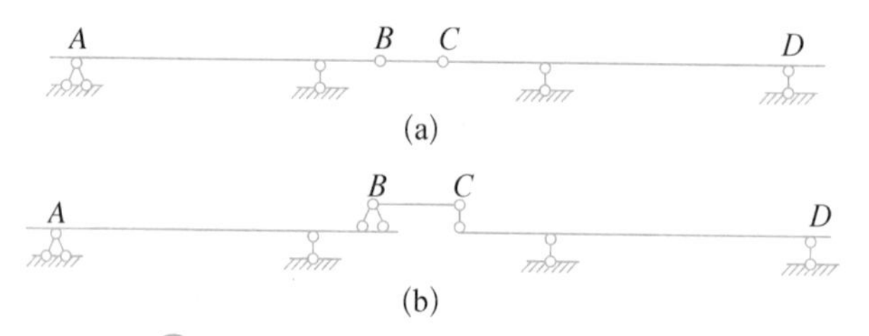

图11－6 公路桥梁多跨静定梁示意图

1. 多跨静定梁的组成

在构造上，多跨静定梁由基本部分和附属部分组成。在多跨静定梁中，凡是本身为几何不变体系，能独立承受荷载的部分，称为基本部分，在图 11－5(b)中，AB 梁用一个固定铰支座及一个链杆支座与基础相连接，组成几何不变，在竖向荷载作用下能独立维持平衡，故在竖向荷载作用下 AB 梁可看作基本部分。而像 CE 梁，本身不是几何不变，只有依靠基本部分 AB 梁的支承才能保持几何不变，才能承受荷载并维持平衡，EG 梁必须依靠 CE 梁的支承才能承受荷载并维持平衡，这些都称为附属部分。在图 11－6(b)中，AB 梁为几何不变，而 CD 梁由于有 A 支座的约束，不会产生水平运动，所以也可以视为几何不变，即也是基本部分，而 BC 梁，则是附属部分。

如图所示大人肩上坐着一个小孩，大人就类似于基本部分，小孩类似于附属部分。大人可以独立站在地面上，而小孩必须依赖于大人才能保持平衡。如果在大人身上施加一个力，不会传递给小孩，但是如果在小孩身上施加一个力，必然会传递给大人。即附属部分受到的力会传递给基本部分。

2. 层次图

为清晰表达基本部分与附属部分的传力关系，可将它们相互之间的支承及传力关系用层次图表达，如图 11－5(b)和图 11－6(b)所示。从层次图可以看出，当荷载作用在附属部分，必然会传给基本部分；而当荷载作用在基本部分，不会传给附属部分。从层次图中还可以看出：基本部分一旦遭到破坏，附属部分的几何不变性也将随之失去；而附属部分遭到破坏，基本部分在竖向荷载作用下仍可维持平衡，维持其几何不变性。

3. 多跨静定梁的受力特点

从多跨静定梁附属部分与基本部分的传力关系可得，应首先分析多跨静定梁附属部分的受力，弄清楚基本部分对附属部分的支撑力；再分析基本部分，由作用力和反作用力可知，支撑力的反作用力也就是附属部分向基本部分传递的作用力。

11.1.2　多跨静定梁的内力

1. 多跨静定梁内力分析

分析多跨静定梁的思路和步骤：

(1) 确定多跨静定梁的基本部分和附属部分，将其拆分成若干根单跨静定梁，并从基本部分到附属部分，从下往上画出层次图。

(2) 画出各单跨静定梁的受力图，按照先附属部分后基本部分的顺序，计算出各单跨静定梁的支座约束力。为便于计算内力，通常将支座约束力以实际方向和正值画出来。

(3) 画出各单跨静定梁的内力图，将其连接在一起，即得多跨静定梁的内力图。在已画出各单跨静定梁的受力图后，可以从左至右绘制。

【例 11－1】　如图 11－7(a)所示的多跨静定梁，请绘制其层次图和内力图。

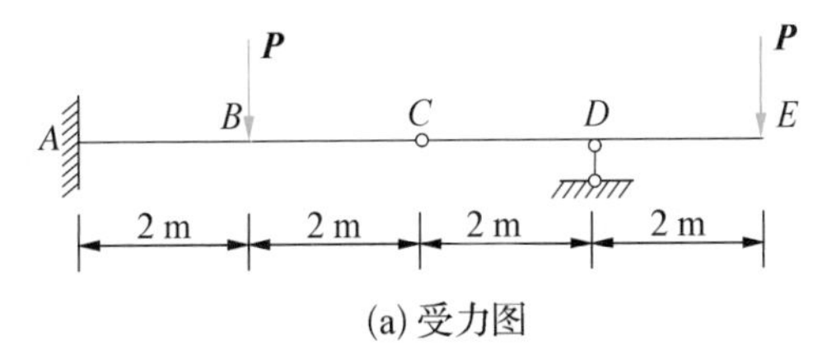

(a) 受力图

【解】　(1) 先画出基本部分 AC，再画出附属部分 CE，如图 11－7(b)所示；

(2) 先分析附属部分 CE，计算出支座 C 的约束反力，如图 11－7(c)所示；

(3) 分别绘制出 AC、CE 段的内力图,从左往右连接即为多跨静定梁的受力图,如图 11－7(d)、11－7(e)所示。

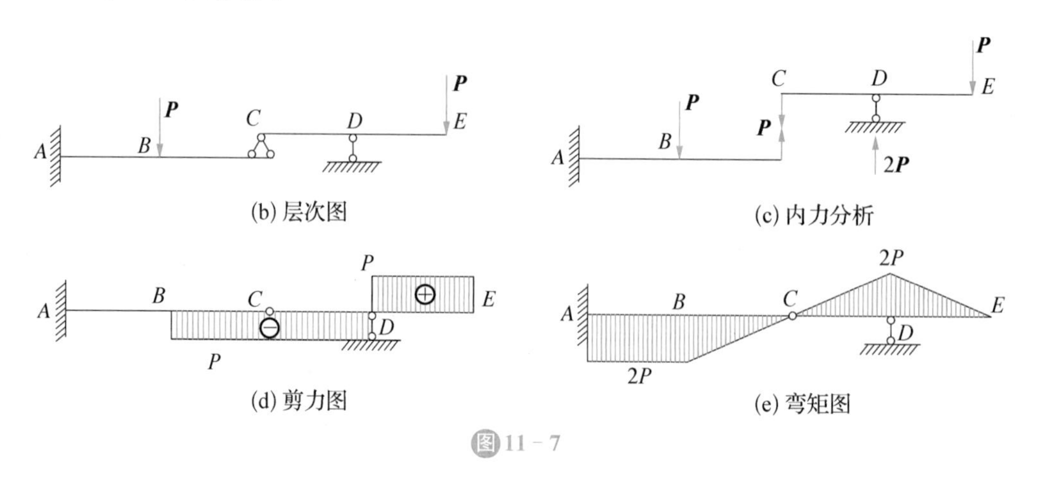

(b) 层次图　(c) 内力分析

(d) 剪力图　(e) 弯矩图

图 11－7

软件应用:

通过力学求解器,当 $P=1$ kN 时,可以快速得到其内力图如图 11－8 所示。本书将在第 13 章介绍力学求解器的应用。

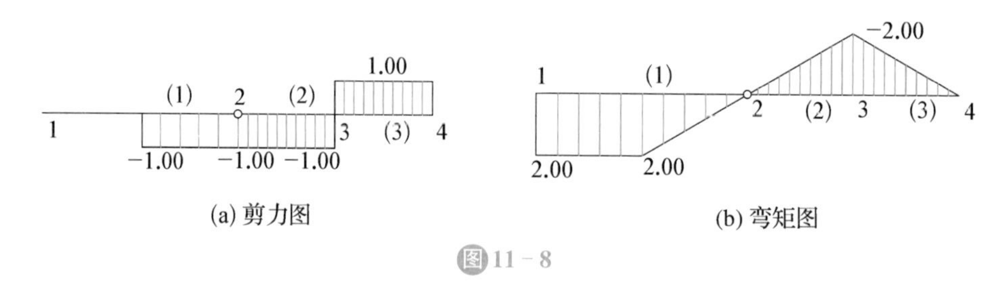

(a) 剪力图　(b) 弯矩图

图 11－8

多跨静定梁与等跨度的简支梁相比,弯矩小且分布较均匀,从而承载能力得以提高,但中间铰接处构造较复杂,且若基础部分遭到破坏,附属部分也将随之倒塌。

微课

平面静定刚架

11.2 平面静定刚架

11.2.1 什么是平面静定刚架

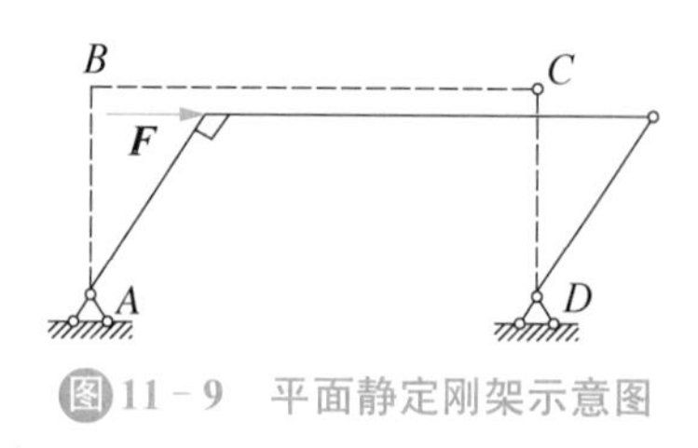

图 11－9　平面静定刚架示意图

刚架是由直杆组成的具有刚结点(允许同时有铰结点)的结构。在刚架中的刚结点处,刚结在一起的各杆不能发生相对移动和转动,变形前后各杆的夹角保持不变,如图11－9所示刚架,刚结点 B 处所连接的杆端,在受力变形时,仍保持与变形前(图中虚线所示)相同的夹角。故刚结点可以承受和传递弯矩。由于存在刚结点,使刚架中的杆件较少,内部空间较大,比较容易制作,所以在工程中得到广泛应用。

1. 平面静定刚架的分类

刚架是土木工程中应用极为广泛的结构，可分为静定刚架和超静定刚架。静定刚架的常见类型有悬臂刚架、简支刚架、三铰刚架及组合刚架等。

(1) 悬臂刚架

悬臂刚架一般由一个构件用固定端支座与基础连接而成。例如图 11－10(a)所示站台雨棚。

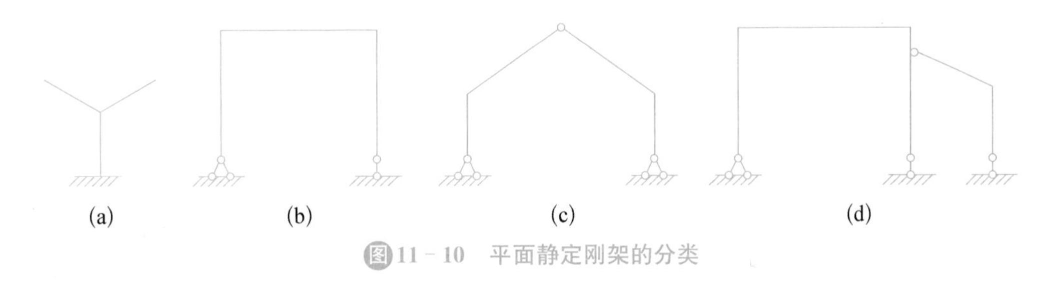

图 11－10 平面静定刚架的分类

(2) 简支刚架

简支刚架一般由一个构件用固定铰支座和可动铰支座与基础连接，也可用三根既不全平行、又不全交于一点的链杆与基础连接而成。如图 11－10(b)所示。

(3) 三铰刚架

三铰刚架一般由两个构件用铰连接，底部用两个固定铰支座与基础连接而成。例如图 11－10(c)所示三铰屋架。

(4) 组合刚架

组合刚架通常是由上述三种刚架中的某一种作为基本部分，再按几何不变体系的组成规则连接相应的附属部分组合而成，如图 11－10(d)所示。

11.2.2 平面静定刚架的内力

1. 刚架内力的符号规定

在一般情况下，刚架中各杆的内力有弯矩、剪力和轴力。

由于刚架中有横向放置的杆件(梁)，也有竖向放置的杆件(柱)，为了使杆件内力表达得清晰，在内力符号的右下方以两个下标注明内力所属的截面，其中第一个下标表示该内力所属杆端的截面，第二个下标表示杆段的另一端截面。例如，杆段 AB 的 A 端的弯矩、剪力和轴力分别用 $\boldsymbol{M}_{AB}$、$\boldsymbol{F}_{SAB}$ 和 $\boldsymbol{F}_{NAB}$ 表示；而 B 端的弯矩、剪力和轴力分别用 $\boldsymbol{M}_{BA}$、$\boldsymbol{F}_{SBA}$ 和 $\boldsymbol{F}_{NBA}$ 表示。

在刚架的内力计算中，弯矩一般规定以使刚架内侧纤维受拉的为正，当杆件无法判断纤维的内外侧时，可不严格规定正负，但必须明确使杆件的哪一侧受拉；弯矩图一律画在杆件的受拉一侧，不需要标注正负。剪力和轴力的正负号规定同前，即剪力以使隔离体产生顺时针转动趋势时为正，反之为负；轴力以拉力为正，压力为负。剪力图和轴力图可绘在杆件的任一侧，但须标明正负号。

2. 刚架内力图

绘制平面静定刚架内力图的步骤一般如下：

（1）由整体或部分的平衡条件，求出支座反力和铰结点处的约束力。

（2）选取刚架上的外力不连续点（如集中力作用点、集中力偶作用点、分布荷载作用的起点和终点等）和杆件的连接点作为控制截面，按刚架内力计算规律，计算各控制截面上的内力值。

（3）按单跨静定梁的内力图的绘制方法，逐杆绘制内力图，即用区段叠加法绘制弯矩图，根据外力与内力的对应关系绘制剪力图和轴力图；最后将各杆的内力图连在一起，即得整个刚架的内力图。

【例 11－2】 试作图示刚架[图 11－11(a)]的内力图。

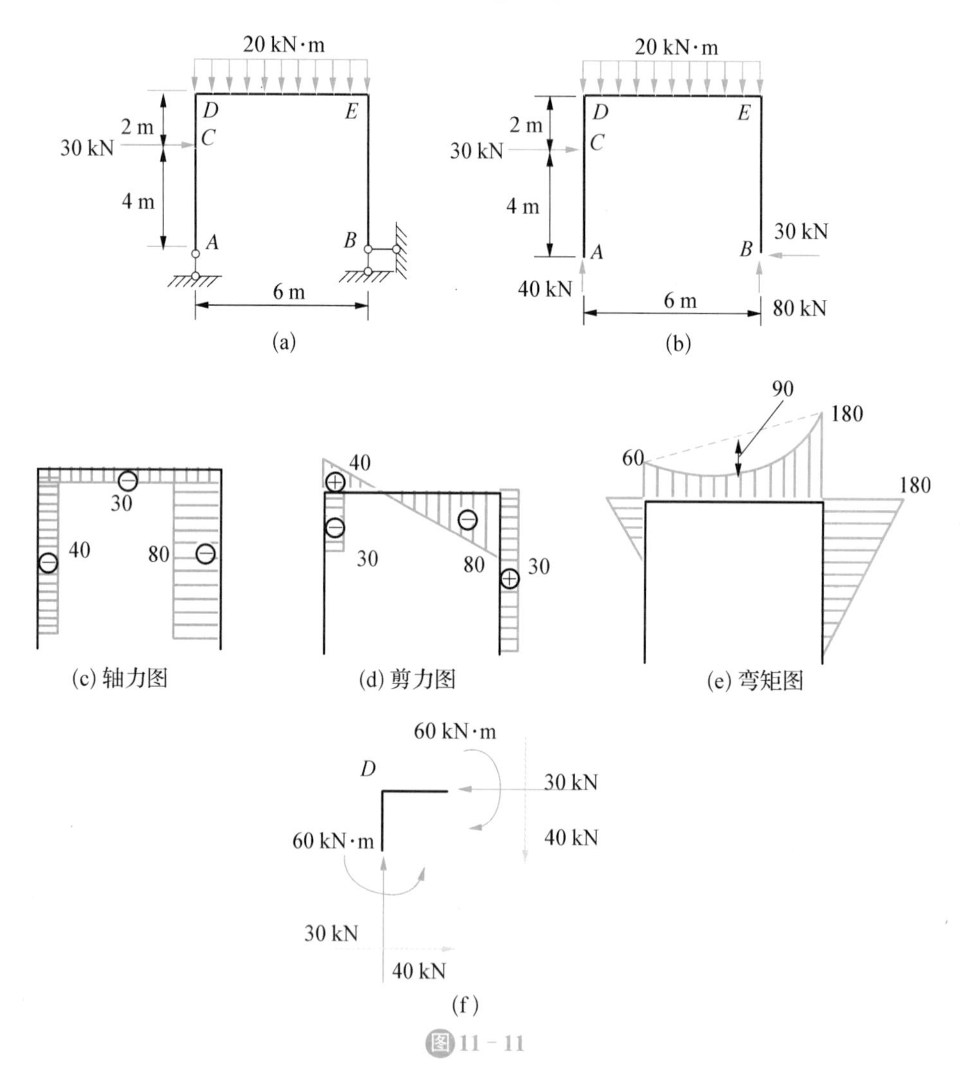

图 11－11

【解】 (1) 画受力图,如图 11-11(b)所示,并求解支座反力。

$\sum F_X = 0$ $F_{BX} = 30(\leftarrow)$

$\sum M_A = 0$ $F_{BY} = 80\ \text{kN}(\uparrow)$

$\sum M_B = 0$ $F_A = 40\ \text{kN}(\uparrow)$

(2) 依次绘制杆件 AD、DE、EB 的内力图。

(3) 选取刚节点 D 进行校核,合力为零。

11.3 平面静定桁架

微课

平面静定桁架

11.3.1 什么是平面静定桁架

1. 屋架与桁架

在许多的民用房屋和工业厂房工程中,屋顶经常采用屋架结构;在桥梁工程上,也经常采用类似于屋架的结构。

为了便于计算,通常将工程实际中的屋架简化为桁架,作如下假设:

(1) 连接桁架杆件的结点都是光滑的理想铰;

(2) 各杆的轴线都是直线,且在同一平面内,并通过铰的中心;

(3) 荷载和支座反力都作用于结点上,并位于桁架的平面内。

符合上述假设桁架称为理想桁架,理想桁架中各杆的内力只有轴力。应注意工程实际中的桁架与理想桁架有着较大的差别。实际屋架的各杆是通过焊接、铆接螺栓而连接在一起的,如图 11-12 所示,结点具有很大的刚性,与理想铰的假设不完全符合。此外,各杆的轴线不可能绝对平直,各杆的轴线也不可能完全交于一点,荷载也不可能绝对地作用于结点上,等等。因此,实际桁架中的各杆除了承受轴力,还将承受弯矩与剪力。通常把根据计算简图求出的内力称为主内力,把由于实际情况与理想情况不完全相符而产生的附加内力称为次内力。理论分析和实测表明,在一般情况下,次内力产生的影响可忽略不计。本书只讨论主内力的计算。

(a) 焊接

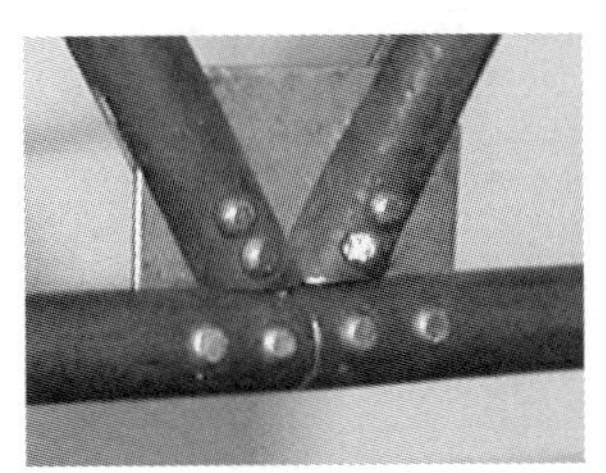

(b) 铆接

(c) 螺栓连接

图 11-12

在图 11-13 中,桁架上、下边缘的杆件分别称为上弦杆和下弦杆,上、下弦杆之间的杆件称为腹杆,腹杆又可分为竖腹杆和斜腹杆。弦杆相邻两结点之间的水平距离 d 称为节间长度,两支座之间的水平距离 l 称为跨度,桁架最高点至支座连线的垂直距离 h 称为桁高,桁架高度与跨度的比值称为高跨比。

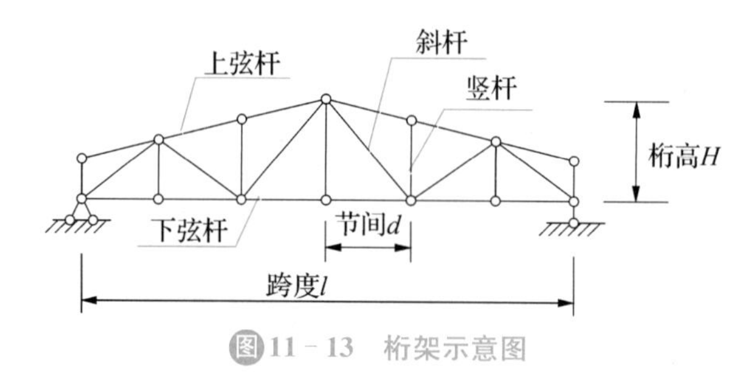

图11-13　桁架示意图

2. 桁架的分类

按桁架的几何组成特点,可把平面静定桁架分为以下三类:

(1) 简单桁架

由基础或一个铰接三角形开始,依次增加二元体而组成的桁架称为简单桁架,如图11-14(a)所示。

(2) 联合桁架

由几个简单桁架按照几何不变体系的组成规则,联合组成的桁架称为联合桁架,如图11-14(b)所示。

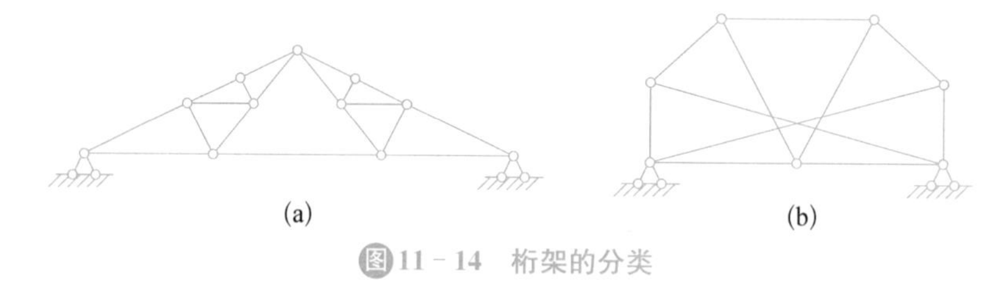

图11-14　桁架的分类

(3) 复杂桁架

与上述两种组成方式不同的桁架均称为复杂桁架,按桁架外形及桁架上弦杆和下弦杆的特征,还可以分为① 平行弦桁架、② 三角形桁架、③ 梯形桁架,④ 抛物线形桁架,⑤ 折线形桁架等,分别如图11-15(a)-(d)所示。

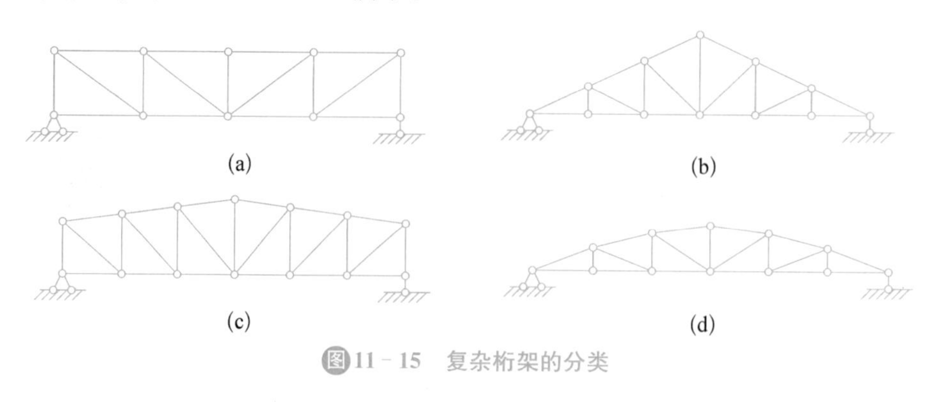

图11-15　复杂桁架的分类

11.3.2 平面静定桁架的内力

1. 平面静定桁架的内力分析

根据桁架的假设，平面静定桁架的杆件内，只有轴力而无其他内力。在计算中，杆件的未知轴力，一般先假设为正(即假设杆件受拉)，若计算的结果为正值，说明该杆的轴力就是拉力；反过来，若计算的结果为负值，则该杆的轴力为压力。平面静定桁架的内力计算方法通常有结点法和截面法。

(1) 结点法

① 结点法的概念

结点法是截取桁架的一个结点为隔离体，利用该结点的静力平衡方程来计算截断杆的轴力。由于作用于桁架任一结点上的各力(包括荷载，支座反力和杆件的轴力)构成了一个平面汇交力系，而该力系只能列出两个独立的平衡方程，因此所取结点的未知力数目不能超过两个。结点法适用于简单桁架的内力计算。一般先从未知力不超过两个的结点开始，依次计算，就可以求出桁架中各杆的轴力。

② 结点法中的零杆判别

桁架中有时会出现轴力为零的杆件，称为零杆。在计算内力之前，如果能把零杆找出，将会使计算得到大大简化。在结点法计算桁架的内力时，经常有受力比较简单的结点，杆件的轴力可以直接进行判别。下列几种情况中，对一些杆件的内力，可以直接判定：

微课

平面静定桁架(特殊节点)

a. 如图 11 - 16(a)所示，不共线的两杆组成的结点上无荷载作用时，该两杆均为零杆。

b. 如图 11 - 16(b)所示，不共线的两杆组成的结点上有荷载作用时，若荷载与其中一杆共线，则另一杆必为零杆，而与外力共线杆的内力与外力相等。

c. 如图 11 - 16(c)所示，三杆组成的结点上无荷载作用时，若其中有两杆共线，则另一杆必为零杆，且共线的两杆内力相等。

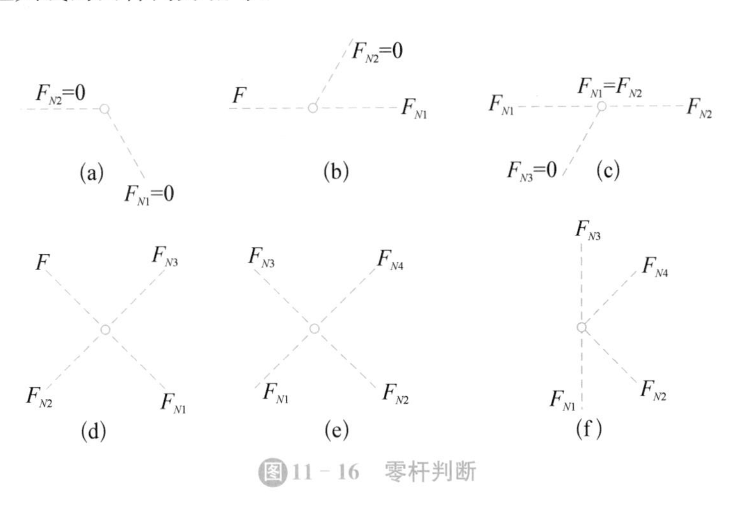

图 11 - 16 零杆判断

d. 如图 11-16(d)所示,三杆组成的结点,其中有两杆共线,若荷载作用与另一杆共线,则该杆的轴力与荷载相等,即 $F_{N1}=F$,共线的两杆内力也相等,即 $F_{N2}=F_{N3}$。

e. 如图 11-16(e)所示,四杆组成的结点,其中杆件两两共线,若结点无荷载作用,则轴力两两相等,即 $F_{N1}=F_{N2}$,$F_{N3}=F_{N4}$。

f. 如图 11-16(f)所示,四杆组成的结点,其中两根杆件共线,另外两根杆件的夹角相等,若结点无荷载作用,则必有 $F_{N4}=-F_{N2}$ 即非共线两杆内力大小相等而方向相反。

在这里要强调,零杆虽然其轴力等于零,但是在几何组成上不能将之去除,否则,体系将变成为几何可变体系。

(2) 截面法

截面法是用一假想截面,把桁架截为两部分,选取任一部分为隔离体,建立静力平衡方程求出未知的杆件内力。因为作用于隔离体上的力系为平面一般力系,所以要求选取的隔离体上未知力数目一般不应多于三个,这样可直接把截断的杆件的全部未知力求出。一般情况下,选取截面时截断的杆件不应超过三个。

【例 11-3】 试分别用结点法和截面法求图 11-17 桁架结构中杆件 25 的内力。

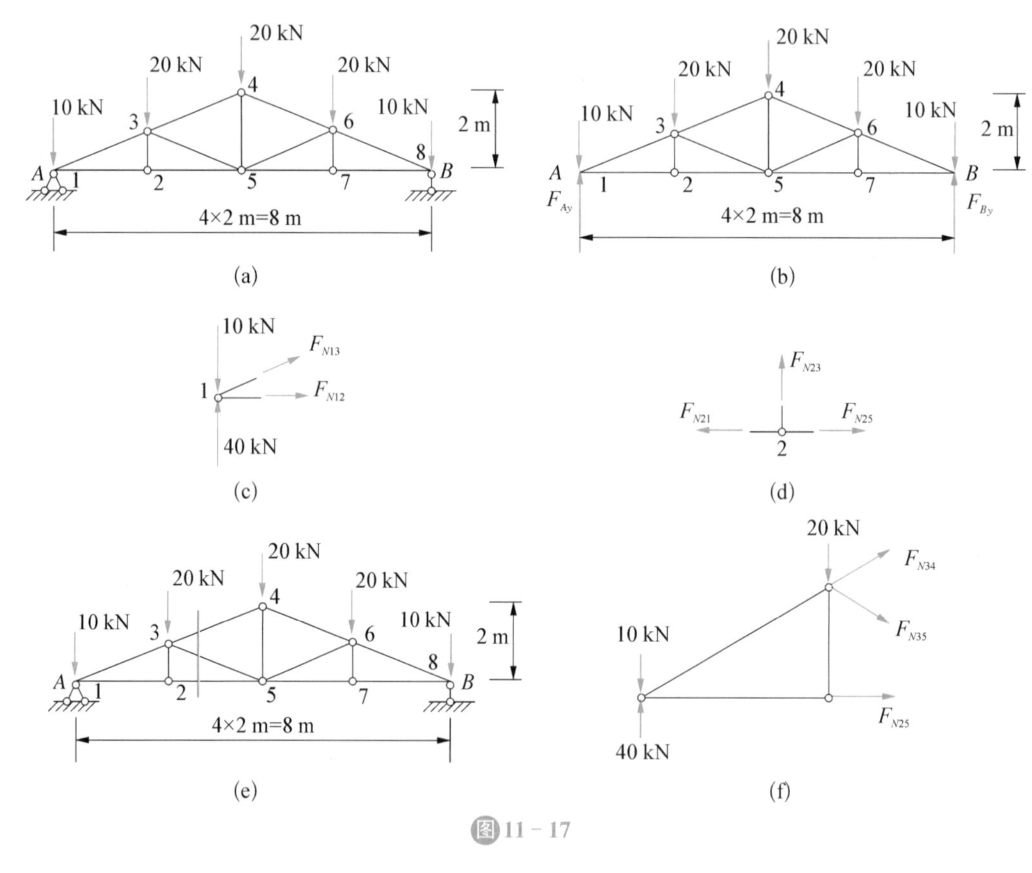

图 11-17

【解】 (1) 以整体为研究对象,画出受力图,并求解出支座反力;

$$\sum F_x=0 \quad F_x=0$$

$$\sum M_B=0 \quad F_{Ay}=40\ \text{kN}$$

$\sum F_y = 0 \quad F_{By} = 40\ \text{kN}$

(2) 求解杆件内力;

① 结点法

分别以结点 1、2 为研究对象,画出受力图,如图 11－17(c)、(d)所示,分别求解杆件内力;

由结点 1,求得 $F_{N12} = 60\ \text{kN}$;

由结点 2,求得 $F_{N25} = F_{N12} = 60\ \text{kN}$。

② 截面法

作 1－1 截面,选取左半部分为研究对象,求解杆件内力;

由 $\sum M_3 = 0$ 得,$F_{N25} = \dfrac{40 \times 2 - 10 \times 2}{1} = 60\ \text{kN}$。

知识小课堂

合理选用各种梁式桁架

在竖向荷载作用下,支座处不产生水平反力的桁架称为梁式桁架。常见的梁式桁架有平行弦桁架、三角形桁架、梯形桁架,抛物线形桁架和折线形桁架等。桁架的外形对桁架中各杆的受力情况有很大的影响。为了便于比较,如图 11－18 所示给出了同跨度,同荷载的五种常见桁架的内力数值。下面对这几种桁架的受力性能进行简单的对比分析,以便合理选用。

1. 平行弦桁架

如图 11－18(a)所示,平行弦桁架的内力分布不均匀,弦杆的轴力由两端向中间递增,腹杆的轴力则由两端向中间递减。因此,为节省材料,各节间的杆件应该采用与其轴力相应的不同的截面,但这样将会增加各结点拼接的困难。在实用上,平行弦桁架通常仍采用相同的截面,主要用于轻型桁架,如厂房中跨度在 12 m 以上的吊车梁,此时材料的浪费不至太大。另外,平行弦桁架的优点是杆件与结点的构造基本相同,有利于标准化制作和施工,尤其在铁路桥梁中常被采用。

2. 三角形桁架

如图 11－18(b)所示,三角形桁架的内力分布也不均匀,弦杆的轴力由两端向中间递减,腹杆的轴力则由两端向中间递增。三角形桁架两端结点处弦杆的轴力最大,而夹角又较小,给施工制作带来困难。但由于其两斜面外形符合屋顶构造的要求,故三角形桁架经常在屋盖结构中采用。

3. 梯形桁架

如图 11－18(c)所示,梯形桁架的受力性能介于平行弦桁架和三角形桁架之间,弦杆的轴力变化不大,腹杆的轴力由两端向中间递减。梯形桁架的构造较简单,施工也较方便,常用于钢结构厂房的屋盖。

4. 抛物线形桁架

抛物线形桁架是指桁架的上弦结点在同一条抛物线上,如图 11－18(d)所示,抛物线形桁架的内力分布比较均匀,上、下弦杆的轴力几乎相等,腹杆的轴力等于零。抛物线形桁架的受力性能较好，但这种桁架的上弦杆在每一结点处均需转折，结点构造复杂，施工麻烦，因此只有在大跨度结构中才会被采用，如跨度在 24 m～30 m 的屋架和 100 m～300 m 的桥梁。

5. 折线形桁架

折线形桁架是抛物线形桁架的改进型，如 11－18(e)所示，其受力性能与抛物线形桁架相类似，而制作、施工比抛物线形桁架方便得多，它是目前钢筋混凝土屋架中经常采用的一种形式，在中等跨度(18 m～24 m)的厂房屋架中使用得最多。

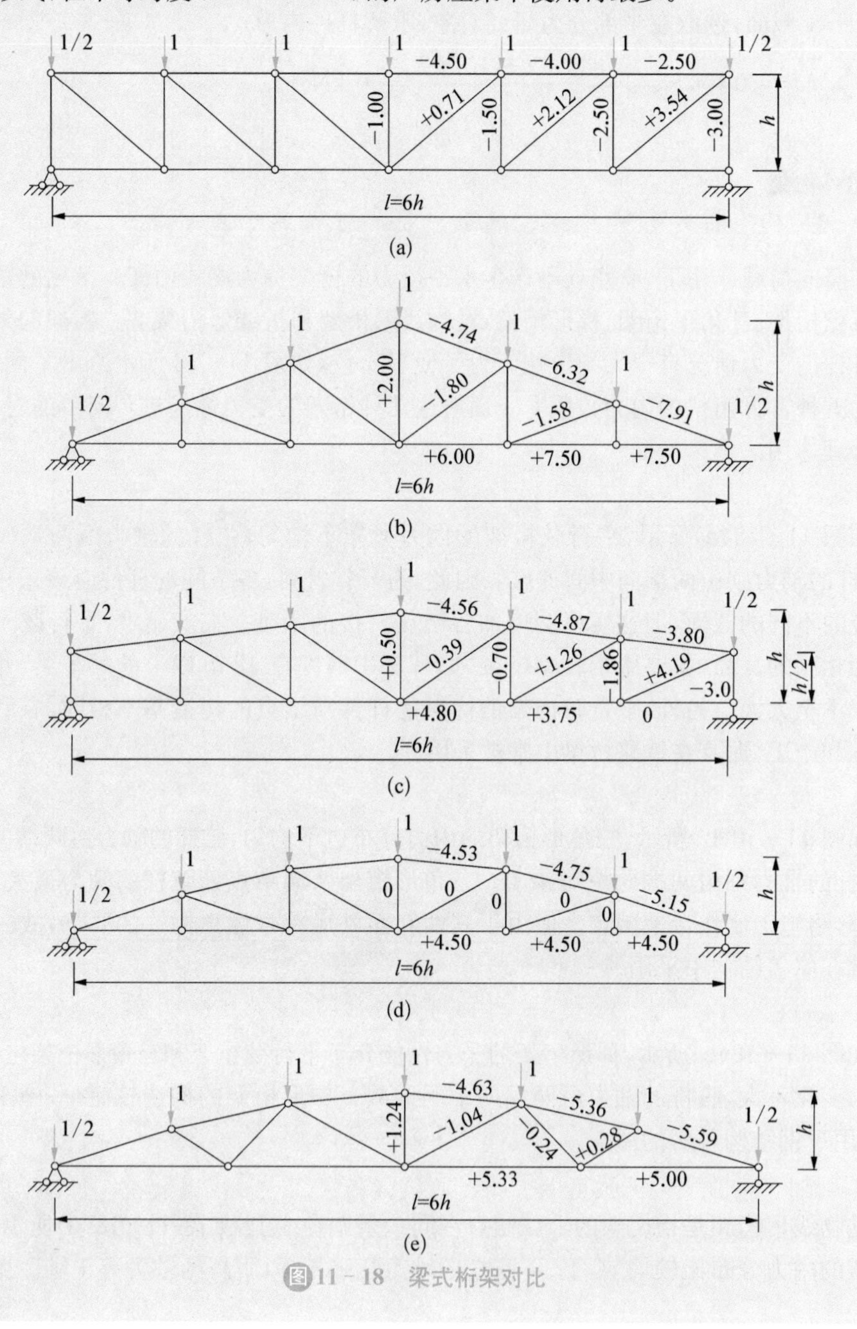

图 11－18　梁式桁架对比

11.4　三铰拱

微课

三铰拱

11.4.1　什么是三铰拱

1. 拱的构造及特点

拱是由曲杆组成的在竖向荷载作用下支座处产生水平推力的结构，水平推力是指拱两个支座处指向拱内部的水平反力。在竖向荷载作用下有无水平推力，是拱式结构和梁式结构的主要区别。如图 11－19(a)所示结构，在竖向荷载作用下有水平推力产生，属于拱式结构。而图 11－19(b)所示结构，其杆轴虽为曲线，但在竖向荷载作用下不产生水平推力，故不属于拱，该结构为曲梁。

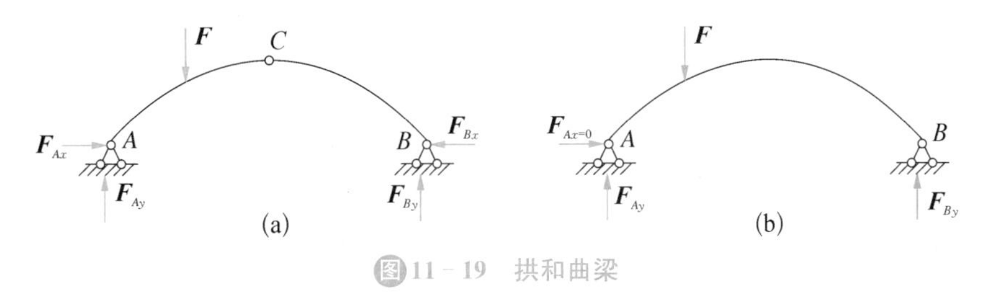

图 11－19　拱和曲梁

在拱结构中，由于水平推力的存在，拱横截面上的弯矩比相应简支梁对应截面上的弯矩小得多，并且可使拱横截面上的内力以轴向压力为主。这样，拱可以用抗压强度较高而抗拉强度较低的砖石和混凝土等材料来制造，如赵州桥(如图 11－20)。因此，拱结构在房屋建筑、桥梁建筑和水利建筑工程中得到广泛应用。

图 11－20　赵州桥

2. 拱的分类

按照拱结构中铰的多少，拱可以分为无铰拱、两铰拱、三铰拱以及拉杆拱(图 11－21)。无铰拱和两铰拱属超静定结构，三铰拱属静定结构。按拱轴线的曲线形状，拱又可以分为抛物线拱，圆弧拱和悬链线拱等。

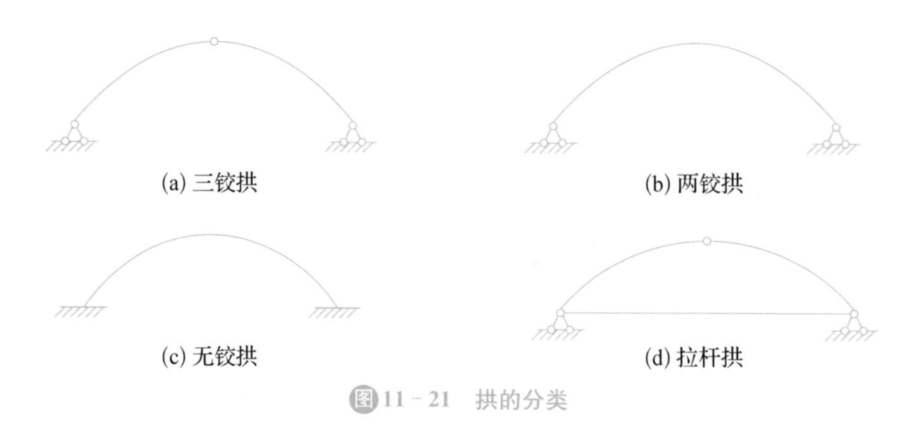

图 11－21　拱的分类

在拱结构中，由于水平推力的存在，使得拱对其基础的要求较高，为避免基础不能承受水平推力，可用一根拉杆来代替水平支座链杆承受拱的推力，如图 11－22(a)所示，这种拱称为拉杆拱。为增加拱下的净空，拉杆拱的拉杆位置可适当提高，如图 11－22(b)所示；也可以将拉杆做成折线形，并用吊杆悬挂，如图 11－22(c)所示。

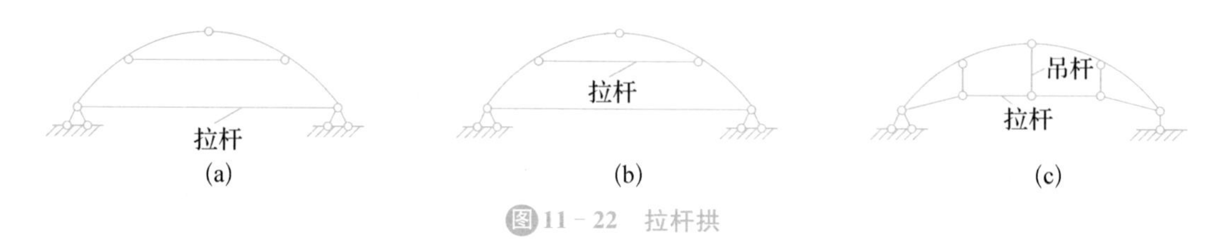

图 11－22　拉杆拱

3. 拱结构各部分的名称

如图 11－23 所示，拱与基础的连接处称为拱趾，或称拱脚，拱轴线的最高点称为拱顶，拱顶到两拱趾连线的高度 f 称为拱高，两个拱趾间的水平距离 L 称为跨度。拱高与拱跨的比值 f/L 称为高跨比，高跨比是影响拱的受力性能的重要的几何参数。

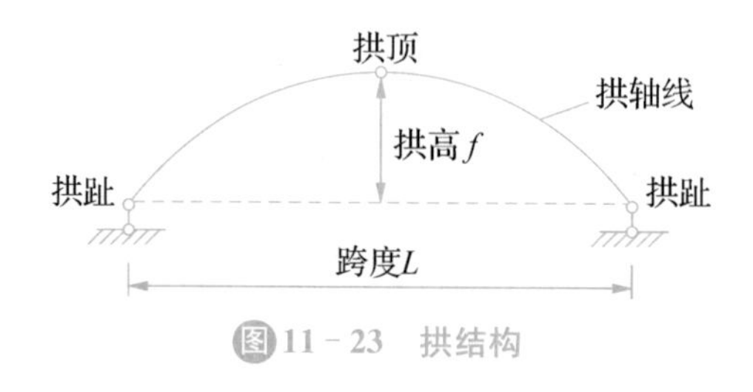

图 11－23　拱结构

11.4.2　三铰拱的内力

1. 三铰拱的内力分析

拱的内力计算原理仍然是截面法；拱通常以受压为主，因此规定轴力以受压为正；计算时常将拱与相应简支梁对比，如图 11－24 所示，通过对比完成计算。读者可参考下述例题。

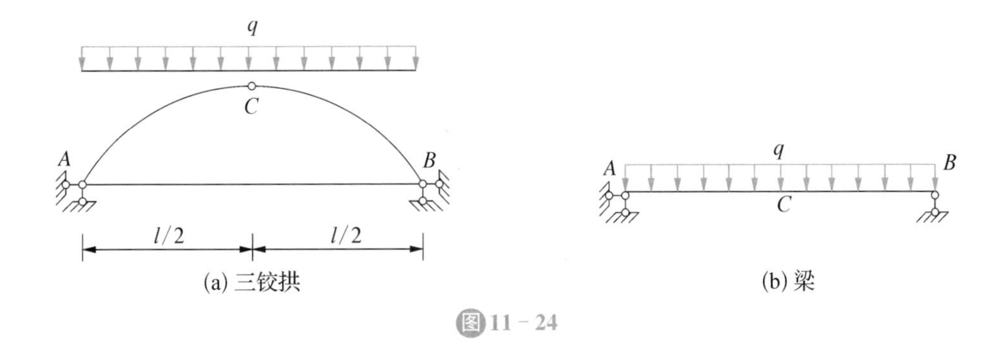

(a) 三铰拱　　(b) 梁

图 11-24

2. 三铰拱的合理拱轴线

对于高度与跨度均确定的三铰拱，在已知荷载作用下，如所选择的拱轴线能使所有截面上的弯矩均等于零，则此拱轴称为三铰拱的合理轴线。如果拱轴线为合理轴线，则各截面均处于均匀受压状态，材料能得到充分利用，相应的拱截面尺寸是最小的，即最经济的。

【例 11-4】　三铰拱承受沿水平方向均匀分布的竖向荷载，如图 11-25(a)所示，试求其合理拱轴线。

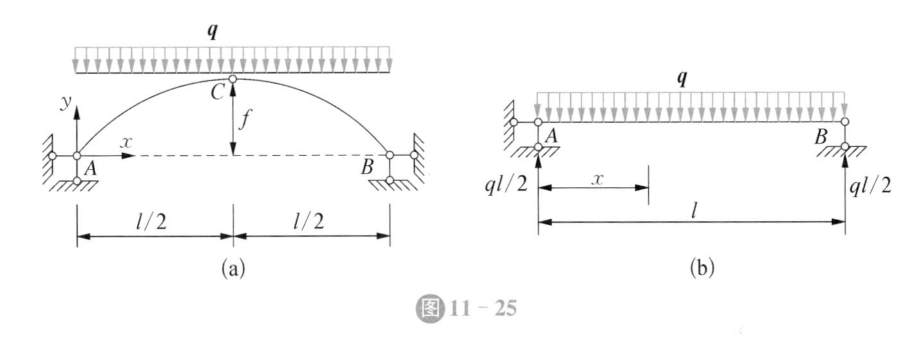

(a)　　(b)

图 11-25

【解】　(1) 绘制出等跨度的简支梁，如图(b)所示；

(2) 列出简支梁的弯矩方程

$$M^0=\frac{1}{2}qlx-\frac{1}{2}qx^2=\frac{1}{2}qx(l-x)$$

(3) 水平推力

$$F_H=\frac{M_C^0}{f}=\frac{ql^2}{8f}$$

(4) 拱轴线

$$y=\frac{M^0}{F_H}=\frac{\frac{1}{2}qx(l-x)}{\frac{ql^2}{8f}}=\frac{4f}{l^2}(l-x)x$$

拓展提高

一、填空题

1. 多跨静定梁的计算顺序是：先计算________，后计算________。

2. 静定刚架的内力有________、________、________三种。

3. 三铰拱的合理拱轴线是使得内力________为零。

4. 理想桁架中的各杆件均为________，其内力只有________。

5. 平面刚架的刚结点隔离体受力图是属于________力系，应满足________个平衡条件。

二、单选题

1. 作用于静定多跨梁基本部分上的荷载在附属部分上 （　　）

A. 绝对不产生内力　　B. 一般不产生内力

C. 一般会产生内力　　D. 一定会产生内力

2. 如图所示结构，各杆件内力情况 （　　）

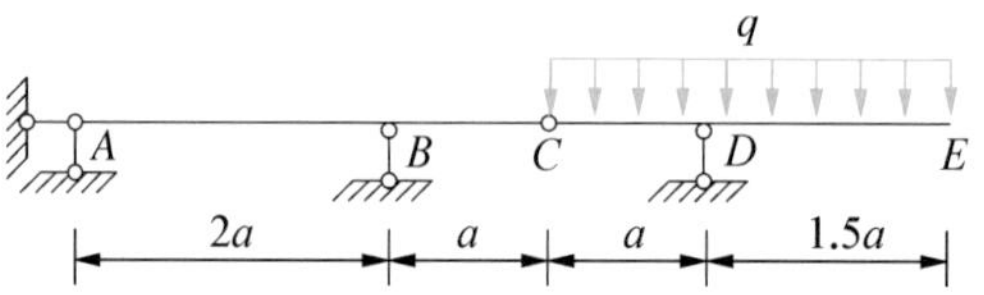

A. AB 段有内力　　B. AB 段无内力

C. CDE 段无内力　　D. 全梁无内力

3. 刚结点在结构发生变形时的主要特征是 （　　）

A. 各杆可以绕结点结心自由转动

B. 不变形

C. 各杆之间的夹角可任意改变

D. 各杆之间的夹角保持不变

4. 图示桁架 a 杆的内力是 （　　）

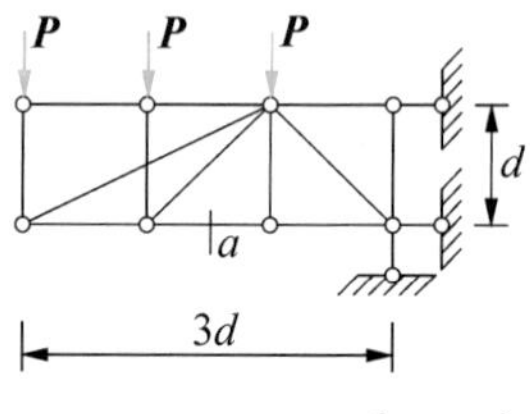

A. $2P$　　B. $-2P$

C. $3P$　　D. $-3P$

三、判断题

1.在构造上，多跨静定梁由基本部分和附属部分组成。 （　　）

2.多跨静定梁基本部分承受荷载时，附属部分不会因此而产生内力。 （　　）

3.桁架中的零杆因不受力，故可将其拆去。 （　　）

4.刚架在没有外力偶作用的情况下，刚结点处联结的各杆杆端弯矩相等。 （　　）

5.拱是由曲杆组成的在竖向荷载作用下支座处产生水平力的结构。 （　　）

四、课外实践

请设计一个静定结构的桥梁，并分析其结构组成和受力情况。

第 12 章
超静定结构内力分析

力娃：为什么实际工程中，建筑结构绝大多数采用超静定结构形式？

力翁：超静定结构与静定结构相比有着一定的优势，主要是以下三个方面：① 承载力提高；② 变形能力加强；③ 抗风险能力增强。本章节，我们一起来分析超静定结构的内力和变形。在实际工程中合理增加约束，设计既安全又经济的超静定结构。因此需要掌握超静定结构的内力分析方法，不仅会定性、定量地判断超静定静定结构的内力分布特征，而且能够根据超静定结构的优势在工程中进行合理应用。

学习目标

◆ 知识目标

★ 1. 了解超静定结构的内力分布规律和特征；

★ 2. 静定结构与超静定结构的区别；

★ 3. 超静定结构的优势。

◆ 能力目标

▲ 1. 能够在工程中合理运用超静定梁、超静定刚架和无铰拱等；

▲ 2. 能够定性分析超静定结构的内力和变形分布规律。

◆ 素质目标(德育)

● 1. 具有风险意识；

● 2. 具有螺丝钉精神。

在工程实际中，许多静定结构无法满足工程需要，此时，就需要使用超静定结构来使工程达到强度、刚度和稳定性的要求。超静定结构在常见的工程结构中非常普遍，如围墙、框架结构的房屋梁等等，工程常见的超静定结构类型有：超静定梁、超静定桁架、刚架以及超静定组合结构。

连续梁是超静定结构，如图 12 - 1 所示，超静定结构相对于静定结构，弯矩的最大值可以大幅度降低，但在杆件两侧会产生弯矩。连续梁是在高强度混凝土预应力梁的基础上发展起来的，由于其抗拉、抗压强度的提高，尤其是在外荷载作用下的弯曲变形，以及因温差等外界因素造成的龟裂现象得到极大改善，可忽略其对梁、柱的影响，故在基础平台沉降坚固、沉降极小的情况下梁柱固结在一起，形成超静定结构连续梁。随着交通运输特别是高等级公路的迅速发展，对行车平顺舒适提出了更高的要求，超静定结构连续梁桥以其整体性好、结构刚度大、变形小、抗震性能好、主梁变形挠曲线平缓、伸缩缝少和行车平稳舒适等优点而得到迅速发展。

图12-1 杭州湾跨海大桥

图12-2 意大利弗拉米尼欧体育场

图12-3 无铰拱桥

超静定刚架亦多应用于看台等构件，如意大利弗拉米尼欧体育场(如图12-2)，它的看台由钢筋混凝土刚架支撑，斜钢管支柱做支撑。

在工程上，无铰拱的应用很广泛，在桥梁上常采用钢筋混凝土拱桥和石拱桥，如图12-3所示，在隧道工程上都采用混凝土的拱圈做衬砌。

12.1 超静定结构概述

微课

超静定结构概述

12.1.1 超静定结构的性质

结构的支座反力和各截面的内力均可以用静力平衡条件唯一确定的是静定结构；结构的支座反力和各截面的内力不能完全由静力平衡条件唯一确定的是超静定结构。

静定结构和超静定结构都是几何不变体系。静定结构是没有多余约束的几何不变体系；超静定结构则是有多余约束的几何不变体系。多余约束并不是没用的，它可以调整结构的内力和位移，减小弯矩和挠度，故从提高结构承载力的角度来看，它并不是多余的。

如图12-4所示，若从简支梁中撤去支杆B，就变成了几何可变体系；若从连续梁中撤去支杆C，则其仍为几何不变体系。支杆C是多余约束。

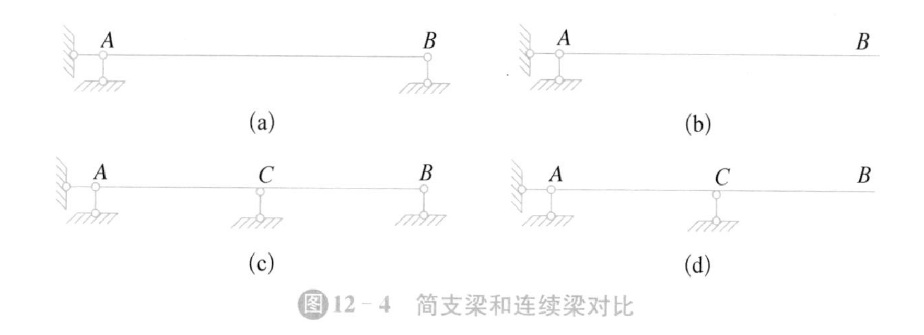

图 12－4　简支梁和连续梁对比

12.1.2　超静定次数的确定

超静定结构中多余约束的个数称为超静定次数。结构的超静定次数可以采用撤去多余约束使超静定结构成为静定结构的方法来确定。如果从原结构中去掉 n 个约束，结构就变为静定结构，则称原结构为 n 次超静定结构。

（1）撤去一根支杆或切断一根链杆，相当于拆掉一个约束，如图 12－5(a)所示；

（2）将一个固定端支座改为固定铰支座或在连续杆上加一个单铰，相当于拆掉一个约束，如图 12－5(b)所示；

（3）撤去一个固定铰支座或撤去一个单铰，相当于拆掉两个约束，如图 12－5(c)所示；

（4）撤去一个固定端支座或切断一个梁式杆，相当于拆掉三个约束，如图 12－5(d)所示。

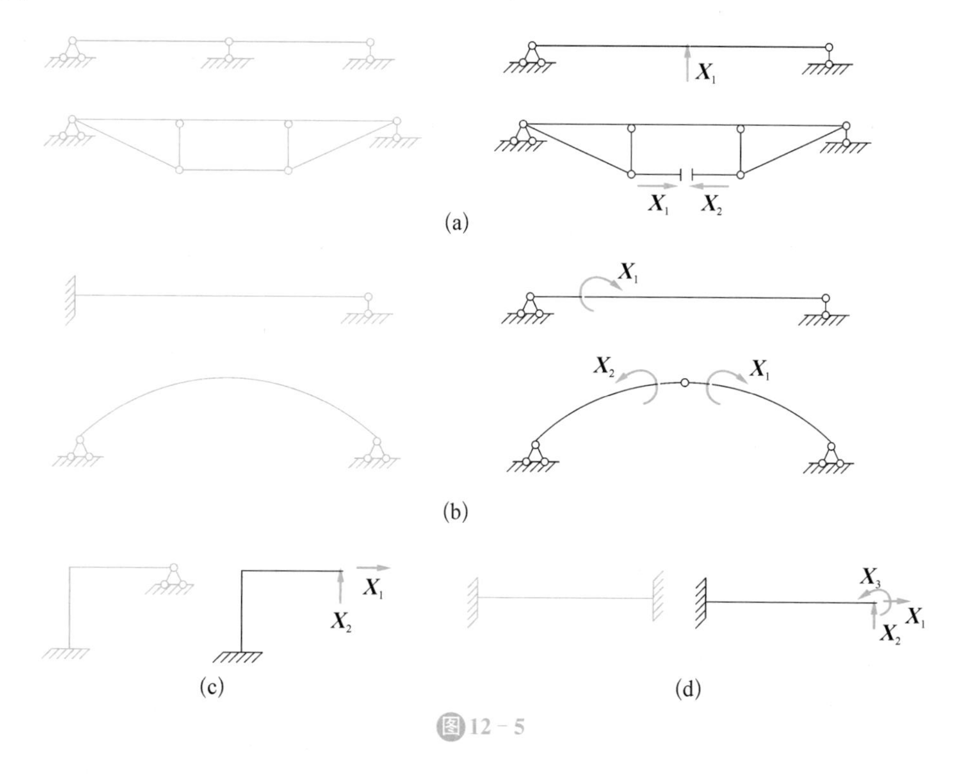

图 12－5

12.2 超静定结构内力

微课

超静定结构内力分析

12.2.1 超静定结构内力分析

进行受力分析时需要综合考虑结构的静力平衡条件和变形协调条件。

(1) 计算超静定结构内力时,平衡条件是必须考虑的;

(2) 结构的变形应该符合支座的约束条件;杆件各截面的变形必须连续协调,这些条件通常称为变形协调条件。

12.2.2 计算超静定结构的方法

计算超静定结构的方法可以分为两类,一类是直接解联立方程,如力法、位移法;另一类是逐次修正的渐进法,如力矩分配法、剪力分配法等,在工程实践中还常用许多近似方法。

超静定结构计算的最基本的方法是力法和位移法。力法是以多余约束力作为基本未知量,即先把多余力求出来,而后求出原结构的全部内力。位移法是以位移(结点的线位移及角位移)作为基本未知量,先求位移,再求结构的内力。

不论力法或位移法,处理问题的基本思路都一样:把超静定结构通过基本结构来计算。计算的步骤可以概括为:(1) 选取基本结构;(2) 消除基本结构与原有体系之间的差别。

本书对超静定结构的计算不做详细介绍,将在下个章节介绍结构力学求解器的使用,读者通过学习后来求解超静定计算问题。

12.2.3 超静定结构的特性

超静定结构与静定结构相比较,其本质的区别在于,构造上有多余约束存在,从而导致在受力和变形方面具有下列一些重要特性。

(1) 超静定结构满足平衡条件和变形条件的内力解答才是唯一真实的解

超静定结构由于存在多余约束,仅用静力平衡条件不能确定其全部反力和内力,而必须综合应用超静定结构的平衡条件和数量与多余约束数相等的变形协调条件后,才能求得唯一的内力解答。

(2) 超静定结构可产生自内力

在静定结构中,因几何不变且无多余约束,除荷载以外的其他因素,如温度变化、支座移动、制造误差、材料收缩等,都不致引起内力。但在超静定结构中,由于这些因素引起的变形在其发展过程中,会受到多余约束的限制,因而都可能产生内力(称自内力)。

(3) 超静定结构的内力与刚度有关

静定结构的内力只按静力平衡条件即可确定,其值与各杆的刚度(弯曲刚度 EI、轴向刚度 EA、剪切刚度 GA)无关。但超静定结构的内力必须综合应用平衡条件和变形条件后才能确定，故与各杆的刚度有关。

(4) 超静定结构有较强的防护能力

超静定结构在某些多余约束被破坏后，仍能维持几何不变性；而静定结构在任一约束被破坏后，即变成可变体系而失去承载能力。因此，在抗震防灾、国防建设等方面，超静定结构比静定结构具有较强的防护能力。

(5) 超静定结构的内力和变形分布比较均匀

静定结构由于没有多余约束，一般内力分布范围小，峰值大；刚度小、变形大。而超静定结构由于存在多余约束，较之相应静定结构，其内力分布范围大，峰值小；且刚度大、变形小。

【例 12-1】 如图所示的连续梁，已知：$q=15$ N/mm，$l=4$ m。请分析其几何组成性质和内力分布情况。

【解】 本题采用结构力学求解器进行求解，其使用方法请读者参考下一个章节。

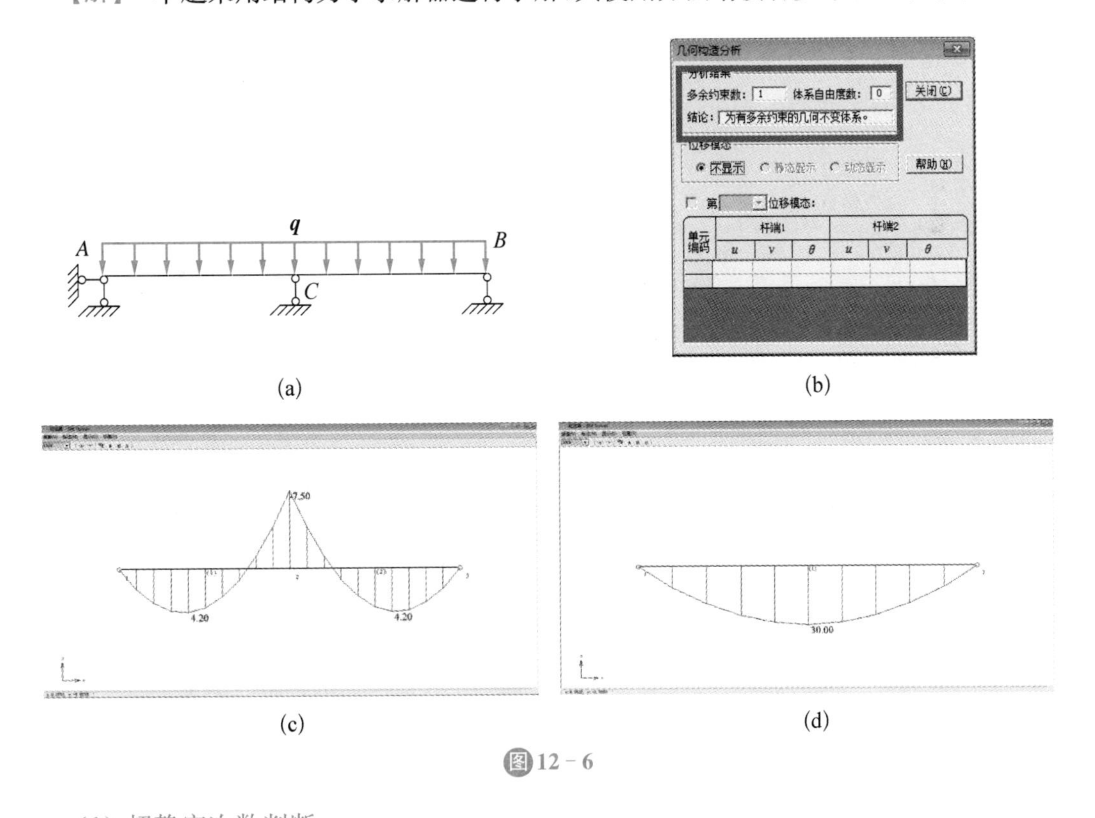

图 12-6

(1) 超静定次数判断

如图(b)所示，图(a)中的连续梁为有 1 个多余约束的几何不变体系，故该连续梁为 1 次超静定结构；

(2) 内力图

连续梁的弯矩图如图(c)所示，由图可知最大弯矩为 7.5 kN·m。

拓展：同跨度的简支梁，其最大弯矩为 30 kN·m，如图(d)所示，将同跨度的简支梁与连续梁进行对比，可知采用连续梁最大弯矩仅为同跨度简支梁的 1/4，并且分布更均匀，因此在工程中经常采用连续梁，以减少最大弯矩；同时其作为超静定结构，也增加了结构的抗风险性。

拓展提高

一、填空题

1. 超静定结构计算的最基本的方法是________和________。

2. 对超静定结构进行受力分析时，除了需要考虑结构的静力平衡条件，还需要考虑________。

二、单选题

1. 图示结构，超静定次数为 （　　）

A. 9　　B. 12

C. 15　　D. 20

2. 静定结构的内力计算与 （　　）

A. EI 无关　　B. EI 相对值有关

C. EI 绝对值有关　　D. E 无关，I 有关

3. 静定结构有变温时 （　　）

A. 无变形，无位移，无内力　　B. 有变形，有位移，有内力

C. 有变形，有位移，无内力　　D. 无变形，有位移，无内力

三、判断题

1. 温度改变，支座移动和制造误差等因素在静定结构中均引起内力。 （　　）

2. n 次超静定结构，任意去掉 n 个多余约束均可作为力法基本结构。 （　　）

3. 超静定结构在支座移动、温度变化影响下会产生内力。 （　　）

四、课外实践

请用身边的材料制作一个等跨度的简支梁和连续梁，并做加载对比，观察其变形和破坏。

第 13 章 结构力学求解器应用

力娃：工程中的结构有很多，有没有快速求解结构内力的方法呢？

力翁：随着计算机的发展，力学求解的软件也有很多。本章节，我们一起来学习结构力学求解器。结构力学求解器可以帮助我们判断超静定结构的超静定次数，也可以快速绘制其内力图，帮助我们更准确的判断结构的内力分布状态！因此需要掌握结构力学求解器的建模基本步骤，能够应用其解决力学实际计算问题。

学习目标

◆ 知识目标

★ 1. 掌握结构力学求解器建模的基本步骤；

★ 2. 掌握结构力学求解器求解内力、位移的方法。

◆ 能力目标

▲ 1. 能够应用结构力学求解器进行几何组成分析；

▲ 2. 能够应用结构力学求解器进行内力分析；

▲ 3. 能够应用结构力学求解器进行位移分析。

◆ 素质目标(思政)

● 1. 具有细心的工作态度。

"结构力学求解器"(SM Solver for Windows，简称求解器)是一个方便好用的计算机辅助分析计算软件，其求解内容涵盖了本教材中所涉及的几乎所有问题，包括：二维平面结构(体系)的几何组成、静定、超静定、内力、位移等。对所有这些问题，求解器全部采用精确算法给出精确解答。

把繁琐交给求解器，我们留下创造力！

微课

软件简介及建模基本步骤

13.1 软件简介

结构力学求解器(SM Solver for Windows)是一个面向教师、学生以及工

图13-1

程技术人员的计算机辅助分析计算软(课)件,其求解内容包括了二维平面结构(体系)的几何组成、静定、超静定、位移、内力、影响线、自由振动、弹性稳定、极限荷载等经典结构力学课程中所涉及的一系列问题,全部采用精确算法给出精确解答。本软件界面方便友好、内容体系完整、功能完备通用,可供教师拟题、改题、演练,供学生做题、解题、研习,供工程技术人员设计、计算、验算之用,可望在面向21世纪的教学改革中发挥其特有的作用。

求解器v2.0比v1.5更加精致、先进、方便、快捷、强健,同时不失其原有的小巧、简约、俭朴、平实。

13.2 求解

13.2.1 求解摸索

求解功能分为自动求解和智能求解两种模式。

1. 自动求解模式

(1) 平面体系的几何组成分析,对于可变体系,可静态或动画显示机构模态;

(2) 平面静定结构和超静定结构的内力计算和位移计算,并绘制内力图和位移图;

(3) 平面结构的自由振动和弹性稳定分析,计算前若干阶频率和屈曲荷载,并静态或动画显示各阶振型和失稳模态;

(4) 平面结构的极限分析,求解极限荷载,并可静态或动画显示单向机构运动模态;

(5) 平面结构的影响线分析,并绘制影响线图。

2. 智能求解模式

(1) 平面体系的几何构造分析:按两刚片或三刚片法则求解,给出求解步骤;

(2) 平面桁架的截面法:找出使指定杆成为截面单杆的所有截面;

(3) 平面静定组合结构的求解:按三种模式以文字形式或图文形式给出求解步骤。

13.2.2 求解步骤

将"结构力学求解器.rar"解压即可使用,无需安装。基本步骤如下:

(1) 双击smsolver.exe。

(2) 在出现的页面上任意位置单击。

(3) 出现"编辑器"与"观览器"两个图框。如果看不到"观览器",则在"编辑器"里单击"查看"→"观览器"。其中"编辑器"用于输入命令流,"观览器"用于显示图形。

(4) "编辑器"里"命令"菜单用于所有命令的输入,依次输入顺序:结点→单元→位移约束(也就是支座条件)→荷载条件→材料性质。如果需要在图中显示尺寸,则单击命令→尺寸线。"编辑器"里"求解"菜单用于计算。

【例 13 - 1】 结构及荷载情况如图 13 - 2 所示,利用求解器的操作步骤具体如下。

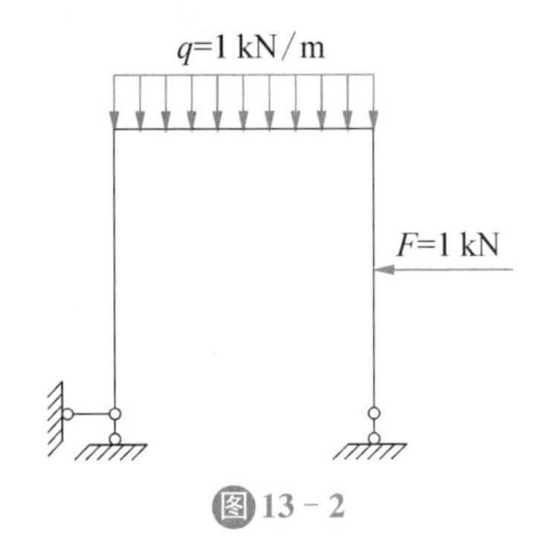

图 13 - 2

(1) 单击命令→结点,在结点对话框里输入结点坐标,先预览再应用,预览时在观览器里会出现对应的点,如果点的位置正确,再应用,应用之后编辑器里会出现刚才关于结点输入的命令流。如果应用之后发现不正确,将光标放在编辑器里需要修改的命令行,单击命令→修改命令即可。根据结点坐标依次输入所有结点。输入完毕后,观览器里会显示所有输入的结点,检查无误,单击关闭,进入下一步。

微课

应用实例

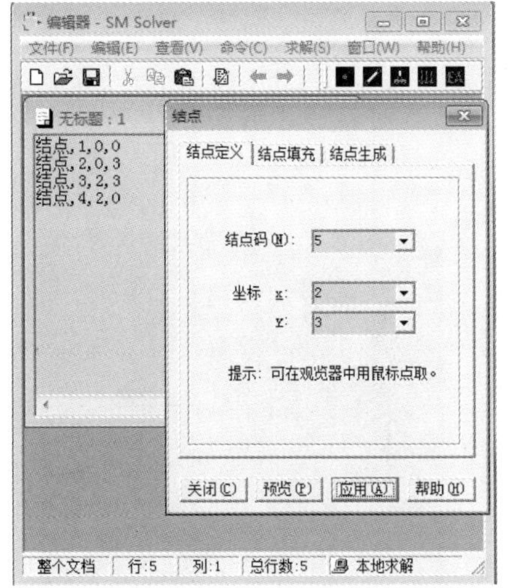

图 13 - 3

(2) 单击命令→单元,出现单元对话框,单元连接结点为第一步结点定义时所输入的结点码,一般是计算机自动生成的,也就是观览器中显示的阿拉伯数字,连接结点方式按实际输入,在相应下拉按钮选择。按照原图依次输入所有单元。输入完毕后,观览器里会显示所有输入的单元,检查无误,单击"关闭",进入下一步。

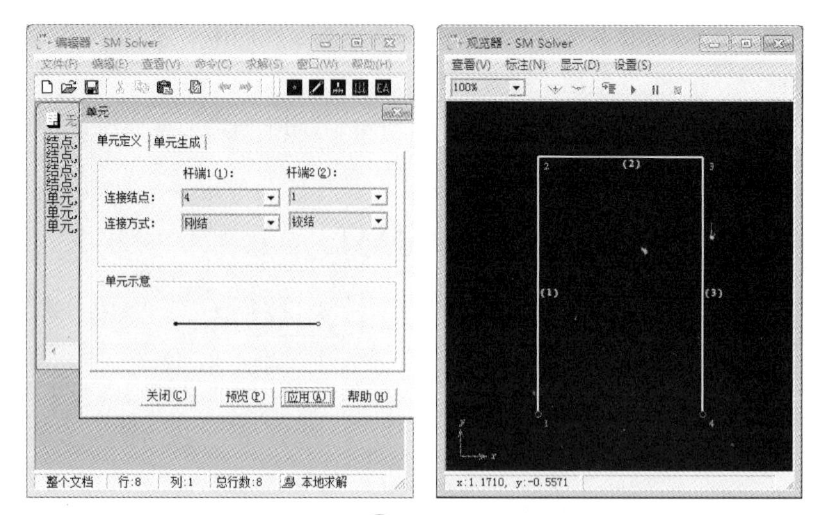

图13-4

(3) 单击命令→位移约束，出现位移约束对话框，约束类型分为结点约束与杆端约束，选择结点约束时，需要输入相应的结点支座信息，其中结点码为观览器中的阿拉伯数字编码，支座类型为对话框上方六种类型，按照实际类型选择相应的数字，支座性质分为刚性与弹性，一般选择刚性，弹性支座就是指弹簧之类刚度为有限值的支座。支座方向从下拉按钮中选择，0 度表示与对话框上方支座类型图示方向相同，逆时针转为正值方向，(水平、竖向、转角)位移为实际支座移动值。

按照原图依次输入所有支座输入完毕后，观览器里会显示所有输入的支座，检查无误，单击关闭，进入下一步。

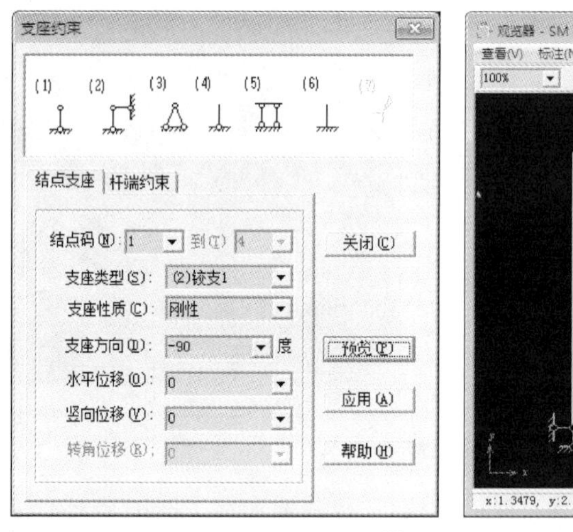

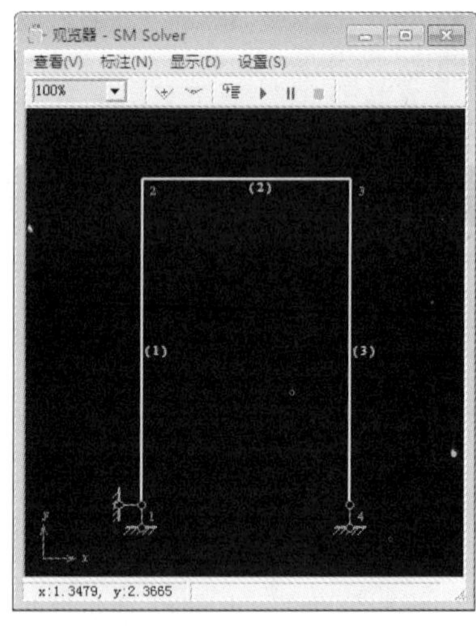

图13-5

(4) 单击命令→荷载条件，出现荷载条件对话框，输入方法与上一步“位移约束”基本相同。其中单元码就是观览器中带小括号的阿拉伯数字编码，大小为实际荷载值.

按照原图依次输入所有荷载，信息输入完毕后，观览器里会显示所有输入的荷载，检查无误，单击“关闭”，进入下一步。

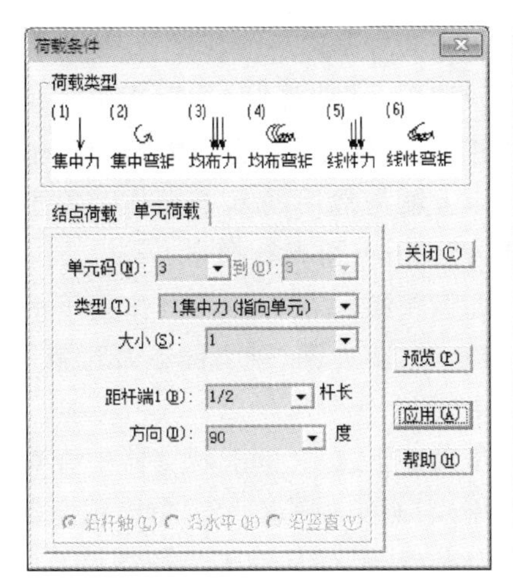

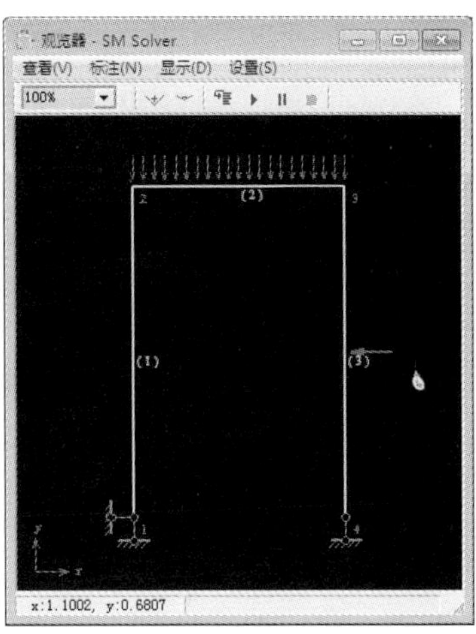

图 13 - 6

(5) 单击命令→材料性质，出现材料性质对话框，需要输入各根杆件的抗拉刚度(EA)与抗弯刚度(EI)。一般情况下，对于桁架结构，需要输入抗拉刚度实际值，抗弯刚度任选。对于受弯杆件，如果不考虑轴向变形，则抗拉刚度选择无穷大，而抗弯刚度输入实际值；如果要考虑轴向变形，则抗拉刚度输入实际值，抗弯刚度也输入实际值。如果给定 EI 为常量，而没有具体值，只需要输入任意相同有限值即可。

需要说明的是，静定结构的内力计算不需要第 5 步，而静定结构的位移计算与超静定结构的内力计算及位移计算一定要操作第 5 步。

按照原图依次输入所有材料信息。输入完毕后，检查无误，单击关闭，进入下一步。

(6) 单击求解→内力计算，出现内力计算对话框，“内力显示”选择“结构”，内力类型选择任意一种，观览器里会显示相应的内力图。

如果需要知道具体某个截面的内力，在内力计算对话框中上方“单元内力分析”中输入待求内力截面所在的单元与位置，接着点击按钮“√”或右侧按钮“计算”，则在左侧会显示该截面左侧及右侧内力值。

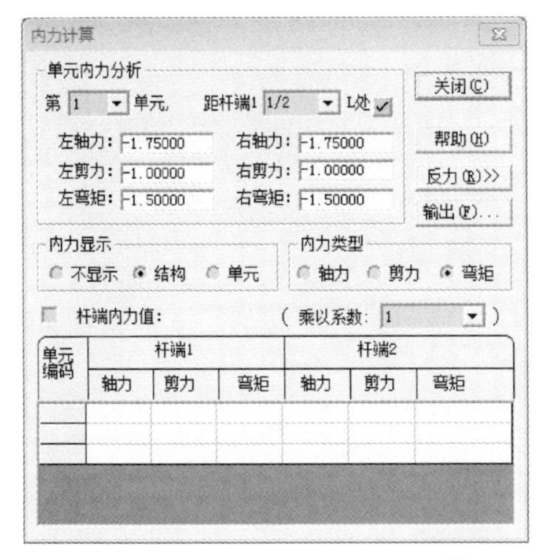

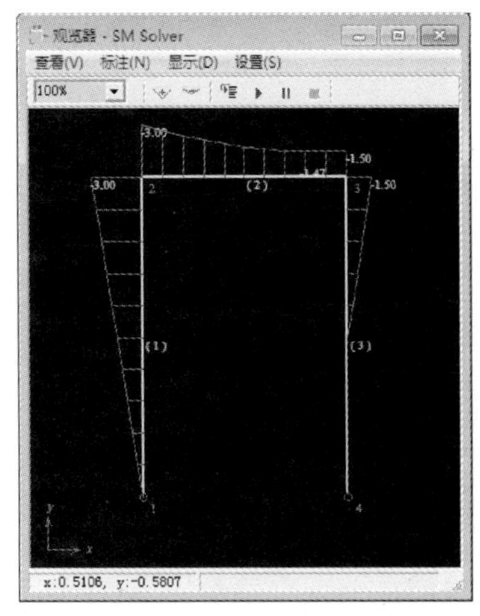

图 13 - 7

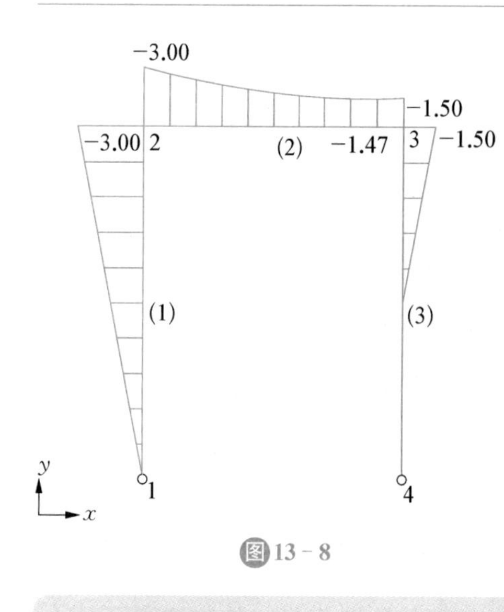

图 13 - 8

(7) 单击求解→位移计算，出现位移计算对话框，“位移显示”选择“结构”，观览器里会显示相应的位移图，其他与上一步“内力计算”相同。

以上就是常用的基本操作。关于其他命令的使用方法相同，可自行摸索。

如何将结构在各种荷载作用下的各种计算结果(弯矩图、剪力图、轴力图以及位移图)导入 word 文档中?

步骤如下：(1) 单击观览器中查看→颜色→暂时采用黑白色→确定；(2) 单击观览器中查看→复制到剪贴板→位图(或矢量图均可)；(3) 打开需要放置内力图的 word 文档，粘贴即可。

思考与实践

请运用结构力学求解器分析第 10 章课后拓展的三角形屋架，给出其几何分析的结果和受力图。

附录Ⅰ 截面的几何性质

Ⅰ-1 截面的静矩和形心位置

如图Ⅰ-1所示平面图形代表一任意截面，以下两积分：

$$\left.\begin{aligned} S_z &= \int_A y\mathrm{d}A \\ S_y &= \int_A z\mathrm{d}A \end{aligned}\right\} \qquad (\text{Ⅰ}-1)$$

图Ⅰ-1

分别定义为该截面对于 z 轴和 y 轴的静矩。

静矩可用来确定截面的形心位置。匀质薄板重心的公式为：

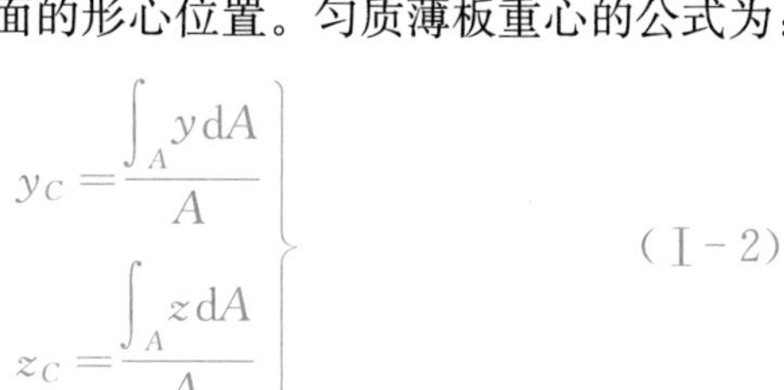

$$\left.\begin{aligned} y_C &= \frac{\int_A y\mathrm{d}A}{A} \\ z_C &= \frac{\int_A z\mathrm{d}A}{A} \end{aligned}\right\} \qquad (\text{Ⅰ}-2)$$

利用公式(Ⅰ-1)，上式可写成：

$$\left.\begin{aligned} y_C &= \frac{\int_A y\mathrm{d}A}{A} = \frac{S_z}{A} \\ z_C &= \frac{\int_A z\mathrm{d}A}{A} = \frac{S_y}{A} \end{aligned}\right\} \qquad (\text{Ⅰ}-3)$$

或

$$\left.\begin{aligned} S_z &= Ay_C \\ S_y &= Az_C \end{aligned}\right\} \qquad (\text{Ⅰ}-4)$$

如果一个平面图形是由若干个简单图形组成的组合图形，则由静矩的定义可知，整个图形对某一坐标轴的静矩应该等于各简单图形对同一坐标轴的静矩的代数和。即：

$$\left.\begin{aligned} S_z &= \sum_{i=1}^{n} A_i y_{ci} \\ S_y &= \sum_{i=1}^{n} A_i z_{ci} \end{aligned}\right\} \qquad (\text{Ⅰ}-5)$$

式中，A_i、y_{ci} 和 z_{ci} 分别表示某一组成部分的面积和其形心坐标，n 为简单图形的个数。

将式(Ⅰ-5)代入式(Ⅰ-4)，得到组合图形形心坐标的计算公式为：

$$\left.\begin{aligned} y_c &= \frac{\sum_{i=1}^{n} A_i y_{ci}}{\sum_{i=1}^{n} A_i} \\ z_c &= \frac{\sum_{i=1}^{n} A_i z_{ci}}{\sum_{i=1}^{n} A_i} \end{aligned}\right\} \tag{Ⅰ-6}$$

【例题Ⅰ-1】 图Ⅰ-2 所示为对称 T 型截面，求该截面的形心位置。

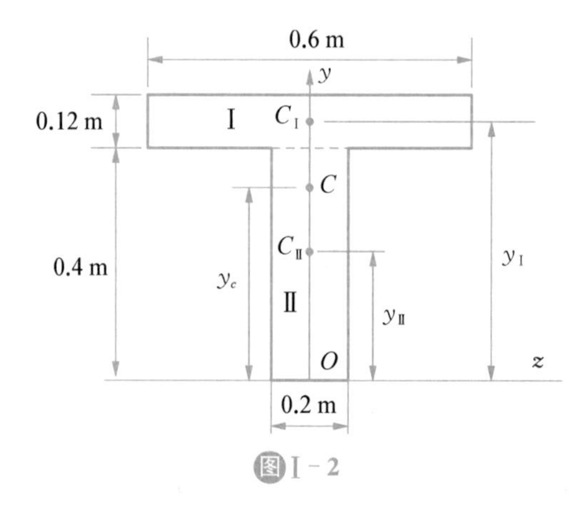

图Ⅰ-2

【解】 建立直角坐标系 zOy，其中 y 为截面的对称轴。因图形相对于 y 轴对称，其形心一定在该对称轴上，因此 $z_c=0$，只需计算 y_c 值。将截面分成Ⅰ、Ⅱ两个矩形，则：

$$A_1=0.072\ \text{m}^2, A_2=0.08\ \text{m}^2$$

$$y_Ⅰ=0.46\ \text{m}, y_Ⅱ=0.2\ \text{m}$$

$$y_c=\frac{\sum_{i=1}^{n} A_i y_{ci}}{\sum_{i=1}^{n} A_i}=\frac{A_Ⅰ y_Ⅰ+A_Ⅱ y_Ⅱ}{A_Ⅰ+A_Ⅱ}$$

$$=\frac{0.072\times0.46+0.08\times0.2}{0.072+0.08}=0.323\ \text{m}$$

Ⅰ-2 惯性矩、惯性积和极惯性矩

如图Ⅰ-3 所示平面图形代表一任意截面，在图形平面建立直角坐标系 zOy。现在图形取微面积 dA，dA 的形心在坐标系 zOy 中的坐标为 y 和 z，到坐标原点的距离为 ρ。现定义

$y^2\mathrm{d}A$ 和 $z^2\mathrm{d}A$ 为微面积 $\mathrm{d}A$ 对 z 轴和 y 轴的**惯性矩**，$\rho^2 d\mathrm{A}$ 为微面积 $d\mathrm{A}$ 对坐标原点的**极惯性矩**，而以下三个积分：

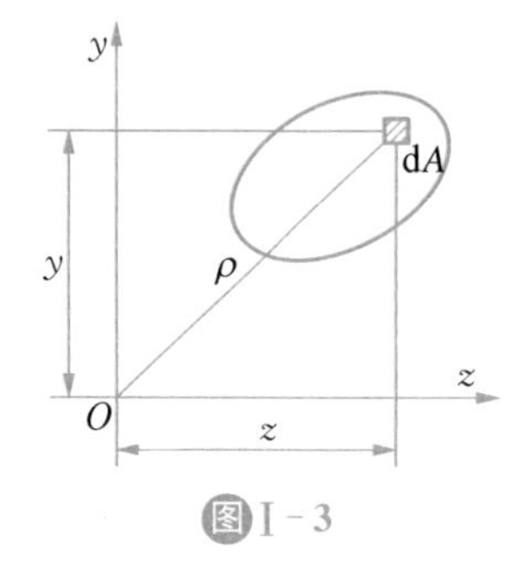

图Ⅰ-3

$$\left.\begin{aligned} I_z &= \int_A y^2 \mathrm{d}A \\ I_y &= \int_A z^2 \mathrm{d}A \\ I_P &= \int_A \rho^2 \mathrm{d}A \end{aligned}\right\} \tag{Ⅰ-7}$$

分别定义为该截面对于 z 轴和 y 轴的惯性矩以及对坐标原点的极惯性矩。

由图(Ⅰ-2)可见，$\rho^2 = y^2 + z^2$，所以有：

$$I_P = \int_A \rho^2 \mathrm{d}A = \int_A (y^2 + z^2)\mathrm{d}A = I_z + I_y \tag{Ⅰ-8}$$

即任意截面对一点的极惯性矩，等于截面对以该点为原点的两任意正交坐标轴的惯性矩之和。

另外，微面积 $\mathrm{d}A$ 与它到两轴距离的乘积 $zy\mathrm{d}A$ 称为微面积 $\mathrm{d}A$ 对 y、z 轴的**惯性积**，而积分：

$$I_{yz} = \int_A zy\mathrm{d}A \tag{Ⅰ-9}$$

定义为该截面对于 y、z 轴的惯性积。

从上述定义可见，同一截面对于不同坐标轴的惯性矩和惯性积一般是不同的。惯性矩的数值恒为正值，而惯性积则可能为正，可能为负，也可能等于零。惯性矩和惯性积的常用单位是 m^4 或 mm^4。

Ⅰ-3　惯性矩、惯性积的平行移轴和转轴公式

1. 惯性矩、惯性积的平行移轴公式

图Ⅰ-4 所示为一任意截面，z、y 为通过截面形心的一对正交轴，z_1、y_1 为与 z、y 平行的坐标轴，截面形心 C 在坐标系 z_1Oy_1 中的坐标为(b,a)，已知截面对 z、y 轴惯性矩和惯性积为 I_z、I_y、I_{yz}，下面求截面对 z_1、y_1 轴惯性矩和惯性积 I_{z_1}、I_{y_1}、$I_{y_1z_1}$。

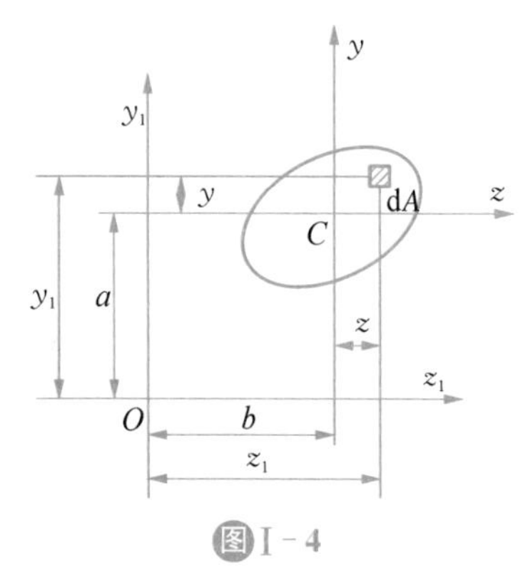

图Ⅰ-4

$$I_{z_1} = I_z + a^2 A \tag{Ⅰ-10}$$

同理可得：

$$I_{y_1} = I_y + b^2 A \tag{Ⅰ-11}$$

式(Ⅰ-10)、(Ⅰ-11)称为**惯性矩的平行移轴公式**。

下面求截面对 y_1、z_1 轴的惯性积 $I_{y_1z_1}$。根据定义：

$$
\begin{aligned}
I_{y_1z_1} &= \int_A z_1 y_1 \mathrm{d}A = \int_A (z+b)(y+a)\mathrm{d}A \\
&= \int_A zy\mathrm{d}A + a\int_A z\mathrm{d}A + b\int_A y\mathrm{d}A + ab\int_A \mathrm{d}A \\
&= I_{yz} + aS_y + bS_z + abA
\end{aligned}
$$

由于 z、y 轴是截面的形心轴，所以 $S_z = S_y = 0$，即：

$$I_{y1z1} = I_{yz} + ab \tag{Ⅰ-12}$$

式(Ⅰ-12)称为惯性积的平行移轴公式。

2. 惯性矩、惯性积的转轴公式

图(Ⅰ-5)所示为一任意截面，z、y 为过任一点 O 的一对正交轴，截面对 z、y 轴惯性矩 I_z、I_y 和惯性积 I_{yz} 已知。现将 z、y 轴绕 O 点旋转 α 角(以逆时针方向为正)得到另一对正交轴 z_1、y_1 轴，下面求截面对 z_1、y_1 轴惯性矩和惯性积 I_{z_1}、I_{y_1}、$I_{y_1z_1}$。

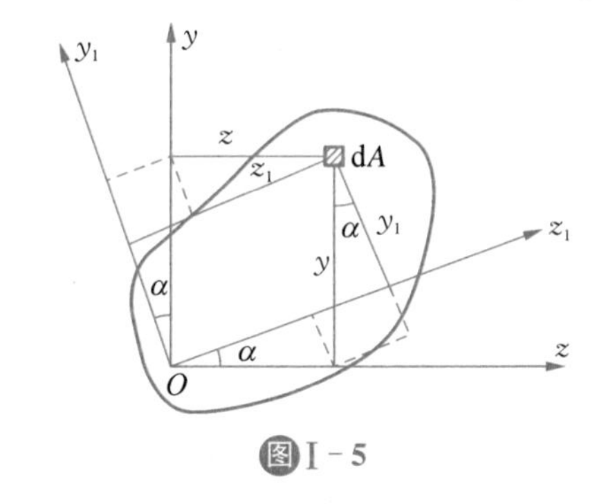

图Ⅰ-5

同理可得：

$$I_{z_1} = \frac{I_z + I_y}{2} + \frac{I_z - I_y}{2}\cos 2\alpha - I_{yz}\sin 2\alpha \tag{Ⅰ-13}$$

$$I_{y_1} = \frac{I_z + I_y}{2} - \frac{I_z - I_y}{2}\cos 2\alpha + I_{yz}\sin 2\alpha \tag{Ⅰ-14}$$

$$I_{y_1z_1} = \frac{I_z - I_y}{2} + \sin 2\alpha + I_{yz}\cos 2\alpha \tag{Ⅰ-15}$$

式(Ⅰ-13)、(Ⅰ-14)称为惯性矩的转轴公式，式(Ⅰ-15)称为惯性积的转轴公式。

Ⅰ-4 形心主轴和形心主惯性矩

1. 主惯性轴、主惯性矩

由式(Ⅰ-15)可以发现，当 $\alpha = 0°$，即两坐标轴互相重合时，$I_{y_1z_1} = I_{yz}$；当 $\alpha = 90°$时，$I_{y_1z_1} = -I_{yz}$，因此必定有这样的一对坐标轴，使截面对它的惯性积为零。通常把这样的一对坐标轴称为截面的主惯性轴，简称主轴，截面对主轴的惯性矩叫作主惯性矩。

假设将 z、y 轴绕 O 点旋转 α_0 角得到主轴 z_0、y_0，由主轴的定义：

$$I_{y_0z_0}=\frac{I_z-I_y}{2}\sin2\alpha_0+I_{yz}\cos2\alpha_0=0$$

从而得：

$$\tan2\alpha_0=\frac{-2I_{yz}}{I_z-I_y} \tag{Ⅰ-16}$$

上式就是确定主轴的公式，式中负号放在分子上，为的是和下面两式相符。这样确定的 α_0 角就使得 $I_{z_0}=I_{\max}$。

由式(Ⅰ-16)及三角公式可得：

$$\cos2\alpha_0=\frac{I_z-I_y}{\sqrt{(I_z-I_y)^2+4I_{yz}^2}}$$

$$\sin2\alpha_0=\frac{-2I_{yz}}{\sqrt{(I_z-I_y)^2+4I_{yz}^2}}$$

将此二式代入到式(Ⅰ-13)、(Ⅰ-14)便可得到截面对主轴 z_0、y_0 的主惯性矩：

$$\left.\begin{aligned}I_{z_0}&=\frac{I_z+I_y}{2}+\frac{1}{2}\sqrt{(I_z-I_y)^2+4I_{yz}^2}\\I_{y_0}&=\frac{I_z+I_y}{2}-\frac{1}{2}\sqrt{(I_z-I_y)^2+4I_{yz}^2}\end{aligned}\right\} \tag{Ⅰ-17}$$

2. 形心主轴、形心主惯性矩

通过截面上的任何一点均可找到一对主轴。通过截面形心的主轴叫作形心主轴，截面对形心主轴的惯性矩叫作形心主惯性矩。

【例题Ⅰ-2】 求例Ⅰ-1中截面的形心主惯性矩。

【解】 在例题Ⅰ-1中已求出形心位置为：

$z_c=0$，$y_c=0.323$ m

过形心的主轴为 z_0，y_0。

z_0 轴到两个矩形形心的距离分别为：

$$a_{\mathrm{I}}=0.137\ \mathrm{m},a_{\mathrm{II}}=0.123\ \mathrm{m}$$

截面对 z_0 轴的惯性矩为两个矩形对 z_0 轴的惯性矩之和，即：

$$\begin{aligned}I_{z_0}&=I_{Z_{\mathrm{I}}}^{\mathrm{I}}A_{\mathrm{I}}a_{\mathrm{I}}^2+\mathrm{I}_{z_{\mathrm{II}}}^{\mathrm{II}}+A_{\mathrm{II}}a_{\mathrm{II}}^2\\&=\frac{0.6\times0.12^3}{12}+0.6\times0.12\times0.137^2+\frac{0.2\times0.4^3}{12}+0.2\times0.4\times0.123^2\\&=0.37\times10^{-2}\ \mathrm{m}^4\end{aligned}$$

截面对 y_0 轴惯性矩为：

$$I_{y_0}=I_{y_0}^{\mathrm{I}}+I_{y_0}^{\mathrm{II}}=\frac{0.12\times0.6^3}{12}+\frac{0.4\times0.2^3}{12}=0.242\times10^{-2}\ \mathrm{m}^4$$

附录Ⅱ 常用型钢规格表

附表 1　普通工字钢

符号：h—高度；
b—宽度；
t_w—腹板厚度；
t—翼缘平均厚度；
I—惯性矩；
W—截面模量

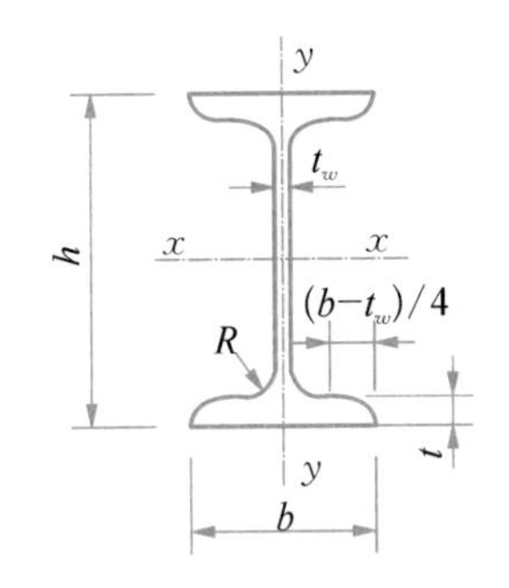

i—回转半径；
S_x—半截面的面积矩；
长度：
型号 10～18，长 5～19 m；
型号 20～63，长 6～19 m。

型号		尺寸(mm)					截面面积	理论重量	x-x 轴				y-y 轴		
		h mm	b mm	t_w mm	t mm	R mm	(cm²)	(kg/m)	I_x cm⁴	W_x cm³	i_x cm	I_x/S_x cm	I_y cm⁴	W_y cm³	i_y cm
10		100	68	4.5	7.6	6.5	14.3	11.2	245	49	4.14	8.69	33	9.6	1.51
12.6		126	74	5	8.4	7	18.1	14.2	488	77	5.19	11	47	12.7	1.61
14		140	80	5.5	9.1	7.5	21.5	16.9	712	102	5.75	12.2	64	16.1	1.73
16		160	88	6	9.9	8	26.1	20.5	1 127	141	6.57	13.9	93	21.1	1.89
18		180	94	6.5	10.7	8.5	30.7	24.1	1 699	185	7.37	15.4	123	26.2	2.00
20	a	200	100	7	11.4	9	35.5	27.9	2 369	237	8.16	17.4	158	31.6	2.11
	b		102	9			39.5	31.1	2 502	250	7.95	17.1	169	33.1	2.07
22	a	220	110	7.5	12.3	9.5	42.1	33	3 406	310	8.99	19.2	226	41.1	2.32
	b		112	9.5			46.5	36.5	3 583	326	8.78	18.9	240	42.9	2.27
25	a	250	116	8	13	10	48.5	38.1	5 017	401	10.2	21.7	280	48.4	2.4
	b		118	10			53.5	42	5 278	422	9.93	21.4	297	50.4	2.36
28	a	280	122	8.5	13.7	10.5	55.4	43.5	7 115	508	11.3	24.3	344	56.4	2.49
	b		124	10.5			61	47.9	7 481	534	11.1	24	364	58.7	2.44
32	a	320	130	9.5	15	11.5	67.1	52.7	11 080	692	12.8	27.7	459	70.6	2.62
	b		132	11.5			73.5	57.7	11 626	727	12.6	27.3	484	73.3	2.57
	c		134	13.5			79.9	62.7	12 173	761	12.3	26.9	510	76.1	2.53

（续表）

型号		尺寸(mm)					截面面积 (cm²)	理论重量 (kg/m)	x-x 轴				y-y 轴		
		h mm	b mm	t_w mm	t mm	R mm			I_x cm⁴	W_x cm³	i_x cm	I_x/S_x cm	I_y cm⁴	W_y cm³	i_y cm
	a		136	10			76.4	60	15 796	878	14.4	31	555	81.6	2.69
36	b	360	138	12	15.8	12	83.6	65.6	16 574	921	14.1	30.6	584	84.6	2.64
	c		140	14			90.8	71.3	17 351	964	13.8	30.2	614	87.7	2.6
	a		142	10.5			86.1	67.6	21 714	1 086	15.9	34.4	660	92.9	2.77
40	b	400	144	12.5	16.5	12.5	94.1	73.8	22 781	1 139	15.6	33.9	693	96.2	2.71
	c		146	14.5			102	80.1	23 847	1 192	15.3	33.5	727	99.7	2.67
	a		150	11.5			102	80.4	32 241	1 433	17.7	38.5	855	114	2.89
45	b	450	152	13.5	18	13.5	111	87.4	33 759	1 500	17.4	38.1	895	118	2.84
	c		154	15.5			120	94.5	35 278	1 568	17.1	37.6	938	122	2.79
	a		158	12			119	93.6	46 472	1 859	19.7	42.9	1 122	142	3.07
50	b	500	160	14	20	14	129	101	48 556	1 942	19.4	42.3	1 171	146	3.01
	c		162	16			139	109	50 639	2 026	19.1	41.9	1 224	151	2.96
	a		166	12.5			135	106	65 576	2 342	22	47.9	1 366	165	3.18
56	b	560	168	14.5	21	14.5	147	115	68 503	2 447	21.6	47.3	1 424	170	3.12
	c		170	16.5			158	124	71 430	2 551	21.3	46.8	1 485	175	3.07
	a		176	13			155	122	94 004	2 984	24.7	53.8	1 702	194	3.32
63	b	630	178	15	22	15	167	131	98 171	3 117	24.2	53.2	1 771	199	3.25
	c		780	17			180	141	102 339	3 249	23.9	52.6	1 842	205	3.2

附表 2　H 型钢

符号：h—高度；
b—宽度；
$t1$—腹板厚度；
$t2$—翼缘厚度；
I—惯性矩；
W—截面模量

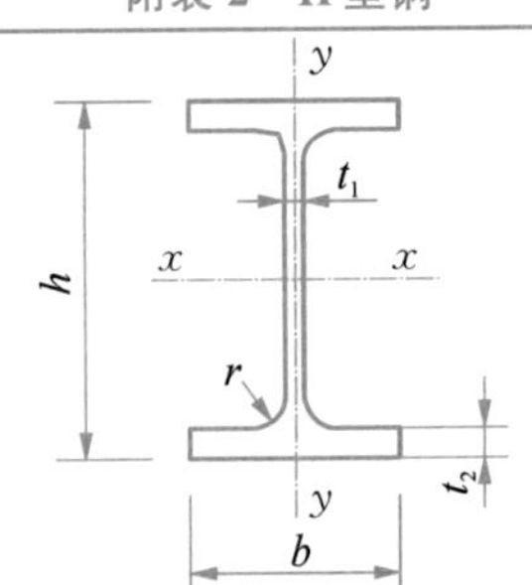

i—回转半径；
Sx—半截面的面积矩。

类别	H 型钢规格 ($h\times b\times t_1\times t_2$)	截面积 A cm²	质量 q kg/m	x—x 轴			y—y 轴		
				Ix (cm⁴)	Wx (cm³)	ix (cm)	Iy (cm⁴)	Wy (cm³)	iy (cm)
HW	100×100×6×8	21.9	17.22	383	76.576.5	4.18	134	26.7	2.47
	125×125×6.5×9	30.31	23.8	847	136	5.29	294	47	3.11
	150×150×7×10	40.55	31.9	1 660	221	6.39	564	75.1	3.73
	175×175×7.5×11	51.43	40.3	2 900	331	7.5	984	112	4.37
	200×200×8×12	64.28	50.5	4 770	477	8.61	1 600	160	4.99
	#200×204×12×12	72.28	56.7	5 030	503	8.35	1 700	167	4.85
	250×250×9×14	92.18	72.4	10 800	867	10.8	3 650	292	6.29
	#250×255×14×14	104.7	82.2	11 500	919	10.5	3 880	304	6.09
	#294×302×12×12	108.3	85	17 000	1 160	12.5	5 520	365	7.14
	300×300×10×15	120.4	94.5	20 500	1 370	13.1	6 760	450	7.49
	300×305×15×15	135.4	106	21 600	1 440	12.6	7 100	466	7.24
	#344×348×10×16	146	115	33 300	1 940	15.1	11 200	646	8.78
	350×350×12×19	173.9	137	40 300	2 300	15.2	13 600	776	8.84
	#388×402×15×15	179.2	141	49 200	2 540	16.6	16 300	809	9.52
	#394×398×11×18	187.6	147	56 400	2 860	17.3	18 900	951	10
	400×400×13×21	219.5	172	66 900	3 340	17.5	22 400	1 120	10.1
	#400×408×21×21	251.5	197	71 100	3 560	16.8	23 800	1 170	9.73
	#414×405×18×28	296.2	233	93 000	4 490	17.7	31 000	1 530	10.2
	#428×407×20×35	361.4	284	119 000	5 580	18.2	39 400	1 930	10.4
HM	148×100×6×9	27.25	21.4	1 040	140	6.17	151	30.2	2.35
	194×150×6×9	39.76	31.2	2 740	283	8.3	508	67.7	3.57
	244×175×7×11	56.24	44.1	6 120	502	10.4	985	113	4.18
	294×200×8×12	73.03	57.3	11 400	779	12.5	1 600	160	4.69
	340×250×9×14	101.5	79.7	21 700	1 280	14.6	3 650	292	6
	390×300×10×16	136.7	107	38 900	2 000	16.9	7 210	481	7.26
	440×300×11×18	157.4	124	56 100	2 550	18.9	8 110	541	7.18

（续表）

类别	H型钢规格 ($h\times b\times t_1\times t_2$)	截面积 A cm^2	质量 q kg/m	x—x 轴			y—y 轴		
				Ix (cm^4)	Wx (cm^3)	ix (cm)	Iy (cm^4)	Wy (cm^3)	iy (cm)
HM	482×300×11×15	146.4	115	60 800	2 520	20.4	6 770	451	6.8
	488×300×11×18	164.4	129	71 400	2 930	20.8	8 120	541	7.03
	582×300×12×17	174.5	137	103 000	3 530	24.3	7 670	511	6.63
	588×300×12×20	192.5	151	118 000	4 020	24.8	9 020	601	6.85
	#594×302×14×23	222.4	175	137 000	4 620	24.9	10 600	701	6.9
HN	100×50×5×7	12.16	9.54	192	38.5	3.98	14.9	5.96	1.11
	125×60×6×8	17.01	13.3	417	66.8	4.95	29.3	9.75	1.31
	150×75×5×7	18.16	14.3	679	90.6	6.12	49.6	13.2	1.65
	175×90×5×8	23.21	18.2	1 220	140	7.26	97.6	21.7	2.05
	198×99×4.5×7	23.59	18.5	1 610	163	8.27	114	23	2.2
	200×100×5.5×8	27.57	21.7	1 880	188	8.25	134	26.8	2.21
	248×124×5×8	32.89	25.8	3 560	287	10.4	255	41.1	2.78
	250×125×6×9	37.87	29.7	4 080	326	10.4	294	47	2.79
	298×149×5.5×8	41.55	32.6	6 460	433	12.4	443	59.4	3.26
	300×150×6.5×9	47.53	37.3	7 350	490	12.4	508	67.7	3.27
	346×174×6×9	53.19	41.8	11 200	649	14.5	792	91	3.86
	350×175×7×11	63.66	50	13 700	782	14.7	985	113	3.93
	#400×150×8×13	71.12	55.8	18 800	942	16.3	734	97.9	3.21
	396×199×7×11	72.16	56.7	20 000	1 010	16.7	1 450	145	4.48
	400×200×8×13	84.12	66	23 700	1 190	16.8	1 740	174	4.54
	#450×150×9×14	83.41	65.5	27 100	1 200	18	793	106	3.08
	446×199×8×12	84.95	66.7	29 000	1 300	18.5	1 580	159	4.31
	450×200×9×14	97.41	76.5	33 700	1 500	18.6	1 870	187	4.38
	#500×150×10×16	98.23	77.1	38 500	1 540	19.8	907	121	3.04
	496×199×9×14	101.3	79.5	41 900	1 690	20.3	1 840	185	4.27
	500×200×10×16	114.2	89.6	47 800	1 910	20.5	2 140	214	4.33
	#506×201×11×19	131.3	103	56 500	2 230	20.8	2 580	257	4.43
	596×199×10×15	121.2	95.1	69 300	2 330	23.9	1 980	199	4.04
	600×200×11×17	135.2	106	78 200	2 610	24.1	2 280	228	4.11
	#606×201×12×20	153.3	120	91 000	3 000	24.4	2 720	271	4.21
	#692×300×13×20	211.5	166	172 000	4 980	28.6	9 020	602	6.53
	700×300×13×24	235.5	185	201 000	5 760	29.3	10 800	722	6.78

注："#"表示的规格为非常用规格。

附表 3 普通槽钢

符号：
同普通工字钢
但 W_y 为对应翼缘肢尖

长度：
型号 5～8，长 5～12 m；
型号 10～18，长 5～19m；
型号 20～20，长 6～19m。

型号		尺寸(mm)					截面面积	理论重量	x-x 轴			y-y 轴			y-y1 轴	Z_0
		h	b	t_w	t	R	(cm^2)	(kg/m)	I_x (cm^4)	W_x (cm^3)	i_x (cm)	I_y (cm^4)	W_y (cm^3)	I_y (cm)	I_y1 (cm^4)	(cm)
5		50	37	4.5	7	7	6.92	5.44	26	10.4	1.94	8.3	3.5	1.1	20.9	1.35
6.3		63	40	4.8	7.5	7.5	8.45	6.63	51	16.3	2.46	11.9	4.6	1.19	28.3	1.39
8		80	43	5	8	8	10.24	8.04	101	25.3	3.14	16.6	5.8	1.27	37.4	1.42
10		100	48	5.3	8.5	8.5	12.74	10	198	39.7	3.94	25.6	7.8	1.42	54.9	1.52
12.6		126	53	5.5	9	9	15.69	12.31	389	61.7	4.98	38	10.3	1.56	77.8	1.59
14	a	140	58	6	9.5	9.5	18.51	14.53	564	80.5	5.52	53.2	13	1.7	107.2	1.71
	b		60	8	9.5	9.5	21.31	16.73	609	87.1	5.35	61.2	14.1	1.69	120.6	1.67
16	a	160	63	6.5	10	10	21.95	17.23	866	108.3	6.28	73.4	16.3	1.83	144.1	1.79
	b		65	8.5	10	10	25.15	19.75	935	116.8	6.1	83.4	17.6	1.82	160.8	1.75
18	a	180	68	7	10.5	10.5	25.69	20.17	1 273	141.4	7.04	98.6	20	1.96	189.7	1.88
	b		70	9	10.5	10.5	29.29	22.99	1 370	152.2	6.84	111	21.5	1.95	210.1	1.84

(续表)

型号		尺寸(mm)					截面面积	理论重量	x-x 轴			y-y 轴			y-y1 轴	Z_0
		h	b	t_w	t	R	(cm^2)	(kg/m)	I_x (cm^4)	W_x (cm^3)	i_x (cm)	I_y (cm^4)	W_y (cm^3)	I_y (cm)	I_y1 (cm^4)	(cm)
20	a	200	73	7	11	11	28.83	22.63	1 780	178	7.86	128	24.2	2.11	244	2.01
	b		75	9	11	11	32.83	25.77	1 914	191.4	7.64	143.6	25.9	2.09	268.4	1.95
22	a	220	77	7	11.5	11.5	31.84	24.99	2 394	217.6	8.67	157.8	28.2	2.23	298.2	2.1
	b		79	9	11.5	11.5	36.24	28.45	2 571	233.8	8.42	176.5	30.1	2.21	326.3	2.03
25	a	250	78	7	12	12	34.91	27.4	3 359	268.7	9.81	175.9	30.7	2.24	324.8	2.07
	b		80	9	12	12	39.91	31.33	3 619	289.6	9.52	196.4	32.7	2.22	355.1	1.99
	c		82	11	12	12	44.91	35.25	3 880	310.4	9.3	215.9	34.6	2.19	388.6	1.96
28	a	280	82	7.5	12.5	12.5	40.02	31.42	4 753	339.5	10.9	217.9	35.7	2.33	393.3	2.09
	b		84	9.5	12.5	12.5	45.62	35.81	5 118	365.6	10.59	241.5	37.9	2.3	428.5	2.02
	c		86	11.5	12.5	12.5	51.22	40.21	5 484	391.7	10.35	264.1	40	2.27	467.3	1.99
32	a	320	88	8	14	14	48.5	38.07	7 511	469.4	12.44	304.7	46.4	2.51	547.5	2.24
	b		90	10	14	14	54.9	43.1	8 057	503.5	12.11	335.6	49.1	2.47	592.9	2.16
	c		92	12	14	14	61.3	48.12	8 603	537.7	11.85	365	51.6	2.44	642.7	2.13
36	a	360	96	9	16	16	60.89	47.8	11 874	659.7	13.96	455	63.6	2.73	818.5	2.44
	b		98	11	16	16	68.09	53.45	12 652	702.9	13.63	496.7	66.9	2.7	880.5	2.37
	c		100	13	16	16	75.29	59.1	13 429	746.1	13.36	536.6	70	2.67	948	2.34
40	a	400	100	10.5	18	18	75.04	58.91	17 578	878.9	15.3	592	78.8	2.81	1 057.9	2.49
	b		102	12.5	18	18	83.04	65.19	18 644	932.2	14.98	640.6	82.6	2.78	1 135.8	2.44
	c		104	14.5	18	18	91.04	71.47	19 711	985.6	14.71	687.8	86.2	2.75	1 220.3	2.42

附表 4　等边角钢

型号		单角钢										双角钢				
		圆角	重心矩	截面积	质量	惯性矩	截面模量		回转半径			I_y，当 a 为下列数值				
		R	$Z0$	A		I_x	$W_{x\max}$	$W_{x\min}$	ix	i_x0	i_y0	6 mm	8 mm	10 mm	12 mm	14 mm
		(mm)		(cm²)	(kg/m)	(cm⁴)	(cm³)		(cm)			(cm)				
20×	3	3.5	6	1.13	0.89	0.40	0.66	0.29	0.59	0.75	0.39	1.08	1.17	1.25	1.34	1.43
	4		6.4	1.46	1.15	0.50	0.78	0.36	0.58	0.73	0.38	1.11	1.19	1.28	1.37	1.46
L25×	3	3.5	7.3	1.43	1.12	0.82	1.12	0.46	0.76	0.95	0.49	1.27	1.36	1.44	1.53	1.61
	4		7.6	1.86	1.46	1.03	1.34	0.59	0.74	0.93	0.48	1.30	1.38	1.47	1.55	1.64
L30×	3	4.5	8.5	1.75	1.37	1.46	1.72	0.68	0.91	1.15	0.59	1.47	1.55	1.63	1.71	1.8
	4		8.9	2.28	1.79	1.84	2.08	0.87	0.90	1.13	0.58	1.49	1.57	1.65	1.74	1.82
L36×	3	4.5	10	2.11	1.66	2.58	2.59	0.99	1.11	1.39	0.71	1.70	1.78	1.86	1.94	2.03
	4		10.4	2.76	2.16	3.29	3.18	1.28	1.09	1.38	0.70	1.73	1.8	1.89	1.97	2.05
	5		10.7	2.38	2.65	3.95	3.68	1.56	1.08	1.36	0.70	1.75	1.83	1.91	1.99	2.08
L40×	3	5	10.9	2.36	1.85	3.59	3.28	1.23	1.23	1.55	0.79	1.86	1.94	2.01	2.09	2.18
	4		11.3	3.09	2.42	4.60	4.05	1.60	1.22	1.54	0.79	1.88	1.96	2.04	2.12	2.2
	5		11.7	3.79	2.98	5.53	4.72	1.96	1.21	1.52	0.78	1.90	1.98	2.06	2.14	2.23
L45×	3	5	12.2	2.66	2.09	5.17	4.25	1.58	1.39	1.76	0.90	2.06	2.14	2.21	2.29	2.37
	4		12.6	3.49	2.74	6.65	5.29	2.05	1.38	1.74	0.89	2.08	2.16	2.24	2.32	2.4
	5		13	4.29	3.37	8.04	6.20	2.51	1.37	1.72	0.88	2.10	2.18	2.26	2.34	2.42
	6		13.3	5.08	3.99	9.33	6.99	2.95	1.36	1.71	0.88	2.12	2.2	2.28	2.36	2.44

（续表）

型号		单角钢										双角钢				
		圆角	重心矩	截面积	质量	惯性矩	截面模量		回转半径			I_y，当 a 为下列数值				
		R	$Z0$	A		I_x	$W_{x\max}$	$W_{x\min}$	ix	i_x0	i_y0	6 mm	8 mm	10 mm	12 mm	14 mm
		(mm)		(cm²)	(kg/m)	(cm⁴)	(cm³)		(cm)			(cm)				
L50×	3	5.5	13.4	2.97	2.33	7.18	5.36	1.96	1.55	1.96	1.00	2.26	2.33	2.41	2.48	2.56
	4		13.8	3.90	3.06	9.26	6.70	2.56	1.54	1.94	0.99	2.28	2.36	2.43	2.51	2.59
	5		14.2	4.80	3.77	11.21	7.90	3.13	1.53	1.92	0.98	2.30	2.38	2.45	2.53	2.61
	6		14.6	5.69	4.46	13.05	8.95	3.68	1.51	1.91	0.98	2.32	2.4	2.48	2.56	2.64
L56×	3	6	14.8	3.34	2.62	10.19	6.86	2.48	1.75	2.2	1.13	2.50	2.57	2.64	2.72	2.8
	4		15.3	4.39	3.45	13.18	8.63	3.24	1.73	2.18	1.11	2.52	2.59	2.67	2.74	2.82
	5		15.7	5.42	4.25	16.02	10.22	3.97	1.72	2.17	1.10	2.54	2.61	2.69	2.77	2.85
	8		16.8	8.37	6.57	23.63	14.06	6.03	1.68	2.11	1.09	2.60	2.67	2.75	2.83	2.91
L63×	4	7	17	4.98	3.91	19.03	11.22	4.13	1.96	2.46	1.26	2.79	2.87	2.94	3.02	3.09
	5		17.4	6.14	4.82	23.17	13.33	5.08	1.94	2.45	1.25	2.82	2.89	2.96	3.04	3.12
	6		17.8	7.29	5.72	27.12	15.26	6.00	1.93	2.43	1.24	2.83	2.91	2.98	3.06	3.14
	8		18.5	9.51	7.47	34.45	18.59	7.75	1.90	2.39	1.23	2.87	2.95	3.03	3.1	3.18
	10		19.3	11.66	9.15	41.09	21.34	9.39	1.88	2.36	1.22	2.91	2.99	3.07	3.15	3.23
L70×	4	8	18.6	5.57	4.37	26.39	14.16	5.14	2.18	2.74	1.4	3.07	3.14	3.21	3.29	3.36
	5		19.1	6.88	5.40	32.21	16.89	6.32	2.16	2.73	1.39	3.09	3.16	3.24	3.31	3.39

（续表）

型号		单角钢										双角钢				
		圆角	重心矩	截面积	质量	惯性矩	截面模量		回转半径			I_y，当 a 为下列数值				
		R	$Z0$	A		I_x	$W_{x\max}$	$W_{x\min}$	ix	i_x0	i_y0	6 mm	8 mm	10 mm	12 mm	14 mm
		（mm）		（cm^2）	（kg/m）	（cm^4）	（cm^3）		（cm）			（cm）				
	6		19.5	8.16	6.41	37.77	19.39	7.48	2.15	2.71	1.38	3.11	3.18	3.26	3.33	3.41
	7		19.9	9.42	7.40	43.09	21.68	8.59	2.14	2.69	1.38	3.13	3.2	3.28	3.36	3.43
	8		20.3	10.67	8.37	48.17	23.79	9.68	2.13	2.68	1.37	3.15	3.22	3.30	3.38	3.46
L75×	5	9	20.3	7.41	5.82	39.96	19.73	7.30	2.32	2.92	1.5	3.29	3.36	3.43	3.5	3.58
	6		20.7	8.80	6.91	46.91	22.69	8.63	2.31	2.91	1.49	3.31	3.38	3.45	3.53	3.6
	7		21.1	10.16	7.98	53.57	25.42	9.93	2.30	2.89	1.48	3.33	3.4	3.47	3.55	3.63
	8		21.5	11.50	9.03	59.96	27.93	11.2	2.28	2.87	1.47	3.35	3.42	3.50	3.57	3.65
	10		22.2	14.13	11.09	71.98	32.40	13.64	2.26	2.84	1.46	3.38	3.46	3.54	3.61	3.69
L80×	5	9	21.5	7.91	6.21	48.79	22.70	8.34	2.48	3.13	1.6	3.49	3.56	3.63	3.71	3.78
	6		21.9	9.40	7.38	57.35	26.16	9.87	2.47	3.11	1.59	3.51	3.58	3.65	3.73	3.8
	7		22.3	10.86	8.53	65.58	29.38	11.37	2.46	3.1	1.58	3.53	3.60	3.67	3.75	3.83
	8		22.7	12.30	9.66	73.50	32.36	12.83	2.44	3.08	1.57	3.55	3.62	3.70	3.77	3.85
	10		23.5	15.13	11.87	88.43	37.68	15.64	2.42	3.04	1.56	3.58	3.66	3.74	3.81	3.89
L90×	6	10	24.4	10.64	8.35	82.77	33.99	12.61	2.79	3.51	1.8	3.91	3.98	4.05	4.12	4.2
	7		24.8	12.3	9.66	94.83	38.28	14.54	2.78	3.5	1.78	3.93	4	4.07	4.14	4.22

(续表)

型号		单角钢										双角钢				
		圆角	重心矩	截面积	质量	惯性矩	截面模量		回转半径			I_y，当 a 为下列数值				
		R	$Z0$	A		I_x	$W_{x\max}$	$W_{x\min}$	ix	i_x0	i_y0	6 mm	8 mm	10 mm	12 mm	14 mm
		(mm)		(cm²)	(kg/m)	(cm⁴)	(cm³)		(cm)			(cm)				
	8		25.2	13.94	10.95	106.5	42.3	16.42	2.76	3.48	1.78	3.95	4.02	4.09	4.17	4.24
	10		25.9	17.17	13.48	128.6	49.57	20.07	2.74	3.45	1.76	3.98	4.06	4.13	4.21	4.28
	12		26.7	20.31	15.94	149.2	55.93	23.57	2.71	3.41	1.75	4.02	4.09	4.17	4.25	4.32
L100×	6	12	26.7	11.93	9.37	115	43.04	15.68	3.1	3.91	2	4.3	4.37	4.44	4.51	4.58
	7		27.1	13.8	10.83	131	48.57	18.1	3.09	3.89	1.99	4.32	4.39	4.46	4.53	4.61
	8		27.6	15.64	12.28	148.2	53.78	20.47	3.08	3.88	1.98	4.34	4.41	4.48	4.55	4.63
	10		28.4	19.26	15.12	179.5	63.29	25.06	3.05	3.84	1.96	4.38	4.45	4.52	4.6	4.67
	12		29.1	22.8	17.9	208.9	71.72	29.47	3.03	3.81	1.95	4.41	4.49	4.56	4.64	4.71
	14		29.9	26.26	20.61	236.5	79.19	33.73	3	3.77	1.94	4.45	4.53	4.6	4.68	4.75
	16		30.6	29.63	23.26	262.5	85.81	37.82	2.98	3.74	1.93	4.49	4.56	4.64	4.72	4.8
L110×	7	12	29.6	15.2	11.93	177.2	59.78	22.05	3.41	4.3	2.2	4.72	4.79	4.86	4.94	5.01
	8		30.1	17.24	13.53	199.5	66.36	24.95	3.4	4.28	2.19	4.74	4.81	4.88	4.96	5.03
	10		30.9	21.26	16.69	242.2	78.48	30.6	3.38	4.25	2.17	4.78	4.85	4.92	5	5.07
	12		31.6	25.2	19.78	282.6	89.34	36.05	3.35	4.22	2.15	4.82	4.89	4.96	5.04	5.11
	14		32.4	29.06	22.81	320.7	99.07	41.31	3.32	4.18	2.14	4.85	4.93	5	5.08	5.15

（续表）

型号		单角钢										双角钢				
		圆角	重心矩	截面积	质量	惯性矩	截面模量		回转半径			I_y，当 a 为下列数值				
		R	$Z0$	A		I_x	$W_{x\max}$	$W_{x\min}$	ix	i_x0	i_y0	6 mm	8 mm	10 mm	12 mm	14 mm
		(mm)		(cm^2)	(kg/m)	(cm^4)	(cm^3)		(cm)			(cm)				
L125×	8	14	33.7	19.75	15.5	297	88.2	32.52	3.88	4.88	2.5	5.34	5.41	5.48	5.55	5.62
	10		34.5	24.37	19.13	361.7	104.8	39.97	3.85	4.85	2.48	5.38	5.45	5.52	5.59	5.66
	12		35.3	28.91	22.7	423.2	119.9	47.17	3.83	4.82	2.46	5.41	5.48	5.56	5.63	5.7
	14		36.1	33.37	26.19	481.7	133.6	54.16	3.8	4.78	2.45	5.45	5.52	5.59	5.67	5.74
L140×	10	14	38.2	27.37	21.49	514.7	134.6	50.58	4.34	5.46	2.78	5.98	6.05	6.12	6.2	6.27
	12		39	32.51	25.52	603.7	154.6	59.8	4.31	5.43	2.77	6.02	6.09	6.16	6.23	6.31
	14		39.8	37.57	29.49	688.8	173	68.75	4.28	5.4	2.75	6.06	6.13	6.2	6.27	6.34
	16		40.6	42.54	33.39	770.2	189.9	77.46	4.26	5.36	2.74	6.09	6.16	6.23	6.31	6.38
L160×	10	16	43.1	31.5	24.73	779.5	180.8	66.7	4.97	6.27	3.2	6.78	6.85	6.92	6.99	7.06
	12		43.9	37.44	29.39	916.6	208.6	78.98	4.95	6.24	3.18	6.82	6.89	6.96	7.03	7.1
	14		44.7	43.3	33.99	1 048	234.4	90.95	4.92	6.2	3.16	6.86	6.93	7	7.07	7.14
	16		45.5	49.07	38.52	1 175	258.3	102.6	4.89	6.17	3.14	6.89	6.96	7.03	7.1	7.18
L180×	12	16	48.9	42.24	33.16	1 321	270	100.8	5.59	7.05	3.58	7.63	7.7	7.77	7.84	7.91
	14		49.7	48.9	38.38	1 514	304.6	116.3	5.57	7.02	3.57	7.67	7.74	7.81	7.88	7.95

（续表）

型号		单角钢										双角钢				
		圆角	重心矩	截面积	质量	惯性矩	截面模量		回转半径			I_y，当 a 为下列数值				
		R	$Z0$	A		I_x	$W_{x\max}$	$W_{x\min}$	ix	i_x0	i_y0	6 mm	8 mm	10 mm	12 mm	14 mm
		(mm)		(cm^2)	(kg/m)	(cm^4)	(cm^3)		(cm)			(cm)				
	16		50.5	55.47	43.54	1 701	336.9	131.4	5.54	6.98	3.55	7.7	7.77	7.84	7.91	7.98
	18		51.3	61.95	48.63	1 881	367.1	146.1	5.51	6.94	3.53	7.73	7.8	7.87	7.95	8.02
L200×	14	18	54.6	54.64	42.89	2 104	385.1	144.7	6.2	7.82	3.98	8.47	8.54	8.61	8.67	8.75
	16		55.4	62.01	48.68	2 366	427	163.7	6.18	7.79	3.96	8.5	8.57	8.64	8.71	8.78
	18		56.2	69.3	54.4	2 621	466.5	182.2	6.15	7.75	3.94	8.53	8.6	8.67	8.75	8.82
	20		56.9	76.5	60.06	2 867	503.6	200.4	6.12	7.72	3.93	8.57	8.64	8.71	8.78	8.85
	24		58.4	90.66	71.17	3 338	571.5	235.8	6.07	7.64	3.9	8.63	8.71	8.78	8.85	8.92

附表 5　不等边角钢

角钢型号 $B\times b\times t$		单角钢								双角钢							
		圆角	重心矩	截面积		质量	回转半径			i_y，当 a 为下列数值				i_y，当 a 为下列数值			
		R	Z_x	Z_y	A		i_x	i_y	i_{y_0}	6 mm	8 mm	10 mm	12 mm	6 mm	8 mm	10 mm	12 mm
		(mm)			(cm²)	(kg/m)	(cm)			(cm)				(cm)			
L25×16×	3	3.5	4.2	8.6	1.16	0.91	0.44	0.78	0.34	0.84	0.93	1.02	1.11	1.4	1.48	1.57	1.65
	4		4.6	9.0	1.50	1.18	0.43	0.77	0.34	0.87	0.96	1.05	1.14	1.42	1.51	1.6	1.68
L32×20×	3	3.5	4.9	10.8	1.49	1.17	0.55	1.01	0.43	0.97	1.05	1.14	1.23	1.71	1.79	1.88	1.96
	4		5.3	11.2	1.94	1.52	0.54	1	0.43	0.99	1.08	1.16	1.25	1.74	1.82	1.9	1.99
L40×25×	3	4	5.9	13.2	1.89	1.48	0.7	1.28	0.54	1.13	1.21	1.3	1.38	2.07	2.14	2.23	2.31
	4		6.3	13.7	2.47	1.94	0.69	1.26	0.54	1.16	1.24	1.32	1.41	2.09	2.17	2.25	2.34
L45×28×	3	5	6.4	14.7	2.15	1.69	0.79	1.44	0.61	1.23	1.31	1.39	1.47	2.28	2.36	2.44	2.52
	4		6.8	15.1	2.81	2.2	0.78	1.43	0.6	1.25	1.33	1.41	1.5	2.31	2.39	2.47	2.55
L50×32×	3	5.5	7.3	16	2.43	1.91	0.91	1.6	0.7	1.38	1.45	1.53	1.61	2.49	2.56	2.64	2.72
	4		7.7	16.5	3.18	2.49	0.9	1.59	0.69	1.4	1.47	1.55	1.64	2.51	2.59	2.67	2.75
L56×36×	3	6	8.0	17.8	2.74	2.15	1.03	1.8	0.79	1.51	1.59	1.66	1.74	2.75	2.82	2.9	2.98
	4		8.5	18.2	3.59	2.82	1.02	1.79	0.78	1.53	1.61	1.69	1.77	2.77	2.85	2.93	3.01
	5		8.8	18.7	4.42	3.47	1.01	1.77	0.78	1.56	1.63	1.71	1.79	2.8	2.88	2.96	3.04

（续表）

角钢型号 $B\times b\times t$		单角钢							双角钢							
		圆角	重心矩	截面积		质量	回转半径			i_y，当 a 为下列数值				i_y，当 a 为下列数值			
		R	Z_x	Z_y	A		i_x	i_y	i_{y_0}	6 mm	8 mm	10 mm	12 mm	6 mm	8 mm	10 mm	12 mm
		(mm)			(cm²)	(kg/m)	(cm)			(cm)				(cm)			
L63×40×	4	7	9.2	20.4	4.06	3.19	1.14	2.02	0.88	1.66	1.74	1.81	1.89	3.09	3.16	3.24	3.32
	5		9.5	20.8	4.99	3.92	1.12	2	0.87	1.68	1.76	1.84	1.92	3.11	3.19	3.27	3.35
	6		9.9	21.2	5.91	4.64	1.11	1.99	0.86	1.71	1.78	1.86	1.94	3.13	3.21	3.29	3.37
	7		10.3	21.6	6.8	5.34	1.1	1.96	0.86	1.73	1.8	1.88	1.97	3.15	3.23	3.3	3.39
L70×45×	4	7.5	10.2	22.3	4.55	3.57	1.29	2.25	0.99	1.84	1.91	1.99	2.07	3.39	3.46	3.54	3.62
	5		10.6	22.8	5.61	4.4	1.28	2.23	0.98	1.86	1.94	2.01	2.09	3.41	3.49	3.57	3.64
	6		11.0	23.2	6.64	5.22	1.26	2.22	0.97	1.88	1.96	2.04	2.11	3.44	3.51	3.59	3.67
	7		11.3	23.6	7.66	6.01	1.25	2.2	0.97	1.9	1.98	2.06	2.14	3.46	3.54	3.61	3.69
L75×50×	5	8	11.7	24.0	6.13	4.81	1.43	2.39	1.09	2.06	2.13	2.2	2.28	3.6	3.68	3.76	3.83
	6		12.1	24.4	7.26	5.7	1.42	2.38	1.08	2.08	2.15	2.23	2.3	3.63	3.7	3.78	3.86
	8		12.9	25.2	9.47	7.43	1.4	2.35	1.07	2.12	2.19	2.27	2.35	3.67	3.75	3.83	3.91
	10		13.6	26.0	11.6	9.1	1.38	2.33	1.06	2.16	2.24	2.31	2.4	3.71	3.79	3.87	3.96

（续表）

角钢型号 $B\times b\times t$		单角钢							双角钢							
		圆角	重心矩	截面积		质量	回转半径			i_y，当 a 为下列数值				i_y，当 a 为下列数值			
		R	Z_x	Z_y	A		i_x	i_y	i_{y_0}	6 mm	8 mm	10 mm	12 mm	6 mm	8 mm	10 mm	12 mm
		(mm)			(cm²)	(kg/m)	(cm)			(cm)				(cm)			
L80×50×	5	8	11.4	26.0	6.38	5	1.42	2.57	1.1	2.02	2.09	2.17	2.24	3.88	3.95	4.03	4.1
	6		11.8	26.5	7.56	5.93	1.41	2.55	1.09	2.04	2.11	2.19	2.27	3.9	3.98	4.05	4.13
	7		12.1	26.9	8.72	6.85	1.39	2.54	1.08	2.06	2.13	2.21	2.29	3.92	4	4.08	4.16
	8		12.5	27.3	9.87	7.75	1.38	2.52	1.07	2.08	2.15	2.23	2.31	3.94	4.02	4.1	4.18
L90×56×	5	9	12.5	29.1	7.21	5.66	1.59	2.9	1.23	2.22	2.29	2.36	2.44	4.32	4.39	4.47	4.55
	6		12.9	29.5	8.56	6.72	1.58	2.88	1.22	2.24	2.31	2.39	2.46	4.34	4.42	4.5	4.57
	7		13.3	30.0	9.88	7.76	1.57	2.87	1.22	2.26	2.33	2.41	2.49	4.37	4.44	4.52	4.6
	8		13.6	30.4	11.2	8.78	1.56	2.85	1.21	2.28	2.35	2.43	2.51	4.39	4.47	4.54	4.62
L100×63×	6	10	14.3	32.4	9.62	7.55	1.79	3.21	1.38	2.49	2.56	2.63	2.71	4.77	4.85	4.92	5
	7		14.7	32.8	11.1	8.72	1.78	3.2	1.37	2.51	2.58	2.65	2.73	4.8	4.87	4.95	5.03
	8		15	33.2	12.6	9.88	1.77	3.18	1.37	2.53	2.6	2.67	2.75	4.82	4.9	4.97	5.05
	10		15.8	34	15.5	12.1	1.75	3.15	1.35	2.57	2.64	2.72	2.79	4.86	4.94	5.02	5.1

（续表）

角钢型号 $B\times b\times t$		单角钢								双角钢							
		圆角	重心矩	截面积		质量	回转半径			i_y，当 a 为下列数值				i_y，当 a 为下列数值			
		R	Z_x	Z_y	A		i_x	i_y	i_{y_0}	6 mm	8 mm	10 mm	12 mm	6 mm	8 mm	10 mm	12 mm
		(mm)			(cm²)	(kg/m)	(cm)			(cm)				(cm)			
L100×80×	6	10	19.7	29.5	10.6	8.35	2.4	3.17	1.73	3.31	3.38	3.45	3.52	4.54	4.62	4.69	4.76
	7		20.1	30	12.3	9.66	2.39	3.16	1.71	3.32	3.39	3.47	3.54	4.57	4.64	4.71	4.79
	8		20.5	30.4	13.9	10.9	2.37	3.15	1.71	3.34	3.41	3.49	3.56	4.59	4.66	4.73	4.81
	10		21.3	31.2	17.2	13.5	2.35	3.12	1.69	3.38	3.45	3.53	3.6	4.63	4.7	4.78	4.85
L110×70×	6	10	15.7	35.3	10.6	8.35	2.01	3.54	1.54	2.74	2.81	2.88	2.96	5.21	5.29	5.36	5.44
	7		16.1	35.7	12.3	9.66	2	3.53	1.53	2.76	2.83	2.9	2.98	5.24	5.31	5.39	5.46
	8		16.5	36.2	13.9	10.9	1.98	3.51	1.53	2.78	2.85	2.92	3	5.26	5.34	5.41	5.49
	10		17.2	37	17.2	13.5	1.96	3.48	1.51	2.82	2.89	2.96	3.04	5.3	5.38	5.46	5.53
L125×80×	7	11	18	40.1	14.1	11.1	2.3	4.02	1.76	3.11	3.18	3.25	3.33	5.9	5.97	6.04	6.12
	8		18.4	40.6	16	12.6	2.29	4.01	1.75	3.13	3.2	3.27	3.35	5.92	5.99	6.07	6.14
	10		19.2	41.4	19.7	15.5	2.26	3.98	1.74	3.17	3.24	3.31	3.39	5.96	6.04	6.11	6.19
	12		20	42.2	23.4	18.3	2.24	3.95	1.72	3.21	3.28	3.35	3.43	6	6.08	6.16	6.23

（续表）

角钢型号 $B\times b\times t$		单角钢								双角钢							
		圆角	重心矩	截面积		质量	回转半径			i_y，当 a 为下列数值				i_y，当 a 为下列数值			
		R	Z_x	Z_y	A		i_x	i_y	i_{y0}	6 mm	8 mm	10 mm	12 mm	6 mm	8 mm	10 mm	12 mm
			(mm)		(cm²)	(kg/m)	(cm)			(cm)				(cm)			
L140×90×	8	12	20.4	45	18	14.2	2.59	4.5	1.98	3.49	3.56	3.63	3.7	6.58	6.65	6.73	6.8
	10		21.2	45.8	22.3	17.5	2.56	4.47	1.96	3.52	3.59	3.66	3.73	6.62	6.7	6.77	6.85
	12		21.9	46.6	26.4	20.7	2.54	4.44	1.95	3.56	3.63	3.7	3.77	6.66	6.74	6.81	6.89
	14		22.7	47.4	30.5	23.9	2.51	4.42	1.94	3.59	3.66	3.74	3.81	6.7	6.78	6.86	6.93
L160×100×	10	13	22.8	52.4	25.3	19.9	2.85	5.14	2.19	3.84	3.91	3.98	4.05	7.55	7.63	7.7	7.78
	12		23.6	53.2	30.1	23.6	2.82	5.11	2.18	3.87	3.94	4.01	4.09	7.6	7.67	7.75	7.82
	14		24.3	54	34.7	27.2	2.8	5.08	2.16	3.91	3.98	4.05	4.12	7.64	7.71	7.79	7.86
	16		25.1	54.8	39.3	30.8	2.77	5.05	2.15	3.94	4.02	4.09	4.16	7.68	7.75	7.83	7.9
L180×110×	10	14	24.4	58.9	28.4	22.3	3.13	8.56	5.78	2.42	4.16	4.23	4.3	4.36	8.49	8.72	8.71
	12		25.2	59.8	33.7	26.5	3.1	8.6	5.75	2.4	4.19	4.33	4.33	4.4	8.53	8.76	8.75
	14		25.9	60.6	39	30.6	3.08	8.64	5.72	2.39	4.23	4.26	4.37	4.44	8.57	8.63	8.79
	16		26.7	61.4	44.1	34.6	3.05	8.68	5.81	2.37	4.26	4.3	4.4	4.47	8.61	8.68	8.84

（续表）

角钢型号 $B\times b\times t$		单角钢								双角钢							
		圆角	重心矩	截面积		质量	回转半径			i_y，当 a 为下列数值				i_y，当 a 为下列数值			
		R	Z_x	Z_y	A		i_x	i_y	i_{y0}	6 mm	8 mm	10 mm	12 mm	6 mm	8 mm	10 mm	12 mm
		(mm)			(cm^2)	(kg/m)	(cm)			(cm)				(cm)			
L200×125×	12	14	28.3	65.4	37.9	29.8	3.57	6.44	2.75	4.75	4.82	4.88	4.95	9.39	9.47	9.54	9.62
	14		29.1	66.2	43.9	34.4	3.54	6.41	2.73	4.78	4.85	4.92	4.99	9.43	9.51	9.58	9.66
	16		29.9	67.8	49.7	39	3.52	6.38	2.71	4.81	4.88	4.95	5.02	9.47	9.55	9.62	9.7
	18		30.6	67	55.5	43.6	3.49	6.35	2.7	4.85	4.92	4.99	5.06	9.51	9.59	9.66	9.74

参考文献

[1] 孙训方.材料力学[M].北京:高等教育出版社,2001.
[2] 陈建平,范钦姗.理论力学[M].北京:高等教育出版社,2010.
[3] 沈养中,陈年和.建筑力学[M].北京:高等教育出版社,2011.
[4] 刘可定,谭敏.建筑力学[M].长沙:中南大学出版社,2013.
[5] 李前程,安学敏.建筑力学[M].北京:高等教育出版社,2013.
[6] 龙驭球,包世华.结构力学[M].北京:高等教育出版社,2018.
[7] 王培兴,杨梅.建筑力学[M].南京:南京大学出版社,2021.